21 世纪服装专业系列教材

服装结构制图与工艺

主　编　彭立云
副主编　徐春景　张　华
参　编　王　军　周忠美
　　　　陈冬梅　李臻颖
　　　　于晓燕

东 南 大 学 出 版 社
南京

内 容 简 介

本书是服装专业系列教材之一,全书共分 13 章。分别介绍服装与人体基础知识,服装结构制图基础知识,裙子的结构制图与缝制工艺,男女裤的结构制图与缝制工艺,男女衬衫的结构制图与缝制工艺,男女西装、大衣的结构制图与缝制工艺,童装的结构制图与缝制工艺,工艺单的编制,服装样板制作与排料基础知识等,书中配以大量实例,有很强的针对性和可操作性。

本书可作为高等学校、高等职业教育服装专业教学用书,也可作为服装中专学校、服装职工、技术人员的技术提高、培训使用教材,对广大服装爱好者也有较好的参考价值。

图书在版编目(CIP)数据

服装结构制图与工艺/彭立云主编. —南京:东南大学
出版社,2005.8(2023.9重印)
　　ISBN　978-7-5641-0079-7

　　Ⅰ. 服...　Ⅱ. 彭...　Ⅲ. ①服装—制图　②服装—生
产工艺　Ⅳ. TS941

　　中国版本图书馆 CIP 数据核字(2005)第 045605 号

出版发行	东南大学出版社
社　　址	南京市四牌楼 2 号　(邮编:210096)
出 版 人	白云飞
电　　话	(025)83795993(办公室),83362442(传真)
经　　销	江苏省新华书店
印　　刷	广东虎彩云印刷有限公司印刷
开　　本	787mm×1092mm　1/16
印　　张	22.50
字　　数	542 千字
版 印 次	2005 年 8 月第 1 版　2023 年 9 月第 13 次印刷
书　　号	978-7-5641-0079-7
定　　价	39.00 元

* 若有印装质量问题,请同读者服务部联系。电话:025-83792328。

前　言

服装是人类生活的最基本的需求之一，也是人类文明特有的文化象征。服装文化是一定的社会文化经济发展阶段人类物质文明和精神文明水平的反映。它不仅反映出人与自然、社会的关系，而且十分鲜明地折射出一个时代的氛围和人们的精神面貌。现在，服装已不再单纯作为生活必需品而存在，服装功能的外延已经向社会文化和精神领域拓展。同时，服装作为商品除了有较强的使用价值，其社会价值、文化价值以及艺术价值越来越突显于人类对服装的基本需求之上。服装作为人类生活不可缺少的一种产品，也成为一种信息载体，体现出一个国家或民族的文化、艺术、经济和科学技术的发展水平。

改革开放以来，我国服装业发展迅速，现已成为世界最大的服装加工生产国和出口国。我国国民经济的持续快速增长，人民的生活水平的日益提升，拉动了劳动力价格的上涨，使劳动密集型的服装加工业逐渐失去优势，同时客观上使服装制造业由低端生产加工向高端自主品牌转移，服装业由"中国制造"向"中国创造"转变。在这种形势下，调整产品结构，强化自主品牌意识成为中国服装业发展的大趋势。新形势对服装人才培养提出新的要求，中国服装教育必须与世界服装教育接轨。而教育出版物是发展教育的基础条件，是决定教育教学质量高低的关键因素。近几年全国各服装院校积极探索研究教育教学改革，产生了许多新思路、新观念、新理论、新方法和新技巧，切实提高了专业教学的针对性、先进性和前瞻性，提高了人才培养的技术应用性、技术高新性，保证了人才的适用性和相应持续发展性。由此，我们汇集教育部服装改试点专业、省级品牌、特色专业的教改成果和经验，组织全国十多所服装院校的专业教师共同编写这套应用型服装系列教材。这套教材既借鉴了国外有益的理论和方法，也弘扬了本民族文化特色；既注重理论的系统性与科学性，又强调实践的应用性和操作性。希望这套教材的出版，能够丰富服装专业的教学内容，在我国服装专业教材建设中起到推动作用。

本套教材可作为高等学校、高等职业教育服装专业教学用书，也可作为服装类职业培训用书。

热忱欢迎本专业师生和服装行业人士选用，同时，真诚地欢迎专家和读者对本系列教材的不到之处提出宝贵意见。

编委会
2005.6

目　　录

1　服装与人体

　　现代服装业对服装制板师的要求越来越高,其职业素质应是全方位的,因此了解与服装相关的各门学科的知识,如人体解剖学、服装卫生学、服装材料学等就显得极其重要。而首要的应是人体构成学,包括人体点、线、面、立体构成等,因为它是人体测量的基础,是服装制板前极其重要的工作。作为一个服装工作者,尤其是从事服装结构设计的工作者,有必要全面地了解人体知识及其与服装的关系。

1.1　人体构成

　　这里所讨论的人体构成主要是指与服装构成密切相关的人体中点、线、面、体。

1.1.1　人体主要部位的构成

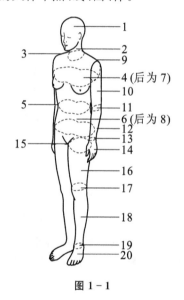

图 1－1

　　人体可以划分成 20 个部位,其具体划分部位如图 1－1:1—头部;2—颈部;3—肩部;4—胸部;5—腰部;6—腹部;7—背部;8—臀部;9—肩端部;10—上臂部;11—肘部;12—下臂部;13—手腕部;14—手部;15—臀沟底;16—大腿部;17—膝部;18—小腿部;19—脚腕部;20—足部。

　　人体颈部、腰部、肩端部、肘部、手腕部、胯关节部、膝部、脚腕部等是人体的重要活动部位。所有人体的弯、转、扭、伸、屈、抬、摆等各种动作都由这些部位的运动来完成。而这些动作的运动幅度在一定条件下又将决定服装放松量的大小。

　　服装部位的划分和分界是以人体部位的划分为依据的。

1.1.2　人体主要基准点的构成

　　根据人体测量的需要可对人体外表设置为 22 个人体基准点,如图 1－2 所示。

　　(1)颈窝点　位于人体前中央颈、胸交界处。它是测量人体的胸长的起始点,也是服装领窝点定位的参考依据。

　　(2)颈椎点　位于人体后中央颈、背交界处(即第七颈椎骨)。它是测量人体背长及上体长的起始点,也是测量服装后衣长起始点及服装领椎点定位的参考依据。

　　(3)颈肩点　位于人体颈部侧中央与肩部中央的交界处。它是测量人体前、后腰节长的起始点,也是测量服装前衣长的起始点及服装领肩点定位的参考依据。

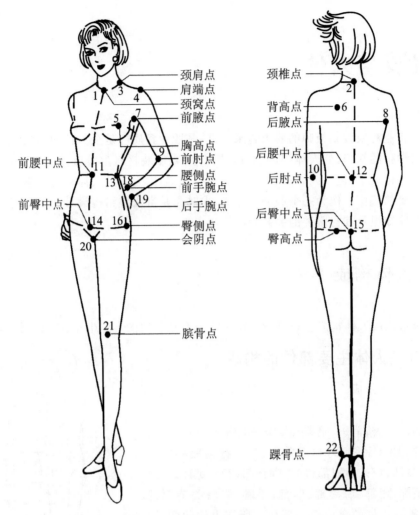

图 1-2

（4）肩端点　位于人体肩关节峰点处。它是测量人体总肩宽的基准点，也是测量臂长或服装袖长的起始点及服装袖肩点定位的参考依据。

（5）胸高点　位于人体胸部左右两边的最高处。它是确定女装胸省省尖方向的参考点。

（6）背高点　位于人体背部两边的最高处。它是确定女装后肩省省尖方向的参考点。

（7）前腋点　位于人体前身的臂与胸交界处。它是测量人体胸宽的基准点。

（8）后腋点　位于人体后身的臂与背的交界处。它是测量人体背宽的基准点。

（9）前肘点　位于人体上肢肘关节前端处。它是服装前袖弯线凹势的参考点。

（10）后肘点　位于人体上肢肘关节后端处。它是确定服装后袖弯线凸势及袖肘省省尖方向的参考点。

（11）前腰中点　位于人体前腰正中央处。它是前左腰与前右腰的分界点。

（12）后腰中点　位于人体后腰部正中央处。它是后左腰与后右腰的分界点。

（13）腰侧点　位于人体侧腰部位正中央处。它是前腰与后腰的分界点，也是测量裤长或裙长的起始点。

（14）前臀中点　位于人体前臀正中央处。它是前左臀与前右臀的分界点。

（15）后臀中点　位于人体后臀正中央处。它是后左臀与后右臀的分界点。

（16）臀侧点　位于人体侧臀正中央处。它是前臀与后臀的分界点。

（17）臀高点　位于人体后臀左右两侧最高处。它是确定服装臀省省尖方向的参考点（或区域）。

（18）前手腕点　位于人体手腕部的前端处。它是测量服装袖口大的基准点。

（19）后手腕点　位于人体手腕部的后端处。它是测量人体臂长的终止点。

（20）会阴点　位于人体两腿的交界处。它是测量人体下肢长及腿长的起始点。

（21）膑骨点　位于人体膝关节的外端处。它是确定服装衣长的参考点。

（22）踝骨点　位于人体脚腕部外侧中央处。它是测量人体腿长的终止点，也是确定服装裤长的参考点。

人体基准点的设置将为服装主要结构点的定位提供可靠依据，如图1-3所示。

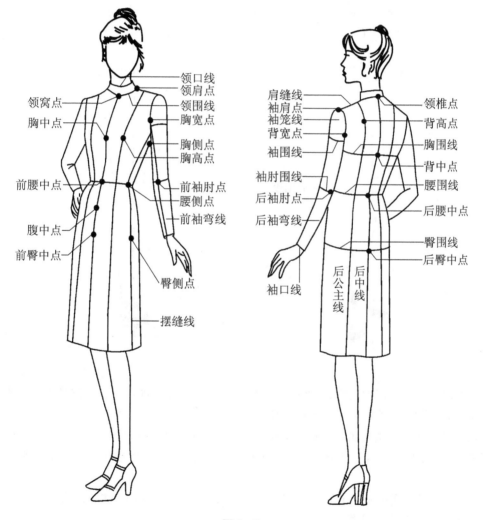

图 1-3

1.1.3 人体主要基准线的构成

根据人体体表的起伏交界、人体前后分界及人体对称性等基本特征,可对人体体表设置以下 21 条人体基准线,如图 1-4 所示。

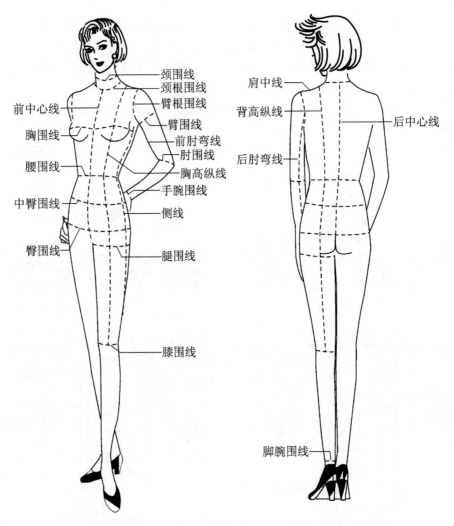

图 1-4

（1）颈围线 颈部围圆线,前经喉结下口 2 cm 处,后经颈椎点。它是测量人体颈围长度的基准线,也是服装领口定位的参考依据。

（2）颈根围线 颈根底部围圆线,前经颈窝点,侧经颈肩点,后经颈椎点。它是测量人体颈根围长度的基准线,也是服装领圈线定位的参考依据,又是服装中衣身与衣领分界的参考依据。

（3）胸围线 前经胸高点的胸部水平围圆线。它是测量人体胸围长度的基准线,也是服装胸围线定位的参考依据。

（4）腰围线 腰部最细处的水平围圆线,前经前腰中点,侧经腰侧点,后经后腰中点。

它是测量人体腰围长度的基准线及前后腰节的终止线,也是服装腰围线定位的参考依据。

(5) 臀围线　臀部最丰满处的水平围圆线,前经前臀中点,侧经臀侧点,后经后臀中点。它是测量人体臀围长度及臀长的基准线,也是服装臀围线定位的参考依据。

(6) 中臀围线　腰至臀平分部位的水平围圆线。它是测量人体中臀围长度的基准线。

(7) 臂根围线　臂根底部的围圆线,前经前腋点,后经后腋点,上经肩端点。它是测量人体臂根围长度的基准线,也是服装中衣身与衣袖分界及服装袖笼线定位的参考依据。

(8) 臂围线　腋点下上臂最丰满部位的水平围圆线。它是测量人体臂围长度的基准线,也是服装袖围线定位的参考依据。

(9) 肘围线　经前、后肘点的上肢肘部水平围圆线。它是测量上臂长度的终止线,也是服装袖肘线定位的参考依据。

(10) 手腕围线　经前、后手腕点的手腕部位水平围圆线。它是测量人体手腕围长度的基准线及臂长的终止线,也是服装长袖袖口线定位的参考依据。

(11) 腿围线　会阴点下大腿最丰满处的水平围圆线。它是测量人体腿围长度的基准线,也是服装横裆线定位的参考依据。

(12) 膝围线　经膑骨点的下肢膝部水平围圆线。它是测量大腿长度的终止线,也是服装中裆线定位的参考依据。

(13) 脚腕围线　经最细处的脚腕部水平围圆线。它是测量脚腕围长度的基准线及腿长的参考线,也是服装长裤脚口定位的参考依据。

(14) 肩中线　由颈肩点至肩端点的肩部中央线。它是人体前、后肩的分界线,也是服装前后衣身上部分界及服装肩缝线定位的参考依据。

(15) 前中心线　由颈窝点经前腰中点、前臀中点至会阴点的前身对称线。它是人体左右胸、前左右腰、左右腹分界线,也是服装前左右衣身(或裤身)分界及服装前中线定位的参考依据。

(16) 后中心线　由颈椎点经后腰中点、后臀中点顺直而下的后身对称线。它是人体左右背、后左右腰、后左右臀的分界线,也是服装后左右衣身(或裤身)分界及服装背中线定位的参考依据。

(17) 胸高纵线　经过胸高点、膑骨点的人体前纵向顺直线。它是服装结构中一条重要的参考线,也是服装前公主线定位的参考依据。

(18) 背高纵线　经过背高点、臀高点的人体后纵向顺直线。它是服装结构中一条重要的参考线,也是服装后公主线定位的参考依据。

(19) 前肘弯线　由前腋点经前肘点至前手腕点的手臂前纵向顺直线。它是服装前袖弯线定位的参考依据。

(20) 后肘弯线　由后腋点经后肘点至后手腕点的手臂后纵向顺直线。它是服装后袖弯线定位的参考依据。

(21) 侧线　经过腰侧点、臀侧点、踝骨点的人体侧身中央线。它是人体胸、腰、臀及腿部前、后的分界线,也是服装前、后衣身(或裤身)分界及服装摆缝线(或侧缝)定位的参考依据。

人体基准线的设置将为服装主要结构线的定位提供可靠的依据,如图 1-4 所示。

1.1.4 人体主要体表形态的构成

人体体表虽然起伏多变,很不规则,但从几何角度观察,人体体表可视作由许多非标准的球面和非标准的双曲面及其他几何曲面所构成。

所谓球面形态,通俗地讲,是指通过该表面的两条互为垂直弧线具有相同的弯曲方向,如图1-5所示。

所谓双曲面形态,通俗地讲,是指通过该表面的两条互相垂直的弧线具有相反的弯曲方向,如图1-6所示。

图1-5

图1-6

属于球面体形态的部位大致有:①胸部、②肩胛部、③腹部、④后臀部、⑤肩端部、⑥后肘部、⑦前膝部、⑧胯骨部,如图1-7所示。

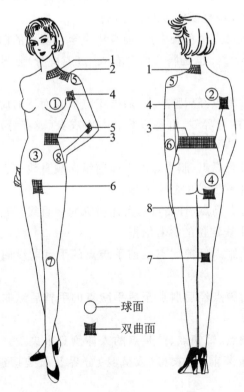

球面

双曲面

图1-7

球面体表形态的中心部位将决定服装省尖的位置及工艺归拔的伸展区域;球面体表形态的边缘部位将决定服装省口的位置及工艺归拔的收缩区域。

属于双曲面体表形态的部位大致有:①颈根部、②前肩部、③腰部、④臂根底部、⑤前肘部、⑥腿根底部、⑦后膝部、⑧臀沟部,如图1-7所示。

双曲面体表形态的中心部位将决定省口的位置及工艺归拔的收缩区域;双曲面体表形态的边缘部位将决定省尖的位置及工艺归拔的伸展区域。

人体体表形态的划分,对于从本质上认识人体体表及正确地把握服装结构的平面分解均有很大帮助。

1.2 服装与人体诸因素的关系

1.2.1 服装结构与人体外形差异的关系

由于生理关系及发育生长方面的原因,人体除了在高度、围度方面存在差异外,在体态外形方面也存在着显著差异,这种差异主要表现在下列几个方面。

1) 肩部

男性——一般肩阔而平,肩头略前倾,整个肩膀俯看呈弓形,肩部前中央表面呈双曲面状。

女性——一般较男性肩狭而斜,肩头前倾度、肩膀弓形状及肩部前中央的双曲面状均较男性显著。

老年——一般较青年肩薄而斜,肩头前倾度、肩膀弓形状及肩部双曲面状均甚于青年。

幼儿——一般肩狭而薄,肩头前倾度、肩膀弓形状及肩部双曲面状均明显弱于成年人。

上述外形特征及其差异反映在服装结构上,主要表现在以下几个方面。

(1) 肩头的前倾使得一般上衣的前肩缝线略斜于后肩缝线。

(2) 肩膀的弓形状使得上衣后肩缝略长于前肩缝线,前肩缝线外凸,后肩缝线内凹,且后肩阔于前肩。

(3) 肩部前中央的双曲面状决定了合体服装的前肩缝线区域必须适量拔开,后肩缝线区域必须适量归拢。

(4) 女肩窄于男肩,使得相同条件下的女装肩宽小于男装肩宽。

(5) 女肩斜于男肩,决定了在相同条件下,女装前、后肩缝线的平均斜度要大于男装。

(6) 女肩头的前倾度大于男肩头,决定了女装前、后肩斜度差大于男装。

(7) 女肩部前中央的双曲面状更为显著,决定了相同条件下女装前、后肩缝线区域的归拔程度大于男装。此外,也决定了女装前肩省上段略带内弧形。

2) 胸背部

男性——整个胸部呈球面状,背部有肩胛骨微微隆起,后腰节长大于前腰节长(简称腰节差)。

女性——由于乳峰的高高隆起,使得胸部呈圆锥面状,背部肩胛骨突起较男性显著,前后腰节差明显小于男性。

老年——一般胸部较青年平坦,肩胛骨的隆起更显著。另外,由于脊椎曲度的增大,使驼背体型较为常见。

幼儿——一般胸部的球面状程度与成年人相仿,但肩胛骨的隆起却明显弱于成年人,背部平直且略带后倾成为幼儿体型的一个显著特征。

上述外形特征及其差异,反映在服装结构上,主要表现在以下几个方面。

(1)胸部的球面状产生了上装的胸劈门,也使得上装中通过胸部的分割线边缘部位往往留有劈势。

(2)女性的乳峰形体特征决定了胸省、胸褶等女装结构的特有形式。

(3)腰节差的存在决定了男装的后腰节长总大于前腰节长;由于男女腰节差的区别,又使得女装的腰节差不如男装那样显著。

(4)肩胛骨的隆起产生了上装的后肩省、背褶及通过该部周围的分割线边缘留有劈势等一系列结构处理方法,也决定了后肩缝线后袖笼线上段处允许归拢。

(5)幼儿的背部平直且略有后倾,使得童装的后腰节长只要等于甚至小于前腰节长即可。

3)腰部

男性——腰节较长,腰部凹陷明显,侧腰部呈双曲面状。

女性——腰节较短,腰部凹陷较男性明显,侧腰部的双曲面状更为显著。

老年——腰部的凹陷程度及侧腰的双曲面状较青年人要明显减弱,甚至形成胸腰差同样大小。

幼儿——腹部呈球面状突起,致使腰节不明显,凹陷模糊。

上述外形特征及差异,反映在服装结构上,主要表现在以下几个方面。

(1)腰节的男低女高,使得同样裤长的女裤直裆长于男裤直裆。

(2)腰部的明显凹陷产生了曲腰身结构的服装;男女腰部凹陷的区别又决定了相同情况下,女装的吸腰量往往大于男装的吸腰量。

(3)侧腰的双曲面状决定了曲腰身服装的摆缝线腰节处必须拔开或拉伸。

(4)老年人和幼儿的胸腰围相近,使得他们的服装以直腰身结构较为多见,即使是曲腰身的,其胸腰差也是相当小的。

4)臀部

男性——臀窄且小于肩宽,后臀外凸较明显,呈一定球面状,臀、腰围差值(简称臀腰差)显著,一般在 14~20 cm。

女性——臀宽且大于肩宽,后臀外凸更明显,呈一定的球面状,臀腰差比男性更为显著,一般在 20~24 cm。

老年——男性老年的后臀部外形基本与青年相仿;女性老年的后臀部显得宽大圆浑,略有下垂,与青年相比,老年的臀腰差明显减小。

幼儿——臀窄且外凸不明显,臀腰差几乎不存在。

上述外形特征及差异反映在服装结构上,主要表现在以下几个方面。

(1)臀部的外凸使得西裤的后裆宽总大于前裆宽,后半臀大于前半臀。

(2)臀部呈球面状决定了西裤后侧缝线上段处必须归拢,通过臀部的分割线边缘部位必须留有劈势。此外,它也是西裤后臀收省的一个重要原因。

(3)臀腰差的存在是产生西裤的前褶和后省的主要原因。

（4）女性臀部的丰满使得女裤后省往往大于男裤后省。

（5）幼儿不存在臀腰差使得幼童裤的腰部一般不常收省打褶，而都以收橡皮筋或装背带为主。

1.2.2　服装放松量与人体运动的关系

研究人体运动的规律，对于服装舒适功能的设计具有重要意义。

人体运动是复杂多样的，有上下肢的伸屈、回旋运动，有躯干的弯曲、扭转运动，也有颈部的前倾后仰运动等。所有这些运动都将引起运动部位表面的长度变化。如果这种表面长度是作伸长变化的，那么服装在该部位必须留有足够的放松量（假如衣料弹力较差），不然就会阻碍人体的正常运动。

据日本方面研究表明，人体主要部位的运动所引起的体表最大伸长率如下：

（1）胸部　横向最大伸长率为12%～14%，纵向最大伸长率为6%～8%，如图1-8所示。

（2）背部　横向最大伸长率为16%～18%，纵向最大伸长率为20%～22%，如图1-9所示。

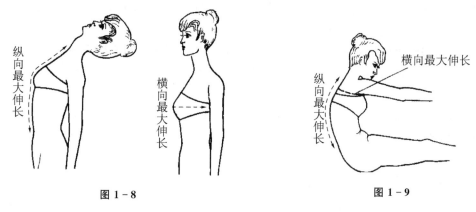

图1-8　　　　　　　　　　　　　　　图1-9

（3）臀部　横向最大伸长率为12%～14%，纵向最大伸长率为28%～30%，如图1-10所示。

（4）膝部　横向最大伸长率为18%～20%，纵向最大伸长率为38%～40%，如图1-10所示。

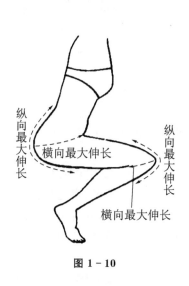

图1-10　　　　　　　　　　　　　　图1-11

（5）肘部　横向最大伸长率为18％～20％，纵向最大伸长率为34％～36％，如图1-11所示。

此外，还有手臂上举时臂根底部表面的伸长、侧身弯曲时腰侧表面和臂侧表面的伸长等，不一而足。

人体的任何一个部位，只要有运动，必定会引起表面的伸长。无论哪一个部位，其横向表面的最大伸长量将决定其横向方面服装放松量的最小限度。由于人体运动而给予的服装放松量最小限度（假定衣料为非弹力织物），我们就定义为服装运动松量最小值。

由上述提供的体表伸长率不难计算出各运动部位所需要的服装运动松量最小值。

以人体胸围为例，假如某一个人体的净胸围是90 cm，胸、背宽都是34 cm。按比例公式计算得：

$$胸宽伸长量＝34×（12％～14％）＝4.08～4.76 cm$$
$$背宽伸长量＝34×（16％～18％）＝5.44～6.12 cm$$

由此可进一步推算出这个人体的胸围运动松量最小值为：

$$（4.08＋5.44）～（4.76＋6.12）cm，即9.52～10.88 cm$$

如果给予的胸围松量小于这个胸围运动松量最小值，只能认为它尚能满足这个人体做一些弱于最大幅度的胸、背部运动。

一般认为，服装放松量越大，人体运动就越便利。但有些部位的服装松量过大，反而不利于人体运动，如直档、袖笼深部位（在腿围量及臂围松量较小条件下）过大反而会阻碍四肢的活动。这与圆规点越往下移，圆规两脚张开的幅度越小的道理一样。

应该指出，人体运动并不是决定服装放松量大小的唯一因素。除此以外，服装放松量的大小还将受到其他因素的制约。

1.3　服装结构制图的尺寸依据

人体的测量是服装结构制图的先决条件，而由测量得到的尺寸再加放松量则成为服装成品的规格，是服装结构制图的直接依据。本节着重介绍人体的测量、服装号型系列及服装号型与制图规格的关系等内容。

1.3.1　人体测量部位及方法

1）测量工具

（1）软尺　质地柔韧，刻度正确、清晰，稳定不伸缩。

（2）腰围带　测量腰围所用，可用软尺，也可用不伸缩的布带代替。

2）测量前的准备

测量人体是根据服装款式的需要测量人体体表的各个部位。要制作实用美观的服装，首先必须正确地测体，因此在测体前要确定好测量的位置，尤其是颈围、肩宽和腰围等。

（1）测体者　测体者要站在不使被测体者有任何不适感的位置，并准确、敏捷地进行测体。测体时要注意观察被测者的体型特征，如是否有挺胸、驼背、溜肩、凸腹等现象，以作为裁剪时的第一手资料。

（2）被测体者　被测体者最好穿紧身衣、衬衫或连衣裙，并穿戴好胸罩、束腰及鞋子等，以最自然的姿势站好。

3）测体部位及方法

人体测量部位及方法如图 1-12 所示。

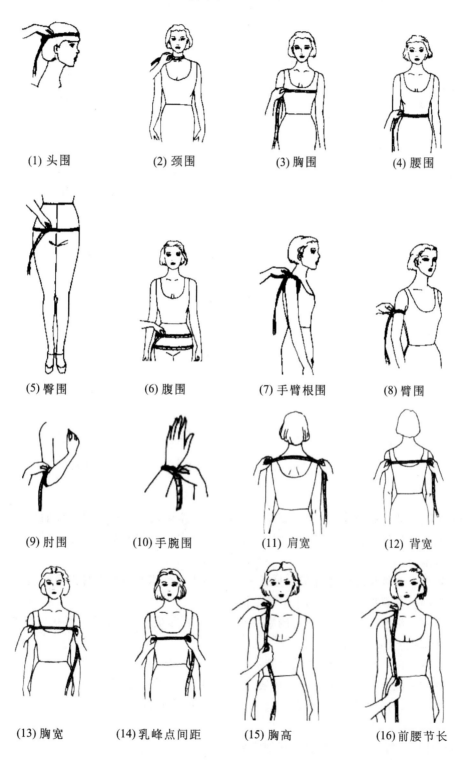

(1) 头围　　　(2) 颈围　　　(3) 胸围　　　(4) 腰围

(5) 臀围　　　(6) 腹围　　　(7) 手臂根围　　(8) 臂围

(9) 肘围　　　(10) 手腕围　　(11) 肩宽　　　(12) 背宽

(13) 胸宽　　　(14) 乳峰点间距　(15) 胸高　　　(16) 前腰节长

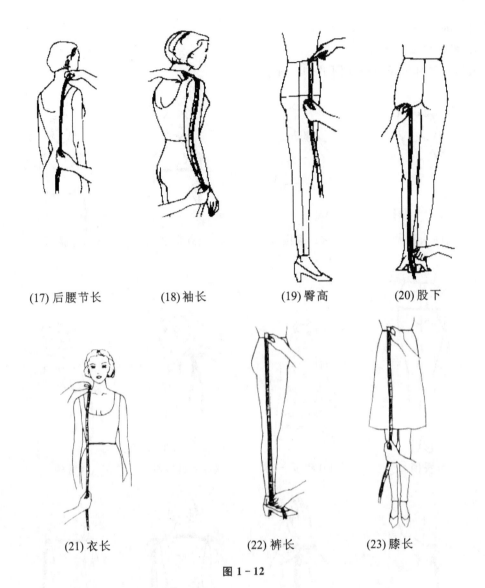

(17) 后腰节长　　(18) 袖长　　(19) 臀高　　(20) 股下

(21) 衣长　　　　(22) 裤长　　　　(23) 膝长

图 1－12

（1）头围　使用软尺，自额头中央经过耳朵上方，绕脑后突出处围量一周的尺寸。

（2）颈围　将软尺侧立，围绕颈围的前中点、肩颈点至颈围前中点测量一周。

（3）胸围　用软尺过乳峰点，水平环绕胸部一周。

（4）腰围　将软尺环绕腰部最细处量一周或环绕被测体者的腰围带围量一周。

（5）臀围　在臀部最丰满处，水平环绕围量一周。

（6）腹围　沿腹围线，水平环绕测量一周。腹部的形状，会因髋骨的形状与脂肪的多少而有所不同，因此是必须测量的尺寸之一。

（7）手臂根围　经过肩端点、前后腋点，环绕手臂根部测量一周。

（8）臂围　在上臂部最粗处水平环绕测量一周。手臂粗者更需测量。

（9）肘围　弯曲肘部，经过肘点环量一周，是窄袖制图时的必要尺寸。

（10）手腕围　绕手腕根部测量一周。

（11）肩宽　测量左右肩端点之间的距离。

（12）背宽　测量背部左右后腋点之间的距离。

（13）胸宽　测量胸部左右前腋点之间的距离。

（14）乳峰点间距　测量左右乳峰点之间的距离。

（15）胸高　自肩颈点量至乳峰点的长度。

（16）前腰节长　自肩颈点过乳峰点量至腰围线的距离。

（17）后腰节长　自第七颈椎点量至腰围线的距离。从前腰节长与后腰节长之差便可知道躯干部的体型特征。

（18）袖长　自肩点量至手腕的长度。

（19）臀高　自腰围线至臀围线的长度,须在人体侧面测量。

（20）股下　测量臀沟至足踝的长度。

（21）衣长　即所制作服装的长度。自肩颈点量至款式所确定的衣服下摆线位置。

（22）裤长　在人体侧面自腰围线量至外踝点或依具体款式要求决定。

（23）膝长　从腰围线量至膝盖中点。此长度常用来决定裙长。

1.3.2　服装的加放松量与空隙量

1）加放松量的概念和作用

量体所得数据均为净体尺寸,在确定服装规格时,多数围度部位需要加放尺寸,将这些加放的尺寸统称为松量。加放松量主要有三个作用:第一是满足人体活动的需要;第二是为了容纳层次的需要;第三是为了表现服装的造型效果。显然,前两者是功能性的需要,后者则属于表现性。这些作用相互依存,在不同的款式造型中应有各自的侧重点。

松量的加放值可大可小,体现在服装形态效果上,有紧体、合体、半合体、半松体、松体、特松体等区别,它是决定服装造型的基本要素。净体测量尺寸与松量之和构成服装成品规格。应用部位主要有胸围、腰围和臀围等。例如:净胸围是 84 cm 的女体,穿着成品胸围是 102 cm 的上衣,其胸围的总松量为 18 cm。

2）放松量与空隙量的关系

为了研究方便,我们将人体胸、腰、臀的横截面视为"圆",并假设衣服与人体间的空隙处处相等。下面以胸围为例说明如下:

设 A 为人体净胸围, B 为加放尺寸后的胸围, P 为放松度。因为人体的胸围的横剖面是圆形的,胸围平量一周的长度也就是胸围剖面圆的圆周长,则 $A=2\pi R$ (R 是人体胸围圆的半径)。又假设衣服与人体的距离为 I （空隙量),则衣服在胸围处圆的半径就是 $R+I$ (见图 1-13)。根据圆周长公式,得出衣服的圆周长公式（即肥瘦):

$$B = 2\pi(R+I)$$
$$= 2\pi R + 2\pi I$$
$$= A + 2\pi I$$

则　　　$P = B - A = 2\pi I$ （放松度）

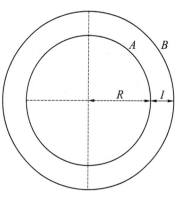

图 1-13

3）空隙量与总放松量的计算方法

空隙量可分为功能性空隙量和装饰性空隙量两种。功能性空隙量用以保证呼吸自由、活动方便、透气保温等。衣服与人体间保持一定的空气层，有利于调节湿热传递。人体在活动中的屈伸、外张、回收、旋转等动作，可使各部位皮肤伸展。为了不妨碍运动，就必须让衣服与人体间有空隙。根据人体工程学研究的结果可知，功能性空隙量的数值一般为：上体胸围处为 1.6 cm（半紧体的胸围空隙量，松量为 10 cm），下体臀围处为 1.3 cm 左右（松量为 8 cm），它们是各种服装的基本空隙量。如果想塑造各种半松体、宽松体服装的造型效果，就要另外增加装饰性空隙量，同时还要考虑内套衣服的厚度（简称"内装厚度"）。

服装空隙量的计算公式为：

服装空隙量＝基本空隙量＋内装厚度尺寸＋装饰性空隙量

各种服装的整体或局部都可以有紧体、半紧体、合体、半松体、松体的造型效果，所增加的空隙量称为装饰性空隙量，没有定值，可以在 0～20 cm 范围内变化，也可为负值。

各种服装款式的空隙量，还要根据材料的有无弹性、穿用目的及流行特征等具体情况而适当增减。

表 1－1　空隙量与总放松量之间的换算　　　　　　　单位：cm

空隙量 I	0.1	0.2	0.3	0.4	0.5	1	2	3	4	5
总放松量 $2\pi I$	0.63	1.26	1.88	2.51	3.14	6.28	12.56	18.84	25.12	31.4

表 1－2　内装厚度表　　　　　　　单位：cm

服装品种	衬　衫	薄毛衫	中厚毛衫	厚毛衫	毛　衣	棉　衣	厚棉衣
厚度	0.1	0.2	0.3	0.4	0.5	1	1.5
放松量	0.63	1.26	1.9	2.5	3.14	6.3	9.4

表 1－3　常见服装的总放松量的对照表　　　　　　　单位：cm

类别＼品种	紧体	半紧体	合体	半合体	半松体	松体
旗袍、礼服	4～6	6～8				
衬衫、西服			8～12	12～14	15～20	21～25
外衣、大衣			10～14	14～16	17～22	22～25
休闲装				14～16	17～22	22～30

1.3.3　服装号型系列

服装号型系列是以我国正常人体主要部位尺寸为依据，对我国人体的不同体型进行分类制订的服装号型国家标准。这个标准基本反映了我国人体的体型规律，具有广泛的代表性，由国家技术监督局批准发布代号为 GB/T 1335.1～1335.3－1997，于 1998 年 6 月 1 日起实施。服装号型系列的推广为消费者选购服装提供了方便，为服装成衣化大生产提供了科学的依据。

服装号型系列适用于我国绝大多数各部位发育正常的人体。特别高大或特别矮小、过分矮胖或特别瘦削的体型,以及有体型缺陷的人不包括在服装号型系列所指人群范围内。

1) 号型意义

"号"指人体的高度,是以厘米表示人体的身高,是设计服装长短的依据;"型"指人体的围度,是以厘米表示人体的胸围或腰围,是设计服装肥瘦的依据。对每一个人,"号"的数值只有一个,即身高,"型"的数值有两个,上装指胸围,下装是指腰围。

2) 体型分类

体型分类是根据人体的胸围与腰围的差数来确定的。按差数的大小可把体型分为 Y、A、B、C 四种类型,其中 Y 型的胸围与腰围的差数最大,C 型的胸围与腰围的差数最小,具体数据可参看表 1-4。

表 1-4 体型分类数据表 单位:cm

性别	男				女			
体型分类	Y	A	B	C	Y	A	B	C
胸腰差数	17~22	12~16	7~11	2~6	19~24	14~18	9~13	4~8

A 体型和 B 体型的人较多,其次为 Y 体型,C 体型的人较少。一般来说,B、C 体型以中老年居多。

3) 号型标志

按服装号型系列标准规定,服装成品上必须有号型标志,其表示方法为号的数值在前,型的数值在后,中间用斜线分隔,型的数值后面是体型分类。例如 170/92B,号 170 表示该人的身高为 170 cm,型 92 表示该人的净体胸围是 92 cm,体型分类代号是 B,表示该人体胸围与腰围的差数在 7~11 cm 之间。

4) 号型系列

把人体的号和型进行有规则的分档排列,称为号型系列。号的分档与型的分档相结合,分别有 5.4 系列、5.2 系列等。号型系列中前一个数字 5 表示号的分档数值,成年男子从 155~185 cm,成年女子从 145~175 cm,均为每隔 5 cm 为一档。后一个数字 4 或 3 或 2 是型的分档数值。成年男子上装胸围从 72~112 cm,成人女子上装胸围从 72~108 cm,每隔 4 cm(或 3 cm、2 cm)分一档。下装腰围也每隔 4 cm(或 3 cm、2 cm)分一档。成年男子下装腰围从 56~108 cm,成年女子腰围从 50~102 cm。

5) 号型应用

消费者在选购服装前,首先要测量自己的身高,净胸围及腰围,算出胸腰围差数,确定自己属于 Y、A、B、C 四种体型中的哪一种,然后从中选择符合自己号型类别的服装。若某一个人的身高和胸围与号型设置不吻合时,则采用近距靠拢法。如:身高在 162~167 cm 范围内,选用号为 165;人体净胸围为 82~86 cm 范围内,选用型为 84。

6) 服装号型系列控制部位数值

一套服装仅有长度、胸围、腰围是不够的,必须有各主要部位的尺寸才能裁剪出符合人体的服装,这些部位称之为控制部位。控制部位数值是指对服装造型影响较大的人体几个主要部位的净体尺寸数值,是服装规格的依据。如上装类的衣长、胸围、总肩宽、袖长、颈围、背长和下装类的裤长、腰围、臀围、上裆长等,这些控制部位的数值加上不同的放松量就是服装规格。

2 服装结构设计基础

2.1 制图常识

2.1.1 制图工具

服装制图所用的工具有下列几种:

1) 铅笔

使用专用的绘图铅笔。绘图铅笔笔芯有软硬之分,标号 HB 为中等硬度,标号 B～6B 的铅芯渐软,笔色粗黑。标号 H～6H 的铅芯渐硬,笔色细淡。在服装结构制图中常用的有 H、HB、B 三种笔,根据结构图对线条的不同要求来选择使用。

2) 橡皮

一般选用绘图香橡皮。

3) 尺

常用的有直尺、三角尺、软尺、袖窿尺、弯尺、多用曲线尺等。

(1) 直尺 直尺的材料有钢、木、塑料、竹、有机玻璃等。材料不同,用途也不同。在布料上直接裁剪一般采用竹尺,而在纸上绘制服装结构制图时一般采用有机玻璃尺,因其平直度好,刻度清晰,不遮挡制图线条。常用的规格有 20 cm、30 cm、60 cm、100 cm 等。

(2) 三角尺 在服装结构制图中一般采用有机玻璃尺,且多用带量角器的成套三角尺,规格有 20 cm、30 cm、35 cm 等,可根据需要选择三角尺的尺寸规格。

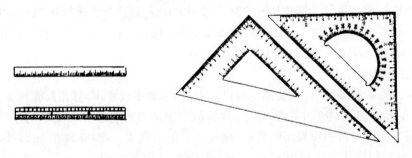

图 2-1

(3) 软尺(图 2-2) 软尺俗称皮尺,多为塑料质地,尺面涂有防缩树脂层,但长期使用会有不同程度的收缩现象,因此应经常检查、更换。软尺的规格多为 150 cm,常用于测量人体或结构图中曲线的长度等。

(4) 袖窿尺 用有机玻璃制成,用于作袖窿、袖山弧线特别方便。

(5) 弯尺(图 2-3) 划衣服和裙、裤的曲线部位,长度为 50～60 cm。

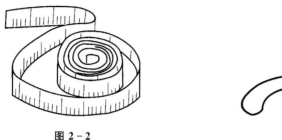

图 2 - 2   图 2 - 3

（6）多用曲线尺（图 2 - 4）　它是为服装制图设计的专用尺,适合作前后龙门、前后领口、袖窿、袖肥、翻领外止口、圆摆等处的弧线。

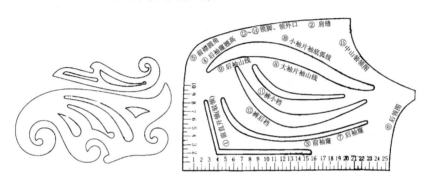

图 2 - 4

4）剪刀（图 2 - 5）

剪刀应选择缝纫专用剪刀,是剪纸样的必备工具,有 24 cm（9 in）、28 cm（11 in）、30 cm（12 in）等几种规格,可根据需要选择使用。

5）圆规

一般采用不锈钢制成。在服装结构制图中用于画圆、弧线及确定定长线的交点。

图 2 - 5   图 2 - 6

6）墨线笔

墨线笔根据笔尖的粗细不同分为 0.3～0.9 cm 等不同的型号,0.3 cm 的较细,用于绘制结构线与标注尺寸线,而 0.6～0.9 cm 的多用于绘制轮廓线。

7）描线器（图 2 - 6）

描线器是通过齿轮滚动留下齿痕来拓印线迹进而复制纸样的。

2.1.2　制图线条及主要用途

所谓制图线条就是服装结构制图的构成线,它具有粗细、断续等形式上的区别。一定形式的制图线条能正确表达一定的制图内容,这是制图线条的主要作用。

服装制图线的具体形式、名称及主要用途如表 2-1 所示。

表 2-1　制图线条及主要用途　　　　　　　　　　单位:mm

序　号	名　称	形　式	粗　细	用　途
1	粗实线	▬▬▬▬▬▬	0.9	1. 服装和零部件轮廓线 2. 部位轮廓线
2	细实线	————	0.3	1. 图样结构的基本线 2. 尺寸线和尺寸界线 3. 引出线
3	虚线	▬ ▬ ▬ ▬	0.9	叠层轮廓影示线
4	点划线	▬ · ▬ · ▬ · ▬	0.9	对称连折的线,如领中线、背中线等
5	双点划线	▬ ·· ▬ ·· ▬ ·· ▬	0.3	折转线,如驳口线、袖弯线等

2.1.3　制图符号及主要用途

制图符号是指具有特定含义的约定性记号。其具体形式、名称及其用途如表 2-2 所示。

表 2-2　制图符号及主要用途

序　号	名　称	形　式	用　途
1	等分		表示该段距离平分等分
2	等长		表示两段长度相等
3	等量	○ △ □ ▭	表示两个以上部位等量
4	省缝		表示这个部位须缝去
5	裥位		表示这一部位有规则折叠
6	皱裥	∿∿∿∿	表示用衣料直接收拢抽皱裥
7	直角		表示两线互相垂直
8	连接		表示两个部分在裁片中连在一起
9	归拢		表示这部位熨烫后收缩
10	拔伸		表示该部位经熨烫后伸展拔长
11	经向	←——→	两端箭头对准衣料经向

序 号	名 称	形 式	用 途
12	倒顺		表示各衣片相同取向
13	对折		表示该部位布料对折裁剪
14	拉链		表示该部位装拉链
15	花边		表示该部位装花边
16	对格	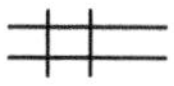	表示该部位对格纹裁制
17	对条	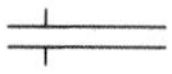	表示该部位对条纹裁制
18	间距	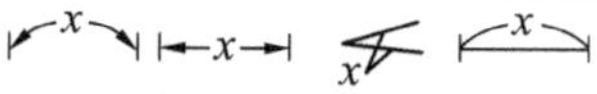	表示两点间的距离

2.1.4　部位代号及其说明

在结构制图中引进部位代号,主要是为了书写方便,同时,也为了制图画面的整洁。大部分的部位代号都是以相应的英文名首位字母(或两个首位字母的组合)表示的,如表2－3所示。

表 2－3　服装主要部位代号

中文名	英文名	字母代号
胸围	Bust girth	B
腰围	Waist girth	W
臀围	Hip girth	H
腹围	Middle Hip girth	MH
颈围	Neck girth	N
线、长度	Line	L
肘线	Elbow Line	EL
乳高点	Bust Point	BP
膝线	Knee Line	KL
肩颈点	Side Neck Point	SNP
肩端点	Shoulder Point	SP
前颈窝点	Front Neck Point	FNP
后颈椎点	Back Neck Point	BNP
袖窿弧长	Arm Hole	AH
背长	Back Length	BAL
背宽	Back Width	BW
胸宽	Front Bust Width	FW
袖口宽	Cuff Width	CW
肩宽	Shouder	S
袖长	Sleeve Length	SL

2.1.5 制图格式

在服装制图中,线条及图形仅是用来反映服装的造型轮廓和结构的,而具体的比例关系并没有表达出来,所以必须在图中标注尺寸及比例。

1) 标注尺寸的基本规则

(1) 图上所标注的尺寸数值为服装各部位和部件的实际大小。

(2) 图纸中的所有尺寸,一律以厘米为单位。

(3) 服装制图中各部位和部件的尺寸,一般只标注一次。

(4) 尺寸标注线用细实线绘制,其两端箭头应指到尺寸界线为止。

(5) 标注尺寸线不得与其他图线重合。

2) 标注尺寸线的不同画法

这里主要指如何标注图形中点与点间的距离;点与线之间的距离;轮廓直线与弧线的长度;线与线之间的角度关系等。

(1) 标注书写的文字不能旋转。即书写文字方向必须与所标注的方向一致,如图2-7所示。

(2) 点与线间的距离。若距离较小,难以容纳所需标注的文字,则可分别从点和相应线处引线,在适当的地方标注,如图2-7中的袖窿凹势和领圈凹势。若距离较远,可直接在此距离内引直线并标注,如图2-7中的前袖窿深。

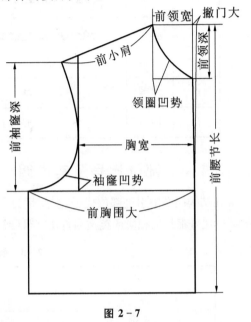

图 2-7

2.1.6 图纸布局

图纸标题栏位置应在图纸的右下角;服装款式图位置应在标题栏的上面;服装部件和零

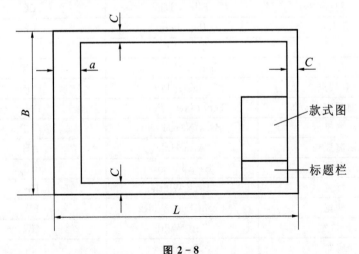

图 2-8

注:B 为图纸宽;L 为图纸长;C 为图纸边框;a 为图纸装订边

部件的制图位置应在服装款式图的左边(图2-8)。

2.2　服装结构制图常用方法

目前常用的服装结构制图方法很多,每一种方法都各有其优、缺点和针对性,在具体的选择应用中需对各种方法有一定的认识。服装裁剪可分为平面裁剪和立体裁剪两大类。服装结构制图是一种平面裁剪,是在图纸或布料上根据一定的公式、数据等绘制服装裁片,方法很多。经常使用的有公式比例法、原型法、基型法等。它们各自都有其特点,又互相联系。下面分别作简单的介绍。

2.2.1　公式比例法

1) 公式比例法的概念和分类

公式比例法是我国目前应用较多的一种服装裁剪制图方法。它是将测量后所得的人体各个部位的尺寸,主要是围度规格尺寸,按既定的比例关系来推导其他控制部位尺寸的制图方法。即对那些无法或难以通过测量人体得到的规格尺寸,如上衣的袖窿深、袖门宽、衣袖的袖山深、袖宽等均可用相关的易测的人体尺寸如胸围的一定比例作为基础来推算;裤子的前后裆宽、中裆宽等可以臀围的一定比例作为基础计算。由于分配比例的基数及推算的方法不同,公式比例法有三分法、六分法、八分法、十分法等多种形式。

2) 公式比例法的特点

公式比例法的特点是在服装结构制图中,某些部位的尺寸不是通过直接测量人体而得到的,而是依据某几个主要围度、长度规格,按一定的比例关系推算求得的。这种方法的优点是灵活,不论着装者的体型胖瘦,尺寸大小,都能按这种比例方法作图,且实用、简便,因而成为一种较为普及的服装结构制图方法。缺点是作图中大部分部位尺寸都要经过运算得出,比较麻烦,并且准确性差。

2.2.2　原型法

1) 原型法的概念及分类

原型是原型法平面制图的基础,是以人体主要控制部位的净体尺寸为依据,加上最基本的放松量,用比例分配法计算绘制的基本结构板型,是人体的归纳概括,而并非具体的服装款式。它起源于日本并一直盛行于日本服装界,对世界各地的服装裁剪方法均有不同程度的影响。

原型按性别、年龄可分为女装原型、男装原型、童装原型几种,按人体结构可分为上身、下身(裤和裙)及手臂(袖子)原型几个部分。原型裁剪法依所用原型的不同而有多种类别,即使在日本也并不统一,流派很多。主要有文化式、登丽美式、田中式等,其中以文化式、登丽美式影响最大。

文化式原型是以基本胸围,即贴体测量所得的净胸围的1/2作为推算其他各部位尺寸的依据,并在计算中加入所需的放松量,制成服装的基础版型。它的特点是需要测量的尺寸少,方法简单。

登丽美式原型却与文化式原型相反,是尽可能多地测量人体的部位,以直接用于制图,取得合体效果。它的测量部位较多,比文化式原型复杂。

2) 原型法的特点

服装款式变化繁多,原型是进行各种款式变化的基础。即在原型的基础上根据款式设计及面料的不同进行变化,制成特定服装的完整纸型。原型法适合款式变化复杂,开缝较多的服装,且制图过程较为科学,所成服装合体度较高,款式变化方便,可按自己的要求随意变化款式。

2.2.3 基型法

1) 基型的概念

基型法所用的基型是在原型基础上进行适当修正而成。基型法所用的基型是某一特定类别服装的基础样板,如上衣基型、内衣基型、外套基型等。

2) 基型与原型的异同

基型法制图与原型法制图的不同之处在于原型法制图的规格尺寸是人体净尺寸加上最基本的放松量。而基型法制图的规格尺寸是某一特定类型服装的基本成衣尺寸,这是两者之间的本质区别。以女上衣为例,原型法制图可适用于衬衫、外套、大衣等不同服装的制图,而基型制图法只能适用于其所针对的特定类型的服装。

2.3 服装结构制图中常用的具体操作

服装结构制图是以图线、符号及标注尺寸等作为技术语言的,制图者对图线的定点划弧、图线的连接等具体制图技术手法也应熟练掌握。本章即对服装结构制图中经常碰到的一些具体技术手法作简单的讲解。

2.3.1 服装结构制图的顺序

服装结构制图顺序包括图线的绘制顺序、衣片的制图顺序、面辅料的制图顺序及上下装的制图顺序等。

(1) 图线的绘制顺序 服装结构制图图线是绘制直线和直线、直线和弧线等连接构成的衣片外形轮廓及衣片中的分割缝的线条。在制图中一般先定长度后定围度,即先确定衣长线、袖长线、裤长线、开领深和袖窿深等,再确定胸围宽、肩宽、开领宽、腰围宽、臀围宽等。

(2) 衣片的制图顺序 制图中各衣片的绘制顺序一般是依次划后片—前片—大袖—小袖,再按主、次、大、小的顺序绘制各零部件。

(3) 面辅料的制图顺序 对需要衬、里的服装,在制图中应先绘制面料版型,后绘制里料版型,再绘制衬料版型。

(4) 上下装的制图顺序 按先上装后下装的顺序进行制图。

对于各零部件的制图,其先后次序并不十分严格。对于某些过于细小的部件,如滚条料、止口嵌线料等,一般可不画图,只在服装结构图中注明即可。

2.3.2 服装结构制图中图线的连接

服装结构制图是服装结构的平面图,它是通过图形的轮廓线表现的。图形的轮廓线有多种曲线连接,这种不规则的曲线不能一笔来完成,要依靠分段曲线的光滑连接才能形成。

1)直线与弧线的连接方法

(1)直线与正圆弧线的连接　连接方法如图 2-9 所示:设直线 AB 需与正圆弧线 AB_1 连接,以 A 为连接点,在直线 AB 的 A 点上作垂直于 AB 的直线,在直线上取 AO 为正弧线 AB_1 的半径 R,以 O 点为圆心划弧 AB_1,并且经过 A 点与 AB 直线光滑连接。这种方法常用于上衣中胸宽线与袖窿弧线的连接,后领深线与后领圈弧线的连接等。

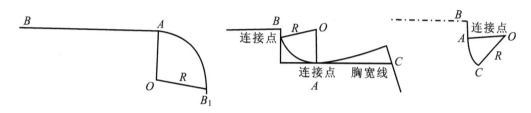

图 2-9

(2)直线与一般弧线的连接　连接方法如图 2-10 所示:设直线 AB 需与一般弧线 AC 相连接,以 A 点为切点作 AC 弧的切线,使 AC 弧的切线与直线 AB 重合。这种方法常用于裤装中前后裆弧线与前、后中缝线连接及衣长线与底边弧线的连接等。

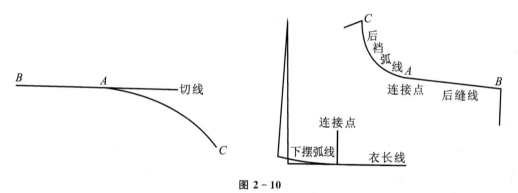

图 2-10

(3)直线与通过某点的正圆弧连接　连接方法如图 2-11 所示:设直线 AB 需与过 Q 点的正圆弧 AQ 连接。过 A 点作线段 AB 的垂线,再连接 AQ 两点,作 AQ 的垂直平分线,交 AB 垂线于 O 点,以 O 点为圆心,再以 $OA=OQ$ 为半径,用圆规作弧 AQ。这种方法一般用于背宽线与后袖窿弧线的连接。

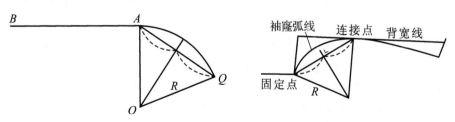

图 2-11

（4）折线与正圆弧的连接　连接方法如图 2-12 所示：设一折线 ABC，需作正圆弧 B_1B_2 与折线 ABC 连接，$BB_1=BB_2$，B_1、B_2 点分别在直线 AB 与 BC 上。过 B_1 点作 AB 垂线，过 B_2 点作 BC 垂线，两垂线交于 O 点。最后以 O 点为圆心，以 $OB_1=OB_2$ 为半径作正圆弧 B_1B_2。这种方法常用于服装制图中圆角线与邻旁直线的连接及袖窿弧线与胸宽线的连接等。

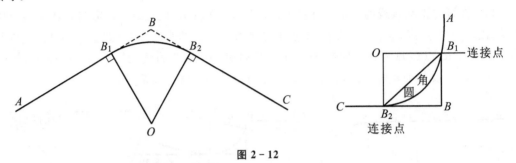

图 2-12

2）弧线与弧线的连接方法

弧线连接有同向弧线与反向弧线连接之分。同向弧线是指有相同弯曲方向的两条弧线；反向弧线指弯曲方向相反的两条弧线。同向弧线或反向弧线的连接又分别有正圆弧与正圆弧的连接及一般弧线与一般弧线的连接两种，下面分别介绍。

（1）同向弧线的连接　正圆弧与正圆弧的同向连接方法，如图 2-13 所示：设半径为 R_1 的正圆弧 AB 需与过 B_1 点的正圆弧 AB_1 连接，AB_1 弧的半径为 R_2，A 为连接点。过 A 点作弧 AB 的直径线，在该直径线上取 O 点，使 $OA=R_2$，然后以 O 点为圆心，以 R_2 为半径作弧 AB_1。这种方法主要用于前、后领圈弧线的连接。

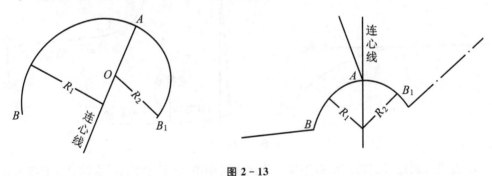

图 2-13

一般弧线与一般弧线的同向连接方法，如图 2-14 所示：设弧线 AB 需与过 B_1 点的同向弧线连接。过 A 点作弧 AB 的切线，过 A 点作弧 AB_1，圆顺连接 AB_1 使弧线 AB 的切线与弧 AB_1 的切线重合。这种方法常用于直线以外所有弧线的连接，如袖山弧线、袖底弧线等。

（2）反向弧线的连接　正圆弧与正圆弧的反向连接方法，如图 2-15 所示：设半径为 R_1 的正圆弧 AB 需与过 B_1 点的反向正圆弧 AB_1 连接，AB_1 弧的半径为 R_2，A 为连接点。圆弧线 AB 的圆心为 O 点，连接 OA 作直线并延长至 C，在延长线 AC 上取 O_1 点，使 $AO_1=R_2$，再以 O_1 点为圆心，以 R_2 为半径作弧 AB_1。这种方法主要用于衬衫的圆下摆。

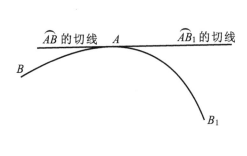

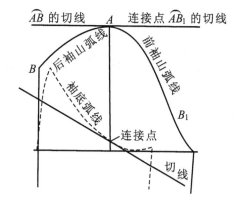

图 2 - 14

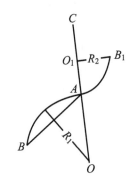

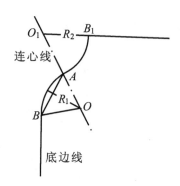

图 2 - 15

　　一般弧线与一般弧线的反向连接方法,如图 2 - 16 所示:设弧线 AB 需与过 B 点作反向一般弧线的连接。过 A 点作弧 AB 的切线,作弧 AB_1,圆顺连接 A 与 B_1,使弧线 AB 的切线与弧 AB_1 的切线重合。这种方法主要用于一片袖的袖山弧线。

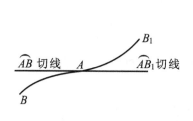

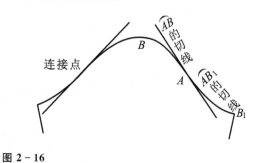

图 2 - 16

3 裙子结构制图与缝制工艺

3.1 裙子概述

　　裙是一种围在人体下身的服饰,无裆缝。裙在古代被称为下裳,男女通用,现在则多指女性穿着的裙子。裙子的款式千变万化,分类方法也五花八门。裙子通常与衬衫、上衣或西装等搭配穿着,也常用与衬衫、上衣或西装相同的面料制成套装。根据整体造型、工艺及面料的不同决定其穿着的时间、场合、目的,适用范围很广,是现代女性不可缺少的服装品种。

　　在所有的服装品种里,裙子对人体的包装形式是最简单的,因此就成为理解和掌握服装结构设计和裁剪的基础。

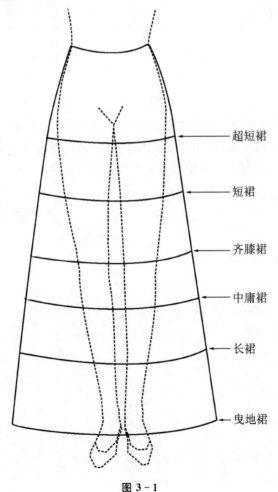

超短裙

短裙

齐膝裙

中庸裙

长裙

曳地裙

图 3-1

裙子的款式千变万化,分类方法也五花八门。一般可以采用以下三种分类方法:一是按裙子的长短分,可分为超短裙、短裙、齐膝裙、中庸裙、长裙、曳地裙(见图 3 - 1);二是按廓型分,主要有 H 型、A 型、Y 型等(见图 3 - 2);三是按裙腰分,有装腰与连腰及腰线高低之分(见图 3 - 3)。

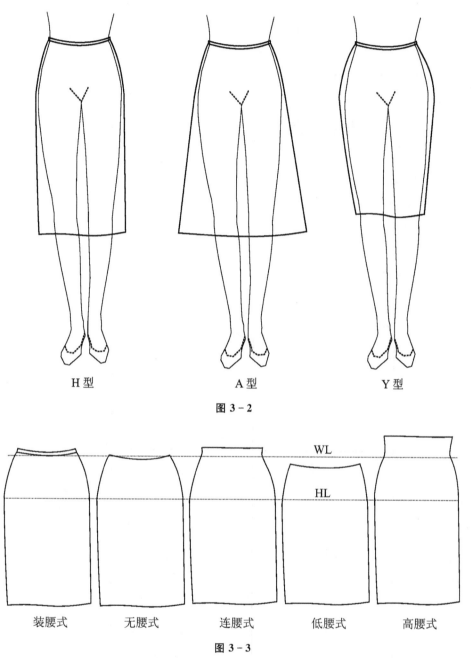

H 型　　　　　　　　　　A 型　　　　　　　　　　Y 型

图 3 - 2

装腰式　　　　无腰式　　　　连腰式　　　　低腰式　　　　高腰式

图 3 - 3

　　裙子从外形结构看,大致可分为直裙、斜裙、裥裙及节裙等。其中直裙包括在裙摆两侧开叉的旗袍裙、后面中间下端开叉的一步裙、裙前面中间缝有阴裥的西服裙等。斜裙包括独片裙、二片裙及多片裙。裥裙包括百裥裙、皱裥裙。节裙包括两节式、三节式等。其他还有两种或两种以上形式组合而成的裙子等。

3.2 基本型裙子结构制图

基本型裙的样板设计,可以作为复杂款式裙装结构处理的基础。根据设计款式的款式风格、穿着的合体程度、人体特征等因素对基本型裙子的样板进行修改设计,可以得到符合款式设计要求的正确满意的样板。所以,我们又把基本型裙的样板称作裙子原型。裙子原型既可以作为设计变化款式的基础样板,同时也可作为进行裁剪的工业样板。

3.2.1 基本型裙的规格设计

(1) 选号型:160/66A,即身高为 160 cm,净腰围为 66 cm,体型为 A 型。

(2) 基本型裙制图主要控制部位及规格。

① 腰围   腰围=净腰围+2=68 cm

② 臀围   臀围=净臀围+4=94 cm

③ 裙长   裙长=0.4 的号-6=58 cm

3.2.2 基本型裙制图

1) 前后裙片基础线制图(见图 3-4)

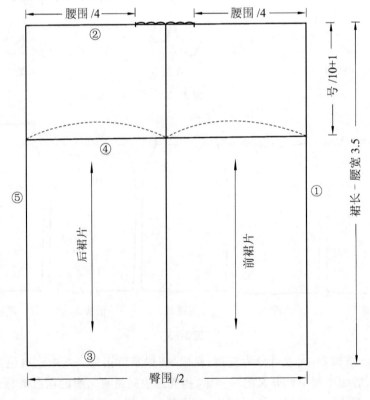

图 3-4

(1) 前中线　直线①为前中线。

(2) 上平线　与前中线①垂直,是前、后腰口线的基础。

(3) 下平线　与前中线①垂直,是裙下摆线的基础。上、下平线之间的距离为裙长减腰宽。

(4) 臀围线　自上平线向下量臀高,即 1/10 身高+1 cm,作平行于上平线②的直线,②～④间距离为臀高。

(5) 前后臀围大　在上平线②的直线上量取 1/2 臀围作平行于前中线①的直线。①～⑤间距离为前后臀围大。

(6) 在直线④上取①～⑤间前后臀围大的中点,并通过此点作平行于前中线①的直线。

(7) 前腰围　由前中线①起沿上平线量取 1/4 腰围为前腰围。

(8) 后腰围　由后中线沿上平线量取 1/4 腰围为后腰围。

2) 前后裙片轮廓线制图(见图 3-5)

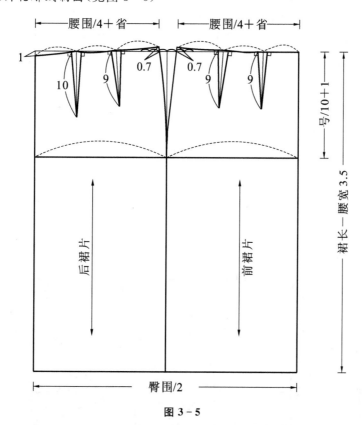

图 3-5

依次划顺前腰口省、前腰缝线、前侧缝弧线、后缝线、后腰口省、后腰缝弧线、后侧缝弧线。

(1) 前腰口省　确定省量,在上平线上取前片臀围与腰围差数的 2/3 为前片腰口收省量。确定省位,由前中线与上平线交点起沿上平线量取前腰围加省量确定前片腰口侧缝位置,取前腰口大的两个三等分点,作垂直于腰口线的直线,作为省中线,长约 9 cm。然后连接省大点与省中线下端点为前腰省。

(2) 前腰缝线　由前片腰口侧缝处向上起翘 0.7 cm 定点;省中线的上端定点;前中线与上平线相交处定点,用光滑弧线把以上三点连接起来。腰缝线与侧缝线相交处为直角。

（3）前侧缝弧线　用光滑弧线连接前腰口侧缝起翘点和臀围点,然后顺势连接底边线上侧缝点,在臀围线以下呈直线。侧缝线与腰口线相交处为直角。

（4）后缝线　上平线向下撇进 1 cm 定点,将此点作为后中线新的腰口起点。

（5）后腰口省　确定省量、省位的方法与前片相同。靠近后中的省长比前腰口省长大 1 cm。

（6）后腰缝弧线　由后片腰口侧缝处向上起翘 0.7 cm 定点;省中线的上端定点;下落 1 cm 的后中腰口定点,用光滑弧线把以上三点连接起来。腰缝线与侧缝线、后中线相交处为直角。

（7）后侧缝弧线　用光滑弧线连接后腰围起翘点与后臀围点,然后顺势连接底边线上侧缝点,在臀围线以下呈直线。后侧缝弧线与后腰缝线相交成直角。

3.2.3　制图要领与说明

（1）裙子的收省原理

裙子腰部收省是由于腰臀的差量引起的。裙装结构设计的关键就是腰臀差量的处理,省量的大小是由腰臀的差量决定的;其次,我们通过分析人体的腰臀部形态,发现标准人体的臀突大于腹突,所以前后的收省量的大小也不一样。标准人体的臀突点低于腹突点,所以前后的省长也不一样(见图 3-6、图 3-7)。

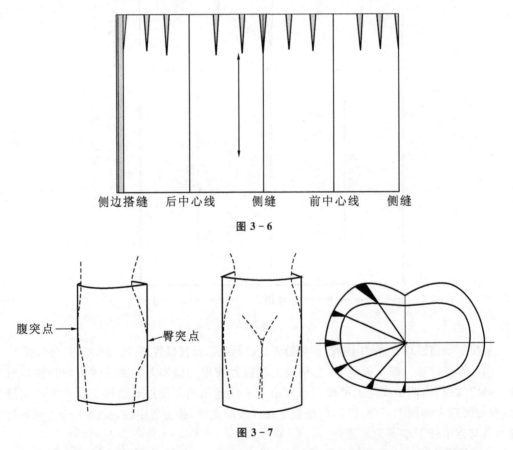

侧边搭缝　　后中心线　　侧缝　　前中心线　　侧缝

图 3-6

腹突点 →　　　← 臀突点

图 3-7

（2）在裙长和臀围一定的情况下,裙摆围越小,腰省越大;裙摆围越大,则腰省越小众所周知,单从裙子的轮廓形状而言,裙款的变化主要反映在裙摆围的大小上。相比之下,裙臀围的变化较小,裙腰围几乎无变化。一般情况下,摆围大于臀围时腰省比较小,甚至无腰省。这样的裙子形状,人们称它为圆台形(俗称喇叭式)。摆围小于臀围时腰省往往比较大。这样的裙子形状,人们称它为倒圆台形(俗称旗袍式)。摆围等于臀围的裙子形状为圆柱形(俗称直统式),它的腰省大小介于前两者之间,现分析如下。

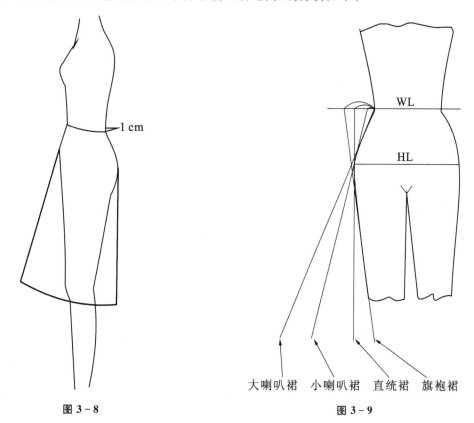

图 3-8
图 3-9

大喇叭裙　小喇叭裙　直统裙　旗袍裙

图 3-9 所示为裙摆围变化过程的示意图。从图中我们不难看到,无论裙摆围怎样变化,裙侧线始终与臀围邻近的部位相切。当裙摆围达到足够大时,裙侧线与人体腰围之间的空隙将接近于零。这说明裙摆围达到最大时,腰部可以不收省。随着裙摆围逐渐变小,裙侧线与人体腰围之间的距离也逐渐拉开。这说明裙摆围逐渐变小时,裙腰所收的腰省逐渐变大;当裙摆围最小时,裙侧线与人体腰围之间的距离将变得最大,从而腰省也收得最大。由此可见,在一定条件下,腰省的大小是与裙摆围有关的。

(3)裙子的腰缝线在后中央处要低落 1 cm 左右

一般情况下,裙子的后中央腰缝线要比前面低落 1 cm 左右,如图 3-10 所示。尤其对于裙摆偏小、臀部贴身的一类裙子更应如此。否则,裙子穿着后将出现裙摆前高后低、裙身涌向前面的现象。如此时的前中央开叉,则将产生前叉"搅盖"的弊病,而后中央开叉,则将产生后叉"豁开"的弊病,这将严重影响裙子的穿着效果。这些弊病的产生与女性体腰际部位的前后差异有关。

我们知道,东方女性与西方女性相比,臀部略有下垂,致使后腰至臀部之间的斜坡显得偏长而又平坦,并在上部处略有凹进,腹部有明显的隆起现象,从侧面观察,腰际至臀底部之间呈 S 形。如果裙腰扣上后能处于绝对的水平状态,那么,此时的裙子就不会产生上述的一系列弊病。但实际情况中的裙腰很难处于水平状态,或多或少会出现前高后低的情况,如图 3-8 所示。这是因为,腹部的隆起使得前裙腰向斜上方向移升,后腰下部的平坦使得后裙腰下沉。于是,一升一沉就使得整个裙腰处于前高后低的非水平状态,从而导致裙摆的前高后低。如此时使后腰缝线在后中央处低落 1 cm 左右,就能使裙摆恢复到平衡状态。

（4）侧缝处裙腰缝需要起翘

起翘是由侧缝上端的劈势所引起的。侧缝的劈势使得前、后裙身拼接后,在腰缝处产生了凹角。劈势越大,凹角也越大,而这起翘的作用就在于能将这凹角得到填补,见图 3-11。

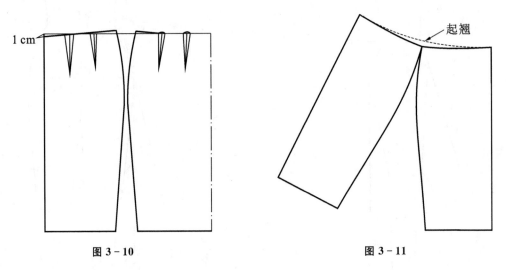

图 3-10   图 3-11

3.3　西服裙结构制图与缝制工艺

3.3.1　西服裙的外形特点

装腰式直裙,裙摆略小。前后片各设省道 4 个,后中线上端开门装拉链,下端开叉,见图 3-12。

3.3.2　西服裙的规格设计

（1）选号型:160/66A,即身高为 160 cm,净腰围为 66 cm,体型为 A 型。

（2）西服裙制图主要控制部位及规格

① 腰围　腰围是裙装围度中最小的,一般以净腰围加 1～2 cm 的放松量为依据。腰围＝净腰围＋2＝68 cm。

② 臀围　臀围是在臀部最丰满处水平围量一周的围度。臀部的放松量必须满足人体活动的需要。西服裙臀围一般按净臀围加放松量 4～6 cm。臀围＝净臀围＋4＝94 cm。

③ 下摆围　裙装的下摆围指裙子的下摆周长,它受各种因素的影响而变化,它是裙装三个主要围度中变化最大的。从服装的实用性看,裙摆越大越便于下肢活动,其下限一般以

适应行走、上下楼梯等活动为准。同时裙摆受不同款式造型的影响，如图 3-12，西服裙的裙摆就小于臀围。为了不影响行走、上下楼梯等活动，西服裙后裙片大多开衩，以满足实用性要求。

④ 裙长　西服裙裙长一般从腰部量起，下摆位置可根据款式来确定，一般在膝盖上下。青年女性穿着的裙子可长可短，而中、老年女性应略长。短裙裙长一般在膝盖以上 10 cm 左右，长裙裙长一般在小腿中部或更长。裙长＝0.4 的号－6＝58 cm。

（3）西服裙制图的细部规格

裙腰头宽：一般 3～4 cm（高腰款式除外），该款式以 3.5 cm 为例。

腰头搭门宽：里襟 3 cm，门襟 1.5 cm。

后视图

图 3-12

3.3.3　西服裙结构制图

1）前后裙片基础线制图（见图 3-13）

（1）前中线　直线①为前中线。

（2）上平线　与前中线①垂直，是前、后腰口线的基础。

（3）下平线　与前中线①垂直，是裙下摆线的基础。上、下平线之间的距离为裙长减腰宽。

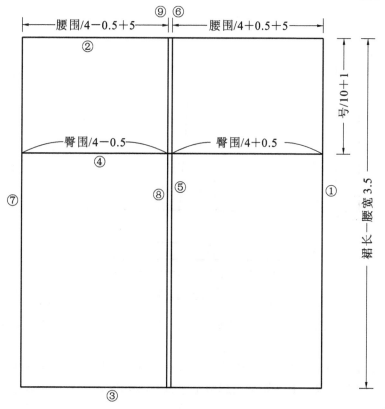

图 3-13

(4) 臀围线　自上平线向下量臀高，即 1/10 身高＋1 cm，作平行于上平线②的直线，②～④间距离为臀高。

(5) 前臀围线　在臀围线上量取 H/4 作平行于前中线①的直线。若女体腹部大，前片臀大可按 H/4＋0.5 cm 计算，①～⑤间距离为前臀围。

(6) 前腰围　由前中线①起沿上平线量取 1/4 腰围＋0.5 cm＋省量为前腰围，省量为 5 cm。

(7) 后中线　作平行于前中线①的直线，为裙后片中缝线，与前中线①间距不小于 H/2。

(8) 后臀大线　在臀围线上量取 H/4 作平行于后中线⑦的直线。若女体腹部大，在前臀大按 H/4＋0.5 cm 计算的基础上，后片臀大可按 H/4－0.5 cm 计算。

(9) 后腰围　由后中线沿上平线量取 W/4＋省量－0.5 cm 为后腰围，省量为 5 cm。

2）前、后裙片轮廓线制图（见图 3－14）

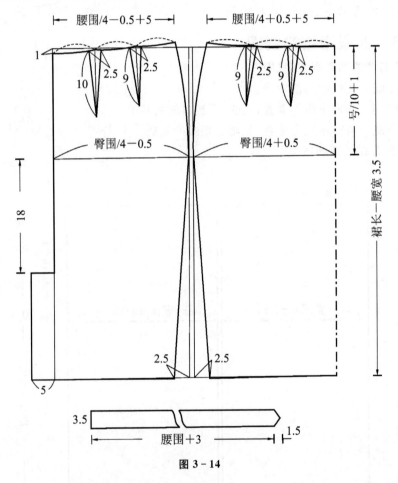

图 3－14

依次划顺前腰口省、前腰缝线、前侧缝弧线、后缝线、后衩、后腰口省、后腰缝弧线、后侧缝弧线等。

(1) 前腰口省　确定省量，在上平线上取前片臀围与腰围差数的 2/3 为前片腰口收省量。确定省位，由前中线与上平线交点起沿上平线量取前腰围加省量确定前片腰口侧缝位置，取前腰口大的两个三等分点，作垂直于腰口线的直线，作为省中线，长约 9 cm。然后连接省大点与省中线下端点为前腰省。

（2）前腰缝线　由前片腰口侧缝处向上起翘0.8 cm定点；省中线的上端定点；前中线与上平线相交处定点，用光滑弧线把以上三点连接起来。腰缝线与省缝线相交处为直角。

（3）前侧缝弧线　用光滑弧线连接前腰口侧缝起翘点和臀围点，然后顺势连接底边线上侧缝点，即在底边线上取正 H/4＋0.5 cm 向内撇进 2.5 cm 处，在臀围线以下基本呈直线。侧缝线与腰口线相交处为直角。

（4）后缝线、后衩　上平线向下撇进 1 cm 定点，将此点作为后中线新的腰口起点，再由臀围线向下量取 18 cm 起至下平线为后衩长，后衩宽由后中缝线向外放出 5 cm。

（5）后腰口省　确定省量、省位的方法与前片相同。靠近后中的省长比前腰口省长大 1 cm。

（6）后腰缝弧线　由后片腰口侧缝处向上起翘0.8 cm定点；省中线的上端定点；下落 1 cm 的后中腰口定点，用光滑弧线把以上三点连接起来。腰缝线与侧缝线、后中线相交处为直角。

（7）后侧缝弧线　用光滑弧线连接后腰围起翘点与后臀围点，然后顺势连接底边线上侧缝点，即底边线上取 H/4－0.5 cm 向内撇进 2.5 cm，在臀围线以下基本成直线。后侧缝弧线与后腰缝弧线相交成直角。

3.3.4　西服裙的裁剪样板制作与排料

西服裙片除前中心线不放缝外，其余三边均要放缝。（见图 3－15）

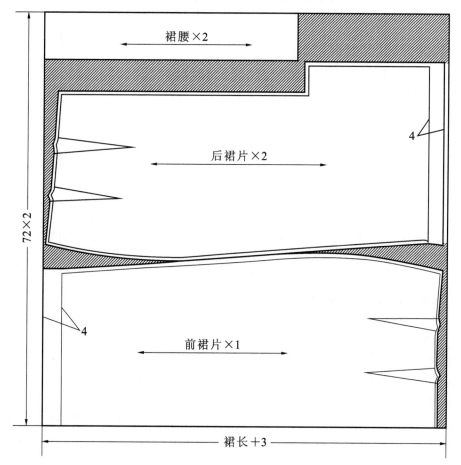

图 3－15

（1）腰口　腰口需与裙腰头缝合，应放 1 cm 缝份。

（2）前后侧缝　前后裙片侧缝需进行缝合，应各放 1 cm 缝份。

（3）后中　裙子左右后片需进行缝合，左右侧缝应放 1 cm 缝份，后中缝应放 1.5 cm 缝份。

（4）底摆　裙子底摆采用贴边的处理方法，贴边宽通常采用 3～4 cm。注意侧缝底摆点以底摆净线镜像为对称。

（5）腰头　腰头的放量由门里襟宽和缝份组成，门禁宽 1.5 cm，里襟宽 3 cm，四边缝头均放 1 cm。

3.3.5　西服裙的工艺流程

粘衬→打线钉→做标记→锁边→收省→缉后中缝→裙里装拉链→裙面装拉链→做后衩→合缉中缝→做底边→做腰→装腰→钉裙扣→整烫。

3.3.6　西服裙的缝制工艺

1）打线钉、做标记（见图 3-16）

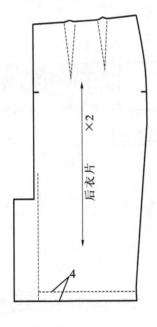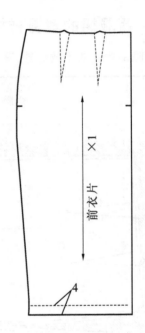

图 3-16

（1）前片　省道、臀围、底边。

（2）后片　省道、臀围、后中净线、衩位、底边。

（3）裙里　省道画上粉印。

2）锁边

裙片除腰口不锁边外，其余三边均锁边，裙腰里子一侧锁边。

3）收省

将前后裙片按线钉收省，省要收得尖，省尖留线头打结。省道缝头前片倒向前中，后片倒向后中，喷水并用熨斗将省烫平，将省尖顺势推向臀部。用同样方法收好里子省道，缝头倒向可与面子省道倒向相反。

4）粘衬、绱后中缝

后衩、后中净线内侧上部烫上无纺衬。左右后片正面相合，后中对齐，自后中开门止点起沿净线缝合，起、止点回针打牢。在左片衩口缝头上打刀眼，将后中缝头分开烫平，上端门里襟沿后中缝扣转烫顺，下端后衩向右片烫倒。

5）裙里装拉链

（1）缝合裙里后中缝，缝线应从拉链铁结下 1 cm 开始至衩口下 1 cm 止，起、止点回针打牢（见图 3-17）。

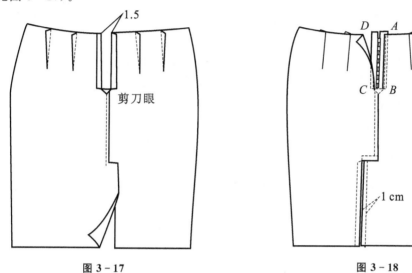

图 3-17　　　　　　　　　　　　　图 3-18

（2）将缝头和衩向右边烫倒，上口装拉链部位中间空出 1.5 cm 宽缺口向两边烫倒，并将多余缝头修去。下口见剪刀眼，将三角向下烫倒（见图 3-17）。

（3）裙里正面向上，将拉链置于 1.5 cm 宽缺口处拉链反面朝上，上下左右位置摆正，将左片翻起，沿烫迹 *AB* 缉线，至 *B* 点后，将左右片向上翻起，沿 *BC* 缝线，至 *C* 点后，将右片翻起，沿 *CD* 缉线。如此，沿 *AB*、*BC*、*CD* 三边兜缉将裙里与拉链缉装完毕（见图 3-18）。

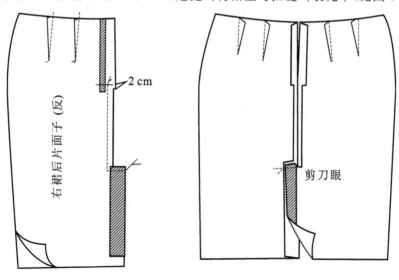

图 3-19

6）裙面装拉链

将扣烫好的裙子里襟与装上裙里的拉链左侧对齐，里襟边沿高拉链中心0.4 cm，沿 AB 缉0.1 cm清止口，将裙面里襟与拉链缉住。而将裙面里襟盖过缝线 AB，沿 BC 退线，来回三道封口，而转过90度沿 CD 缉门襟明止口，将裙面里襟与拉链缉住，至此，西服裙拉链装配完毕（见图3-19、图3-20）。

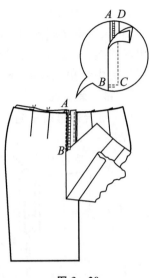

7）做后衩

（1）按底边线钉，将裙面底边扣烫准确。注意底边与衩的关系为：右边先折底边后折衩，左边先折衩后折底边（见图3-21）。

（2）离面子底边1.5 cm，扣转里子底边，再按1.5 cm宽度卷缉里子底边，注意暂时先缉15 cm长。将裙里右片后衩放平，留缝1.5 cm修去多余部分，并在转角处打45度刀眼（见图3-21）。

（3）见图3-21，将右片后衩里子向内折转一个缝头，注意将刀眼对毛口折光，并用扎线沿边将面里定住。将左片后衩里子折转一个缝头，后衩面里边沿边对齐，里子坐进0.1 cm，以0.2 cm明止口将里面缉住。然后将右片后衩里子用手工操牢，下端面子衩口毛边用锁针锁住。

图 3-20

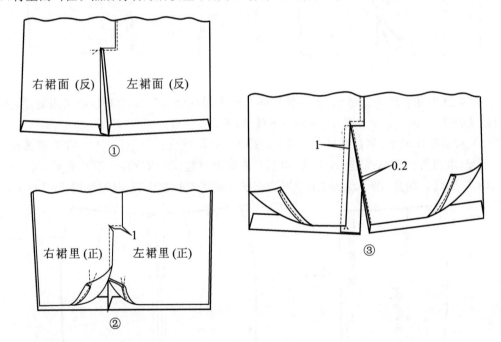

图 3-21

8）合缉侧缝、做底边

（1）将前后裙片正面相合。侧缝对齐，以1 cm缝头缝缉，然后再分缝烫开，并按照线钉将前后裙片底边扣烫顺直。

（2）将前后裙片里子正面相合，以1 cm缝头缝缉，将缝头朝后片烫倒。然后将卷缉了1.5 cm的后片里子继续往前卷缉，将里子底边卷缉一周。

（3）将裙子贴边用三角针绷住，注意绷线不能紧。

9）做腰、装腰（见图 3－22）

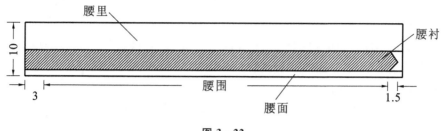

图 3－22

（1）做腰　将裙腰面子对折，烫一折痕，在腰面反面烫上 4 cm 宽腰衬。注意腰衬平头一端伸出 3 cm 作里襟，琵琶头一端伸出 1.5 cm 三角作门襟。

（2）装腰　将腰面与裙面正面相合，上口对齐，定位标记对准，以 1 cm 缝头合缉。

将装腰缝头向腰头烫倒，包转腰面门襟琵琶头和折光里襟平头，用扎线将两头及腰节扎定，喷水熨烫平服，沿腰节线用漏落缝将腰里缉住，并顺势以 0.1 cm 明止口兜缉腰面。最后在腰头两端钉裙钩 1 副。

10）整烫

（1）烫腰头　喷水盖布，将腰头面里熨烫平服。

（2）烫裙身　将裙身前后片、省道、侧缝熨烫平服，应借助袖凳、布馒头等工具熨烫。

（3）烫后衩　先将后衩里子熨烫平服，再在正面喷水盖布将后衩熨烫顺直，并趁热用手将内角向内窝一下，不使衩角外翻。

（4）烫底边　在裙子反面将裙贴边熨烫平服，烫时应注意外侧折转处重烫，内侧锁边处轻烫，以免出现贴过痕迹。

3.3.7　西服裙的质量要求

（1）腰头宽窄顺直一致，无涟形，腰口不松开。

（2）门里襟长短一致，拉链不能外露，开门下端封口要平服，门里襟不可拉松。

（3）拉链封口要平服，止口明线要缉顺直。

（4）整烫要烫平、烫煞，切不可烫黄、烫焦。

（5）开衩处底摆的长短要一致，衩口要平服。

3.4　喇叭裙结构制图

喇叭裙，是裙子从外形上分类的一类裙子，是裙摆呈喇叭状的裙子。臀部可以设计得比较宽松，也可以设计成比较合体贴身。裙摆向外张开，呈喇叭状。刚学习过的整圆裙和半圆裙也属喇叭裙的范围，圆裙制板是采用几何制图的方法。本节讲的喇叭裙制图方法与圆裙不同，是利用原型纸样进行变化设计。

从片数上分，喇叭裙有四片、六片、八片等之分，一般喇叭裙的片数超过 8 片，就称为多片式喇叭裙。

3.4.1 四片喇叭裙结构制图

1) 款式分析

装腰式,前后中断开,侧缝装拉链,腰臀部比较合体,前后裙腰无省道,裙摆呈喇叭状,形成自然波浪(见图3-23)。

2) 四片喇叭裙的规格设计

(1) 选号型:160/66A,即身高为160 cm,净腰围为66 cm,体型为A型。

(2) 基本型裙制图主要控制部位及规格

① 腰围 腰围=净腰围+2=68 cm。

② 臀围 臀围=净臀围+4=94 cm。

③ 裙长 裙长64 cm。

3) 四片喇叭裙结构制图

(1) 前后裙片基础线制图

后视图

图 3-23

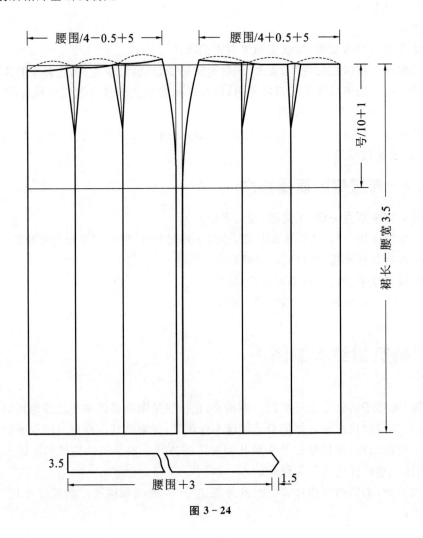

图 3-24

前后裙片基础线为基本型裙子结构图，可直接调用已制好的原型，或见第一节基本型裙子的制图方法，结合所用尺寸，画出基本型裙子样板。根据图3-24，在原型的基础上，画出省道切展线的位置。

（2）前、后裙片轮廓线制图（见图3-25）

① 用剪刀沿切展线从裙摆剪至省尖，根据省道转移的方法，把腰省转到下摆。

② 侧缝向外放5 cm的裙摆增加量，增强喇叭状的裙摆效果。

③ 顺弧线画出腰口线与裙下摆线。

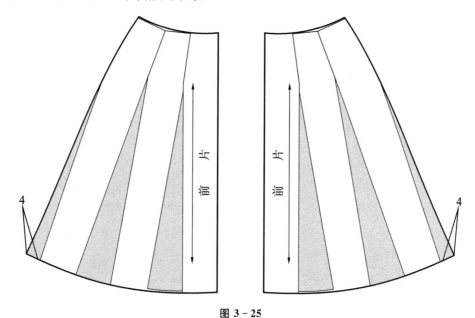

图 3-25

4）四片喇叭裙排料（见图 3-26）

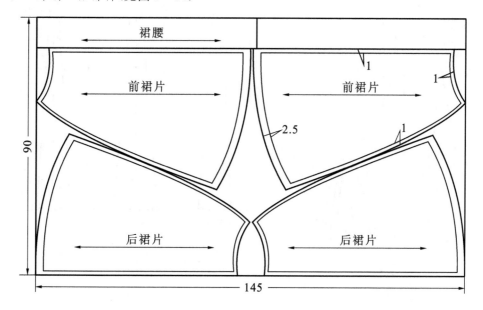

图 3-26

5) 四片喇叭裙工艺流程

粘衬→作标记→拼合前左右裙片→拼合后左右裙片后中缝拉链下端→装拉链→合绱侧缝→做腰→装腰→钉裙扣→整烫。

3.4.2 六片喇叭裙结构制图

1) 款式分析

装腰式,前后中不断开,侧缝装拉链,腰臀部比较合体,前后衣片左右各设一分割线,裙摆呈喇叭状,形成自然波浪(见图3-27)。

2) 六片喇叭裙的规格设计

(1) 选号型:160/66A,即身高为160 cm,净腰围为66 cm,体型为A型。

(2) 基本型裙制图主要控制部位及规格

① 腰围　腰围=净腰围+2=68 cm。

② 臀围　臀围=净臀围+6=96 cm。

③ 裙长　裙长75 cm。

3) 六片喇叭裙结构制图(见图3-28)

后视图

图 3-27

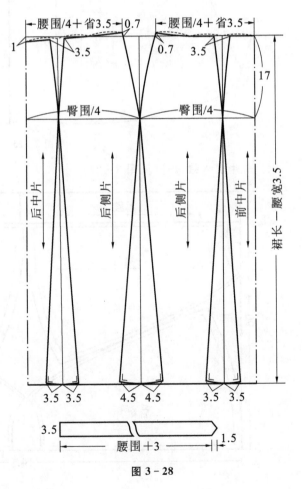

图 3-28

（1）前后裙片基础线制图

前后裙片基础线为基本型裙子样板,可直接调用已制好的原型,或见第一节基本型裙子的制图方法,结合所用尺寸,画出基本型裙子样板。

（2）前、后裙片轮廓线制图

① 重新分配腰省量。由于款式左右只有一条分割线,原型腰部有两个省道,分割线可以设计在靠近前中的省,然后把另一个省量按1∶1的比例分配在侧缝和靠近前中的省。

② 根据图示,在原型的基础上,画出分割线的位置。

③ 设计下摆的放量。以分割辅助线为对称,左右各放 3.5 cm 的下摆的量。侧缝向外放 4.5 cm 的裙摆增加量,增强喇叭状的裙摆效果。

④ 用圆顺弧线画出侧缝线、分割线、腰口线与裙下摆线。裙下摆线与分割线和侧缝线保持直角。

4）六片喇叭裙放缝与排料（见图 3 - 29）

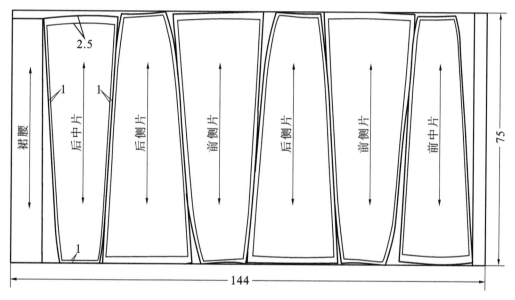

图 3 - 29

5）六片喇叭裙工艺流程

粘衬→作标记→拼合前裙片→拼合后裙片→拼合右侧缝拉链下端→装拉链→合缉左侧缝→做腰→装腰→钉裙扣→整烫。

3.4.3 八片喇叭裙结构制图

1）款式分析

装腰式,侧缝装拉链,腰臀部比较合体,前后中断开,前后衣片左右各设一分割线,裙摆呈喇叭状,形成自然波浪（见图 3 - 30）。

后视图

图 3 - 30

2）八片喇叭裙的规格设计

（1）选号型：160/66A，即身高为 160 cm，净腰围为 66 cm，体型为 A 型。

（2）基本型裙制图主要控制部位及规格

① 腰围　腰围＝净腰围＋2＝68 cm。

② 臀围　臀围＝净臀围＋6＝96 cm。

③ 裙长　裙长 80 cm。

3）八片喇叭裙结构制图（见图 3-31）

（1）前后裙片基础线制图

前后裙片基础线为基本型裙子样板，可直接调用已制好的原型，或见第一节基本型裙子的制图方法，结合所用尺寸，画出基本型裙子样板。

（2）前、后裙片轮廓线制图

① 重新分配腰省量。由于款式左右只有一条分割线，原型腰部有两个省道，分割线可以设计在靠近前中的省，然后把另一个省量按 1∶1 的比例分配在靠近前中的省和前后中心线。

② 根据图示，在原型的基础上，画出分割线的位置。

③ 设计下摆的放量。以分割辅助线为对称，左右各放 6 cm 的下摆的量。侧缝向外放 6 cm 的裙摆增加量，增强喇叭状的裙摆效果。用圆顺弧线画出前后中心线、侧缝线、分割线、腰口线与裙下摆线。裙下摆线与分割线和侧缝线保持直角。

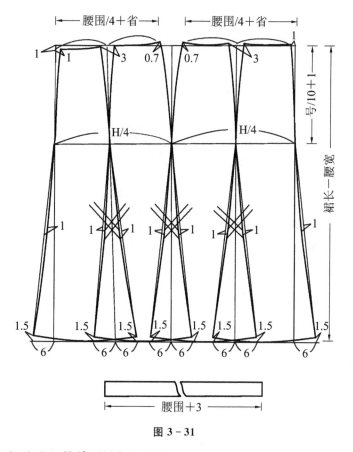

图 3 - 31

4）八片喇叭裙放缝与排料（见图 3 - 32）

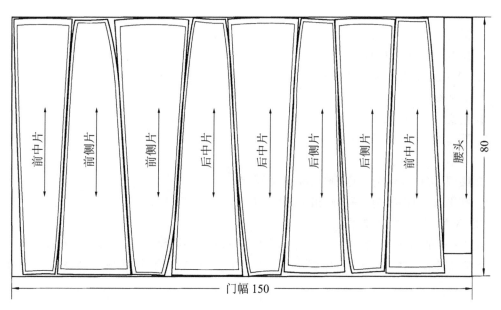

图 3 - 32

5）八片喇叭裙工艺流程

粘衬→作标记→拼合前裙片→拼合后裙片→拼合右侧缝拉链下端→装拉链→合缉左侧缝→做腰→装腰→钉裙扣→整烫。

3.4.4　N片喇叭裙结构制图

受前几款喇叭裙的启发,尽管多片喇叭裙都可由基本型裙等分分割变化而来,由于多片喇叭裙的品目繁多,当片数 N 越大时,用基本型裙等分分割制图越麻烦。我们可以设计多片直身裙的基本型,无论对变化多片直身裙还是多片喇叭裙都会带来很多方便。

1）款式分析

裙摆呈水平状的 N 片喇叭裙。

2）N 片喇叭裙的规格设计

（1）选号型：160/66A,即身高为 160 cm,净腰围为 66 cm,体型为 A 型。

（2）基本型裙制图主要控制部位及规格

① 腰围　腰围＝净腰围＋2 ＝68 cm。

② 臀围　臀围＝净臀围＋6 ＝96 cm。

③ 裙长　裙长 65 cm。

3）N 片喇叭裙结构制图

（1）多片直身裙的基本型制图

① 上平线。

② 裙摆线。

③ 臀高线。

④ 基本型中心线。

⑤ 腰围,以中心线为对称,画出腰围大 W/N。

⑥ 臀围,以中心线为对称,画出臀围大 H/N。

（2）N 片喇叭裙结构制图

根据款式的裙摆大,在多片直身裙的基本型剖缝线的基础上,向外放 15 cm 的裙摆增加量。为保持臀部合体,剖缝线可由臀高点向外画出。注意腰线、裙摆线与剖缝线呈直角（见图 3-34）。

图 3-33

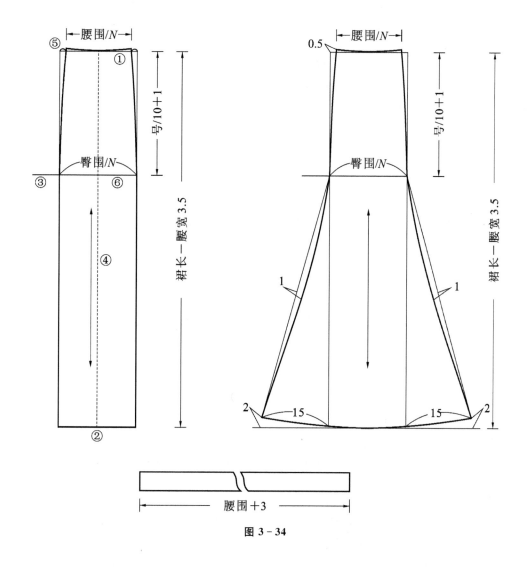

图 3 − 34

3.5 圆裙的结构制图

圆裙可分为整圆裙和半圆裙,又可称为 360 度喇叭裙和 180 度喇叭裙。圆裙是利用斜裁法设计的裙子,是学习斜裁法的入门款式。大多纺织面料在经纬线呈 45 度斜线处都相对比较悬垂,飘逸。斜裁法就是充分利用纺织面料的这种性能,在服装的某些部位形成飘逸,流动的自由曲线,这是一种富有女性美的设计(见图 3 − 35)。

3.5.1 半圆裙的结构制图

(1) 选号型:160/66A,即身高为 160 cm,净腰围为 66 cm,体型为 A 型。

(2) 基本型裙制图主要控制部位及规格。

① 腰围   腰围=净腰围+2=68 cm。

② 臀围   裙摆呈半圆状,两边侧缝呈直角,并满足了臀围的活动量,故无需设计数值。

③ 裙长　裙长直至膝盖以下,本款式设裙长为 75 cm。

图 3 - 35

(3) 半圆裙制图(见图 3 - 36)

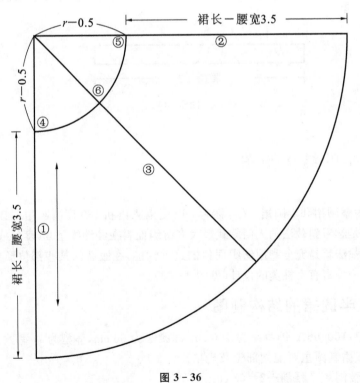

图 3 - 36

① 侧缝线　直线①为前侧缝线,长为 $r-0.5$ cm ＋裙长－3.5 cm。

② 上平线　即另一侧缝线,与直线①垂直,是前、后腰口线的基础,长度与侧缝线①等长。

③ 前中心线　作直线①和②的角平分线,长度与侧缝线①等长。

④ 腰节侧缝点　在直线①上自直线①和②的交点量取 $r-0.5$ cm。

$$r = w/\pi \approx w/3 - 1$$

⑤ 腰节侧缝点　在直线②上自直线①和②的交点量取 $r-0.5$ cm。

⑥ 前中腰节点　在直线③上自直线①和②的交点量取 $r-0.5$ cm。

⑦ 裙片轮廓线制图(见图 3－37)。

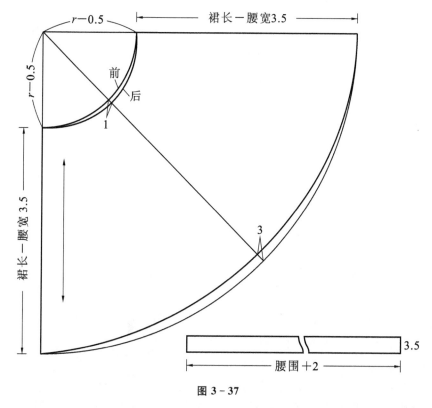

图 3－37

根据两边的腰侧缝点和前中腰节点用光滑弧线画圆顺前片腰口线。裙后中腰口点比前片腰口点低落 1 cm,再根据两边的腰侧缝点和后中腰节点用光滑弧线画圆顺后腰口线。注意保持腰节线与两边的侧缝线呈直角。

裙摆。由前中心线下摆点缩进 3 cm,再根据两边的下摆侧缝点和前中心线下摆缩进点用光滑弧线画圆顺裙摆线。

(4) 半圆裙的裁剪样板制作与排料(见图 3－38)

(5) 半圆裙的工艺流程

烫衬→作标记→拼合侧缝→装拉链→做腰→上腰→整烫。

(6) 半圆裙的缝制工艺

半圆裙的缝制重点与难点是拉链的上法与上腰,半圆裙拉链的缝制方法请见育克裙拉链的制作方法,半圆裙上腰的方法同西装裙的制作方法。

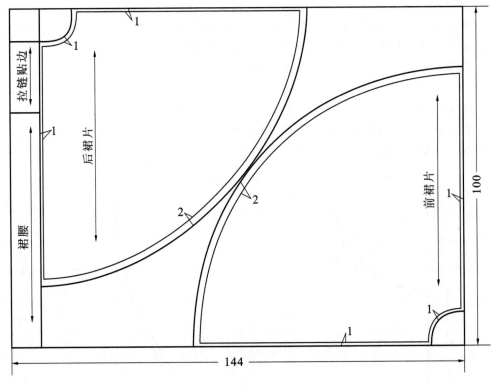

图 3-38

3.5.2 整圆裙的结构制图

整圆裙又可称为 360 度喇叭裙,与半圆裙相似,是利用斜裁法设计的裙子,是学习斜裁法的入门款式。成批裁剪时,整条裙片可由两片 180 度裙片构成。单条裁剪时为了省料,前片为 180 度裙片,后片由两片 90 度裙片构成,这样有利于紧密排料。整圆裙由于裙摆有四处 45 度的斜料面料,因此其飘逸效果最优(见图 3-39)。

(1) 选号型:160/66A,即身高为 160 cm,净腰围为 66 cm,体型为 A 型。

(2) 基本型裙制图主要控制部位及规格

① 腰围　腰围=净腰+2=68 cm。

② 臀围　裙摆呈整圆状,两边侧缝呈 180 度,并满足了臀围的活动量,故无需设计数值。

③ 裙长　裙长直至膝盖以下,本款式

图 3-39

设裙长为 75 cm。

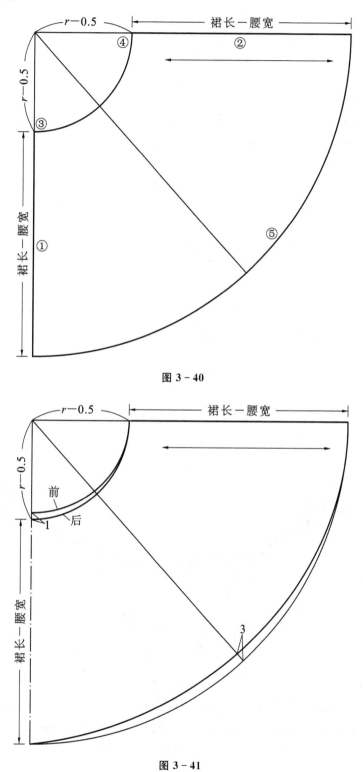

图 3-40

图 3-41

（3）整圆裙制图（见图 3-40）

整圆裙裙片的基础线制图步骤与半圆裙的基础线制图方法大致相同。

① 前中心线　直线①为前中心线，长为 $r-0.5$ cm＋裙长－4 cm 腰宽。

$$r = w/2\pi \approx w/6 - 0.5$$

② 上平线　即侧缝线，与直线①垂直，是前、后腰口线的基础，长度与前中心线①等长。

③ 前中腰节点　在直线①上自直线①和②的交点量取 $r-0.5$ cm。

④ 腰节侧缝点　在直线②上自直线①和②的交点量取 $r-0.5$ cm。

⑤ 裙摆辅助线　根据两条扇形边①和②画出圆顺的裙摆线。

⑥ 裙片轮廓线制图（见图 3-41）。

根据腰侧缝点和前中腰节点用光滑弧线画圆顺前片腰口线。裙后中腰口点比前中腰口点低落 1 cm，再根据腰侧缝点和后中腰节点用光滑弧线画圆顺后腰口线。注意保持腰节线与侧缝线和中心线呈直角，前后中心线为点画线。

在扇形裙片的角平分线点缩进 3 cm，再根据侧缝点和中心线下摆缩进 1 cm 点用光滑弧线画圆顺裙摆线。

（4）整圆裙的裁剪样板制作与排料（见图 3-42）

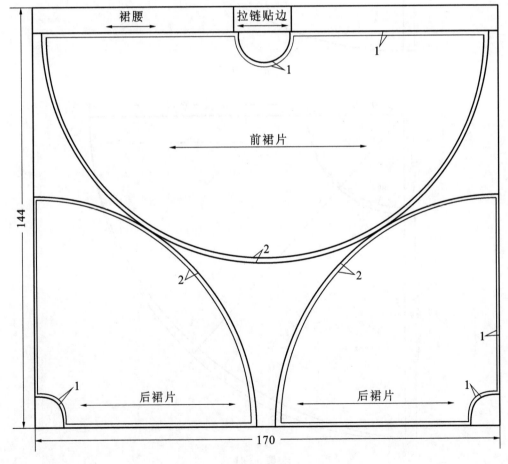

图 3-42

（5）整圆裙的工艺流程

烫衬→做标记→拼合侧缝→装拉链→做腰→装腰→整烫。

（6）整圆裙的缝制工艺

整圆裙的缝制方法与半圆裙的缝制方法相同，可参见半圆裙的缝制方法。

3.6 育克裙结构制图

3.6.1 育克裙的外形特点

装腰式，裙摆呈喇叭状。腰部无省，裙片为两节式，下段前中收一阴裥，后片左右各收一阴裥。右侧缝上端装拉链（见图 3－43）。

图 3－43

3.6.2 育克裙的规格设计

（1）选号型：160/66A，即身高为 160 cm，净腰围为 66 cm，体型为 A 型。

（2）育克裙制图主要控制部位及规格

① 腰围 腰围＝净腰围＋2＝68 cm。

② 臀围 臀围＝净臀围＋4＝94 cm。

③ 下摆围 下摆向外张开呈喇叭状，可通过臀围部位分割设裥和加放侧摆的方法达到裙摆张开。

④ 裙长 裙长＝0.4 的号－6＝58 cm。

(3) 育克裙制图的细部规格

裙腰头宽:一般 3～4 cm(高腰款式除外),该款式以 3.5 cm 为例。

腰头搭门宽:搭门 2 cm。

3.6.3 育克裙结构制图

1) 前后裙片基础线制图

调用原型裙片(见图 3-44)。

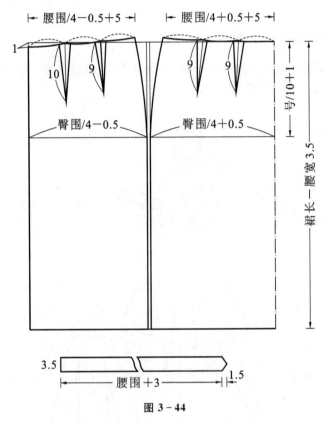

图 3-44

2) 前、后裙片轮廓线制图(见图 3-45)

育克裙样板需进行切展分割,把裙身分成育克与下裙片两个部分,并对下裙片进行阴裥的设计。所以,育克裙样板轮廓线得分三个步骤完成。

依次划顺前腰口省、前腰缝线、前侧缝弧线、后缝线、后腰口省、后腰缝弧线、后侧缝弧线等,方法与西装裙基本相同,可参见西装裙制图方法,但注意侧摆在基础侧缝线的基础上向外放 4 cm。

3) 对前后裙片进行分割,转移腰省

(1) 确定分割线的位置

制上平线的平行线,平行距离为 15 cm,此线作为上下裙片的分割线。

(2) 进行腰省的转移

用剪刀沿分割线把裙片剪开,根据转省原则,采用成块移动的方法,对育克进行转省处理,把腰省转至分割线中,并画圆顺分割线。

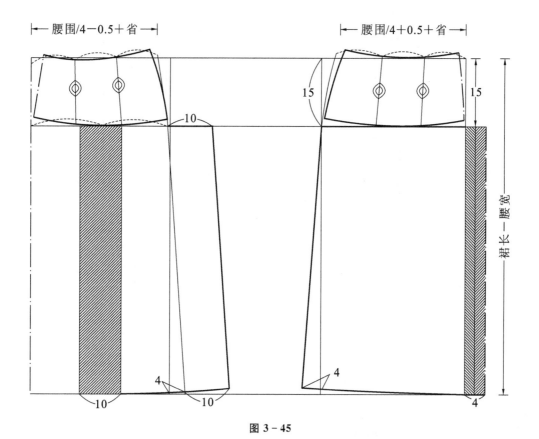

图 3－45

4）画出下裙片阴裥

前片设阴裥量为 8 cm。前中为点画线，只需放出 4 cm 的对称裥量。后裙片开设裥可取后臀大一半的位置。后片设阴裥量为 10 cm。沿此线剪开，把裙片平行向外移 10 cm，然后用圆顺弧线画出底摆。

3.6.4 育克裙的工艺流程

粘衬→固定阴裥→拼合育克与前后裙片→拼合右侧缝拉链下端→装拉链→合绱左侧缝→做腰→装腰→钉裙扣→整烫。

3.6.5 育克裙的缝制工艺

育克裙的缝制工艺方法比较简单，这里着重讲解一下缝制工艺的重点及难点。

1）育克与裙片的缝合

由于下裙片设有阴裥，如果直接缝合育克与裙片，裥的位置及大小较难控制。可以先用距布边 0.5 cm 的线迹固定阴裥，确保缝制质量。

2）缝合侧缝、装拉链

（1）右侧缝绱线至开门装拉链封口处，烫分开。开门处两边也把缝头扣转烫煞。可沿贴边线粘牵带一根（见图 3－46）。

（2）将拉链定位在里襟上（见图 3－46）。

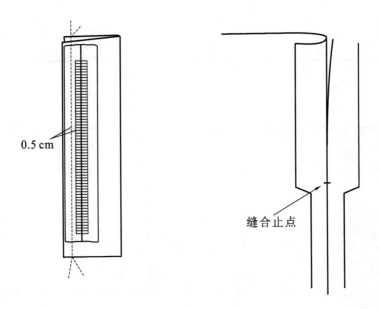

0.5 cm

缝合止点

图 3 - 46

（3）将右后片开门处缝头折转，靠近拉链齿边上约离开拉链中心 0.4～0.5 cm，压缉 0.1 cm止口。可先用线假缝好后再缉线。如果门襟要将右后片固定拉链的 0.1 cm 止口缉线盖过，则右后片开门处缝头少折转 0.2 cm，压缉 0.1 cm 止口（见图 3 - 47）。

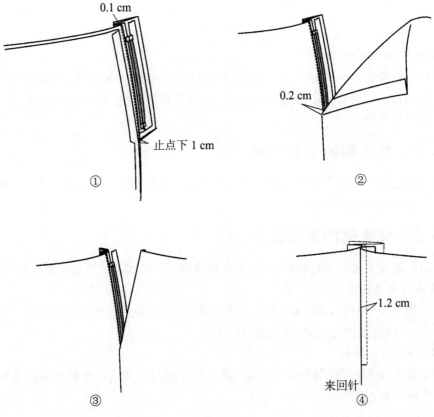

0.1 cm

止点下 1 cm

①

0.2 cm

②

③

1.2 cm

来回针

④

图 3 - 47

（4）把拉链拉上，里襟朝后片翻转。将右前片开门处沿贴边宽标记折转，与后片上下对齐放平，止口并拢，盖住拉链，压缉 1～1.2 cm 止口。可先用线手工定好后再缉线（见图 3-47）。

（5）把里襟放平，下端缉来回针 4～5 道封口（见图 3-47）。

当面料比较厚或比较硬时，里襟后片不易翻转，可先把拉链与门襟固定后，再上里襟拉链。

3.7　三节裙结构制图

3.7.1　三节裙的款式分析

装腰式，裙摆呈喇叭状。腰部无省，裙片为三节式，分割线收细褶（见图 3-48）。

3.7.2　三节裙的规格设计

（1）选号型：160/66A，即身高为 160 cm，净腰围为 66 cm，体型为 A 型。

（2）基本型裙制图主要控制部位及规格

① 腰围　腰围＝净腰围＋2＝68 cm。

② 臀围　臀围＝净臀围＋4＝94 cm。

③ 裙长　裙长＝0.4 的号－6＝58 cm。

3.7.3　三节裙制图

（1）裙片基础线制图（见图 3-49）

图 3-48

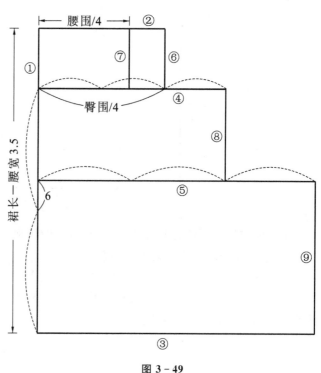

图 3-49

① 前侧缝线　直线①为前侧缝线。

② 上平线　与直线①垂直,是前、后腰口线的基础。

③ 下平线　与直线①垂直,是裙下摆线的基础。上、下平行线之间的距离为裙长减腰宽。

④ 节裙第一分割线　自上平线向下量 15 cm,作平行于上平线②的直线。

⑤ 节裙第二分割线　取第一分割线与下平线的中点上抬 6 cm,通过此点作直线①的垂线。

⑥ 前臀围大　经过直线①和②的交点,在上平线上量取 1/4 臀围宽为前臀围大,并通过此点作直线④的垂线。

⑦ 前腰围　由前侧缝线①起沿上平线的进去量 2 cm 点取 1/4 腰围作为前腰围。

⑧ 节裙第二节围度大线　在臀围大的基础上延长 1/2 臀围大,通过此点作直线⑤的垂线。

⑨ 节裙第三节围度大线　在节裙线的基础上延长 1/2 第二节围度大。通过此点作直线③的垂线。

(2) 裙片轮廓线制图(见图 3 - 50)

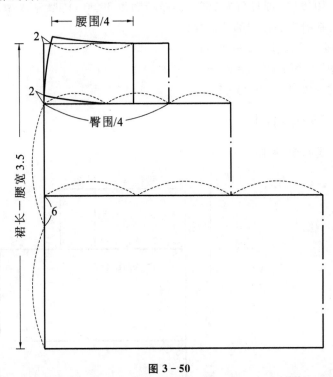

图 3 - 50

节裙的结构线比较简单,轮廓线只要沿辅助线把三节裙身的四边画清晰即可。但考虑到第一分割线处收省,要注意腰线形态的变化。

在第一分割线处收 2 cm 省,根据省大点用光滑弧线画圆顺省边线。由于侧缝线收 2 cm 省,所以长度要少 2 cm,为了保证侧缝线长度不变,在腰口把侧缝线沿长 2 cm,根据新的腰侧缝点用光滑弧线画圆顺腰口线。

3.8 弧形分割裙结构制图

3.8.1 款式分析

装腰式,前中不断开,后中装拉链,裙侧面采用圆弧形分割,分割的侧面设计有倒向后衣身的褶裥,裙摆向外张开,呈斜裙状(见图3-51)。

3.8.2 规格设计

(1) 选号型:160/66A,即身高为 160 cm,净腰围为 66 cm,体型为 A 型。

(2) 基本型裙制图主要控制部位及规格

① 腰围   腰围=净腰围+2=68 cm。

② 臀围   臀围=净臀围+6=96 cm。

③ 裙长   裙长 75 cm。

3.8.3 结构制图

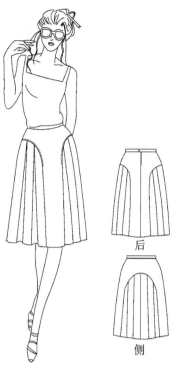

后

侧

图 3-51

首先,根据所提供的规格尺寸,制出基本型裙子样板(见图3-52)。

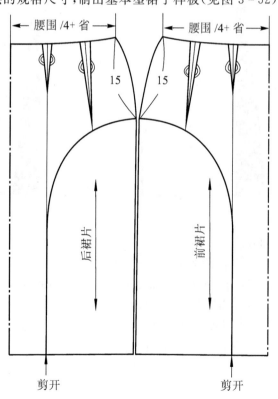

图 3-52

其次,在基本型裙子样板的基础上,根据款式特点,进行变化设计。

(1) 侧缝圆弧形分割线

从腰侧缝点沿侧缝线形态量取 15 cm 点,此点作为侧边圆弧形最高点。圆弧形的两条边线以靠近中心线的省道中线的延长线作为基础。用圆顺弧线画出经过最高点连接两条边线的圆拱形侧片。

(2) 靠近侧缝的省道转移到切展线里

延长省道的中线至圆弧形分割线,交点作为新的省尖点,画出新的省道。

(3) 省道转移

根据图示,可以先把靠近中心线的腰省转移至下摆。以省尖点作为旋转中心点,这样可以保证腰臀部比较合体,同时达到下摆张开的目的。接着把靠近侧缝的省道转移至圆弧形分割线。最后用圆顺弧线画出前后裙片的腰口线、侧边线、底摆线(见图 3-53)。

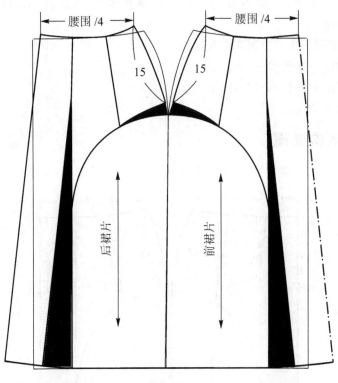

图 3-53

(4) 剪下弧形分割的衣片

(5) 弧形分割的衣片设计褶裥量(见图 3-54)

① 先用备用纸按设计好的折裥数和折裥量折出平行均匀的折裥。

② 根据图示,在折好折裥的纸上画出圆拱形形状。

③ 剪下圆拱形形状,将其放平展开,依照形状画出裙侧片形态(见图 3-55)。

④ 标出侧省量,可平均分配于靠近侧缝的折裥中。

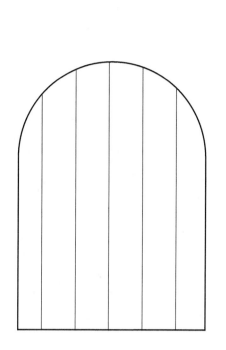
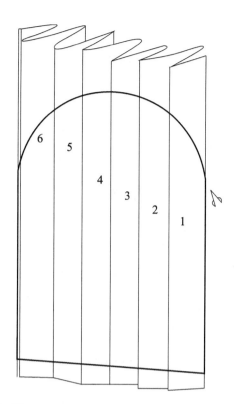

图 3 - 54

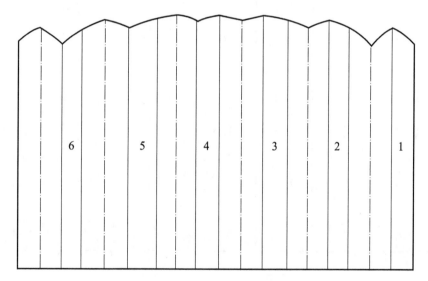

图 3 - 55

3.9 百折裙结构制图

3.9.1 款式分析

装腰式,裙片打向后顺裥,右侧缝装拉链,臀腹部比较伏贴合体,折摆自然打开排列(见图 3-56)。

3.9.2 百折裙规格设计

(1)选号型:160/66A,即身高为 160 cm,净腰围为 66 cm,体型为 A 型。

(2)基本型裙制图主要控制部位及规格

① 腰围　腰围=净腰围+2 cm=68 cm。

② 臀围　臀围=净臀围+6 cm=96 cm。

③ 裙长　裙长 70 cm。

3.9.3 百折裙结构制图要点(见图 3-57)

图 3-56

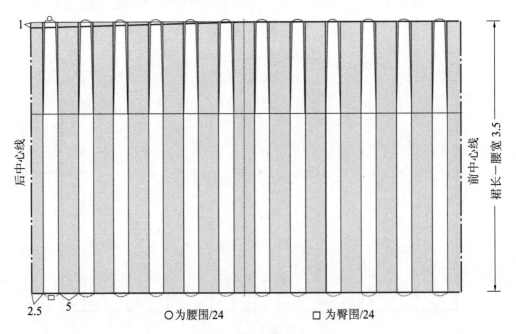

图 3-57

(1)褶裥数及褶裥量的设计

① 褶裥数。一般我们可以设计每一褶裥相隔为 3~4 cm,此款设为 4 cm。然后根据臀围大确定褶裥数,计算方法为 H/4=24。

② 褶裥量。褶裥量是指暗裥的宽度,即图中的阴影部分,此款设褶裥量为 5 cm。

（2）腰臀差的处理

根据规格尺寸得知,腰臀差为 96 cm－68 cm＝28 cm,腰臀差要平均到每个暗裥里。

（3）前后中褶裥量的设计

由于采取一半制图的方法,图中前后中心线为点画线,因而前后中的褶裥量为 2.5 cm。

3.9.4 百折裙缝制要点(见图 3－58)

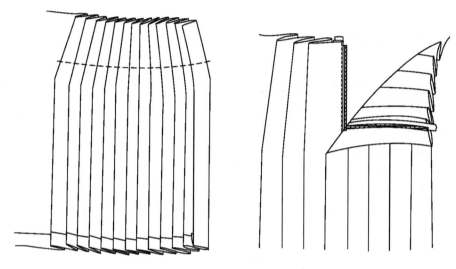

图 3－58

（1）下摆贴边折转,用手针固定,熨斗烫平。再用手针绷三角针,在下摆靠侧缝处略空开一段,以便缝合侧缝。

（2）按折裥线的位置,用手针固定,熨斗烫平。注意腰臀部的折线要按设计要求烫成斜形。

（3）将裙片翻到正面,用手针将折裥与折裥钉牢,使裥面固定。

（4）右侧缝缝至开门止点,按照所学方法把拉链装上。由于有裥,为防止拉链外露拉链要略向里些。

4 女裤结构制图与缝制工艺

4.1 裤子的概述

裤子,本来是专指男性的下衣而言。在长期的历史演变过程中,女性也逐渐开始对裤子有所接受,特别是第二次世界大战期间,大量女性参与了社会活动。随着外出活动的增多,人们逐渐意识到裤子能带来很大的行动便利。女裤最初出现时,是较为宽大的西裤,后来造型不断变化,时装性越来越强,女裤的风格也趋于多样化。现在已成为我们生活中不可缺少的服种之一。

裤子随着它时装性的不断增强,在形状、长短等细节的设计上也发生了多种多样的变化。20世纪80年代初期是裤子发展的最高峰。人们较倾向于机能性较好、符合生活方式的宽松型裤子。无论是日常服或是晚礼服,如果能有效地运用个性进行服饰搭配的话,那么在很大范围内,裤子对于表现女性的手法,就会有一个新的突破。

4.1.1 裤子的廓形变化

裤子造型千变万化,但是就其总体结构而言基本相同。一般前后各由两片组成,前浪线略短、后浪线略长。两侧缝上端多有插袋设计,前后片腰口常有省道和褶裥设计(如图 4-1

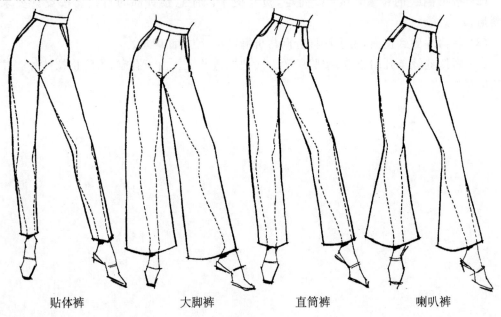

| 贴体裤 | 大脚裤 | 直筒裤 | 喇叭裤 |

图 4-1

至图4-4所示）。女裤在侧缝上端或后浪线上端设计开门（牛仔裤及现代时装裤也有在前浪线上开门的）。

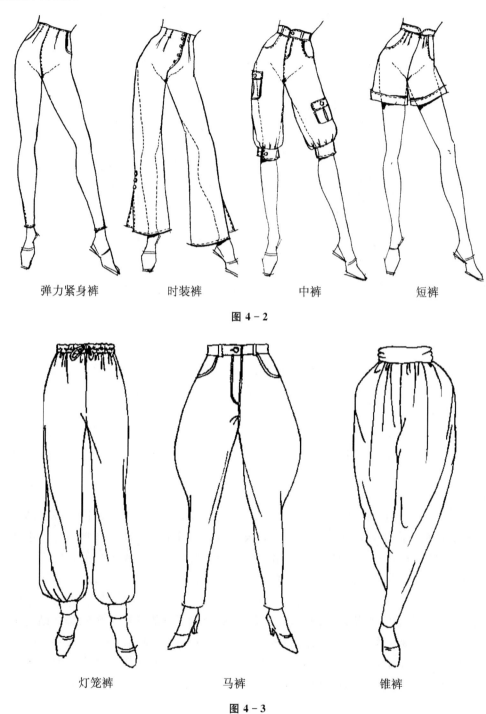

弹力紧身裤　　　　时装裤　　　　中裤　　　　短裤

图 4 - 2

灯笼裤　　　　马裤　　　　锥裤

图 4 - 3

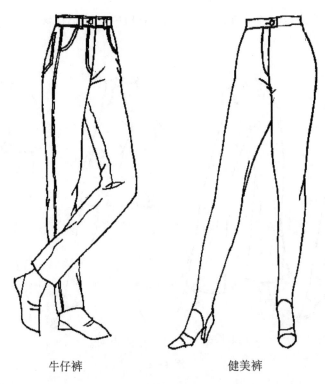

牛仔裤　　　　　　　　　　　　健美裤

图 4－4

裤子的廓形大体分为四种：即长方形（筒形裤）、倒梯形（锥形裤）、梯形（喇叭裤）、菱形（裙裤）。这四种裤子廓形的结构组合就构成了裤子造型变化的内在规律。

1）筒形裤

筒形裤的臀部比较合体，裤筒呈直筒形。筒形裤的结构设计遵循裤子的基本结构，裤口宽应比中档窄 1～2 cm，这是因为视错效应所致。筒形裤的长度为基本裤长（腰线至足外踝点）。

2）锥形裤

锥形裤在造型上强调臀部，缩小裤口宽度，形成上宽下窄的倒梯形。锥形裤在结构上往往采用腰部作褶及高腰等处理方法。为了夸张腰、臀部，可用剪切法在基本图形上沿烫迹线剪开纸样，腰部分开部分为增加褶的量，褶量的多少依造型而定。锥形裤的长度不宜超过足外踝点，裤口适当减少，当减少至小于足围尺寸时，应用开衩处理，后身结构一般不变。

3）喇叭裤

喇叭裤在造型上收紧臀部，加大裤口宽度，形成上窄下宽的梯形。喇叭裤在结构上一般采用收紧臀部，低腰且无褶，故腰围线下移，省量减少而移植于侧缝线处（或前裆直线与后裆斜线处）。由于裤口宽度的增加，要加长裤长至脚面。另外，根据其造型特点中档线可以向上移动而形成大、中、小喇叭的裤型。

4）裙裤

裙裤是将裙子和裤子的形态、功能结合起来设计的，故它既有裙子的风格，又保留裤子的上裆结构。同时也是裤子的中档线与上裆线重合的产物。裙裤的结构上裆部与裙子相同，下裆部仍由两个裤筒构成，而裤筒的结构又趋向裙子的廓型结构。因裙裤的裆宽尺寸加大,使裆部出现余量,至使后翘消失,后裆缝线变成直线。

4.1.2 裤子的分类

(1)按长度分,有热裤(超短裤)、牙买加短裤、及膝短裤、踏车裤、锥子裤、长裤等(如图4-5)。

(2)按腰部形态分,有连腰裤、装腰裤、高腰裤、低腰裤等。

(3)按整体形态分,有灯笼裤、马裤、喇叭裤、直筒裤、锥裤、健美裤、裙裤、多袋裤等。

(4)按穿着层次分,有内裤和外裤。

(5)按性别和年龄分,有男裤、女裤、中性裤、童裤等。

此外,还有按穿着场合、穿着用途、所用材料等分类的方法。

裤子的脚口有翻裤脚口、平裤脚口,还有斜裤脚口等等。

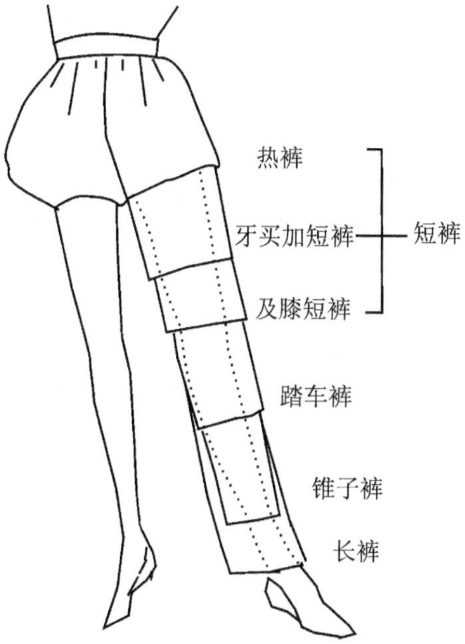

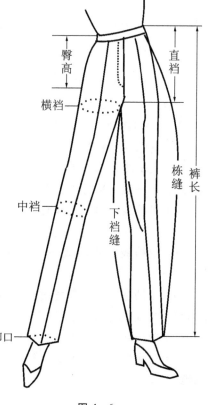

图 4 - 5

4.2 女西裤结构制图与缝制工艺

西裤主要是与西装配套穿着的裤子。西裤与中式裤子的区别在于它按前与后及左与右分为四片,前裤片裆缝较小,后裤片裆缝较大,腰部紧贴臀部稍松,更为符合人体,其外观挺括,左右对称,穿着合体。

4.2.1 女西裤的各部位名称

在学习西裤的结构制图之前,我们首先来了解一些常用的裤子专业术语(见图4-6)。

(1)裤长,即裤子的长度,直接测量为:男子为系皮带向上2 cm量到所需长度;女子为腰围最细处向上2 cm量到所需长度。

(2)臀高,由腰至臀线(下体最丰满处)的长度。每增减一"号"(即身高加减5 cm),臀高则相应增减0.5 cm。但单件制作时要从人体上量取。

(3)横裆,大腿根外一周加放松度13~14 cm。

(4)栋缝,也称裤子外侧缝。

(5)下裆缝,也称裤子内缝。

图 4 - 6

（6）立裆,也称直裆,指由腰口至横裆(即腿根部)线的长度。它与人体的身高和体型有直接关系,一般在臀高线下7～8 cm,立裆长一般为27～28 cm。

4.2.2 女西裤的特点

这是裤子的基本型,可以说任何人都能穿。根据爱好的不同,前片的活褶可以变化为抽褶等。两侧裤缝处各有一直袋(见图4-7)。

面料:可以使用一般的毛料、棉、麻织物和化纤布料等。颜色如果使用黑、灰、藏蓝、茶色等,那么同上衣搭配组合就较为容易。素雅、纤细的条格面料也可以。

4.2.3 规格设计

（1）选号型:160/66A,即身高160 cm,净腰围66 cm,A种体型。

（2）控制部位规格设计:

裤长＝0.6号＋6＝102 cm

直裆＝29 cm

腰围(W)＝净腰围＋2＝68 cm

臀围(H)＝净臀围＋8＝98 cm

脚口＝22 cm

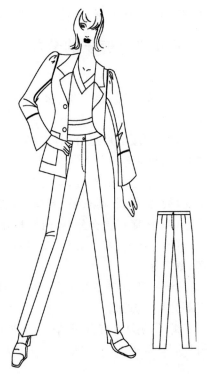

图4-7

4.2.4 结构制图

1）前后片框架结构制图

A. 前片(图4-8)

（1）基础线　直线①前侧缝线。

（2）上平线　垂直于前侧缝直线①,也是前后裤片的腰缝线。

（3）下平线　平行于上平线,是前后裤片的脚口线。②至③的间距是裤长－腰宽。

（4）横裆线　由上平线向下量上裆长－腰宽(4 cm)作平行于上平线的直线。

（5）臀围线　由上平线向下量2(上裆长－腰宽)/3,作平行于上平线的直线⑤。

（6）中裆线　臀围线与脚口线的一半,往立裆方向上移4 cm作平行于横裆线④的直线⑥。

（7）小裆宽　由前臀宽线与横裆线的交点,沿横裆线向左量取0.4H/10臀围,作平行于前侧缝直线①的直线⑩。

（8）烫迹线　过前裆宽线⑩与前侧缝撇势⑨的中点作平行于前侧缝直线①的直线⑧。

（9）前侧缝撇势　由前侧缝直线①与横裆线④交点起,沿横裆线向内量取0.7～1 cm为前侧缝撇势。

B. 后片

（1）后侧缝直线　作平行于前侧缝直线①的直线⑪。

（2）臀宽线 由后侧缝直线与臀围线交点起，沿横裆线向右量取 1/4 臀围＋1 cm 作后臀宽线⑫。

（3）后裆斜线 由臀围线与后臀宽线交点起，沿后臀宽线向上量 15 cm 作后臀宽线的垂线，在垂线上量取 3 cm 作点，过该点与后臀宽点用直线连接为后裆斜线⑬。

（4）后裆宽线 由后裆缝线与横裆线交点起，沿横裆线④低落 1cm 作平行于横裆线的直线，由后裆斜线与后落裆线的交点向右量取 1/10 臀围作平行于后侧缝直线的直线⑭。

（5）后烫迹线 过后侧缝直线与后裆宽线的中点作平行于后侧缝直线的直线。

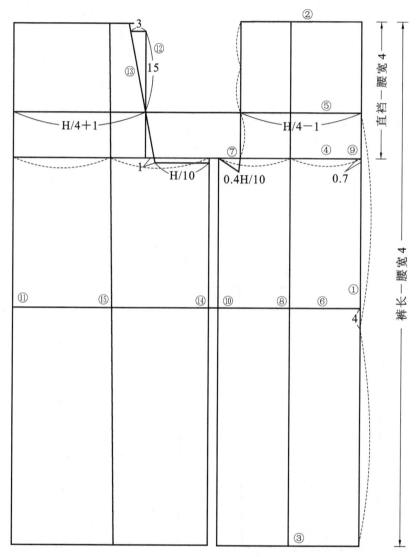

图 4-8

2）前后片轮廓线制图

在基础线结构图的基础上依次画顺前腰缝线及裥位、前裆缝线、前下裆弧线、前侧缝弧线、前脚口、后裆缝线、后腰缝线及省道、后下裆弧线、后侧缝线、后脚口等（见图 4-9）。

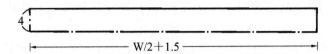

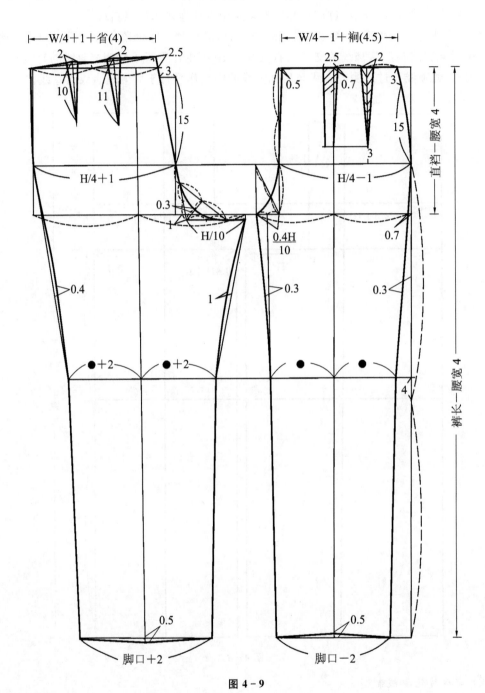

图 4 - 9

3）门襟、袋布等的制图（见图 4－10、图 4－11）

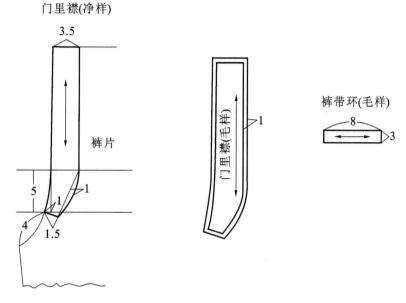

图 4－10

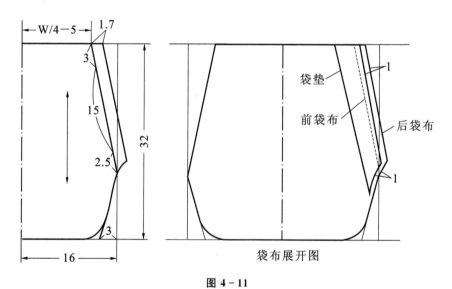

图 4－11

4.2.5 女西裤制图要领

1）确定裤子后裆缝困势的方法

后裆缝困势即指后裆缝上端处的偏进数量（如图 4－12）。

对一般体型的人困势的大小与臀腰差有关。臀腰差越小，则困势也越小；臀腰差越大，则困势也越大。但对特殊体型的人就不适用。因为他们忽视了凸臀肥肚等诸因素。

困势的大小主要与臀部的高低（在直裆相等的情况下）有关。臀部高者，其后裆缝困势相应较大；臀部低者，其后裆缝困势相应较小。

困势的大小与裤的造型(紧身、适身、松身)等有关。宽松型由于合体要求不高而放松量较大,因此困势可酌情减少;而紧身型由于合体要求高则可酌情增加。

确定困势的具体方法如下:

对于无明显凸臀和无明显平臀者,其后裆缝的倾斜程度为 15∶3(见图 4-12);对于凸臀和平臀者,其后裆缝的倾斜度分别为 15∶(3+x)和 15∶(3−x),其中 x 为酌情调整量。

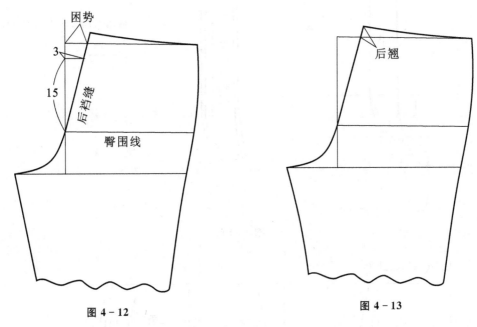

图 4-12   图 4-13

2) 裤子的后翘产生的原因及确定它大小的方法

裤子的后翘是指后腰缝线在后裆缝处的抬高量(见图 4-13)。

一般地说,由于后裆缝存在着困势,才导致了后翘的产生。后裆缝困势越大,后翘也越大,反之则越小。

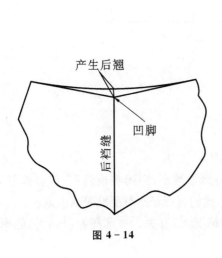

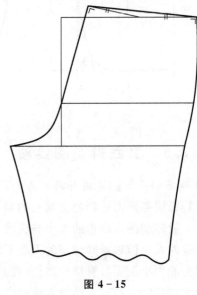

图 4-14   图 4-15

因为,当后裆缝存在困势时,后裆缝与后腰缝的夹角必大于 90°(假定此时后翘为零)。待后裆缝缉合后,上端部将出现凹角,且后裆缝困势越大,这凹角也越大。只有在凹角处随势划顺后腰缝,才能消除这凹角,于是就产生了裤子的后翘,见图 4 - 14 所示。

后翘可依照图 4 - 15 所示的方法确定。

3) 前裤身的裥位

前裤身的裥位要偏离烫迹线 0.7 cm 左右:无论是正裥还是反裥,裥位都要偏离烫迹线(简称裥偏差)0.7 cm 左右,见图 4 - 16 所示。

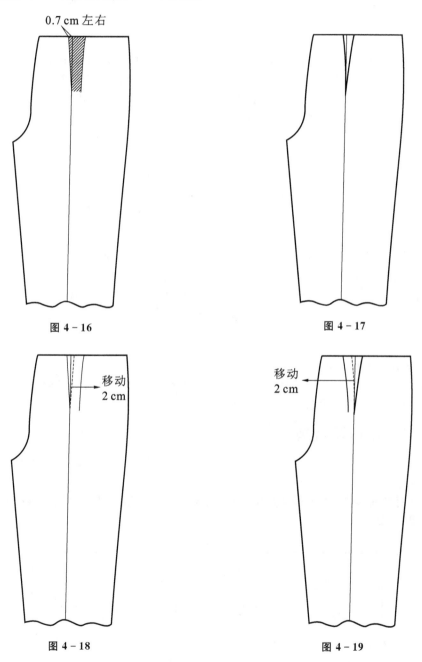

图 4 - 16

图 4 - 17

图 4 - 18

图 4 - 19

我们可以先作这样的分析,假如不收腰裥,单收腰省使省尖恰巧落在烫迹线上,见图 4-17 所示。再在这个腰省的基础上,将靠近侧缝的一条腰省缝平行外移 2 cm 左右,这就变成了反裥,见图 4-18 所示。将靠近前裆缝的一条腰省缝平行外移 2 cm,这时就变成了正裥,见图 4-19 所示。无论何种情况,0.7 cm 左右的裥偏差总是存在的。如果裥偏差不存在,这等于取消了腰省,而且,使上端烫迹线不平顺,显然这是不合理的。当然,裥偏差不一定恒等于 0.7 cm,这正如腰省不恒等于某一定数一样。一般情况下,腰围与腰围的差值越小裥偏差也越小,其幅度通常在 0.4～1.0 cm 之间。

由此可见,前裤身存在裥偏差是为了满足收腰省的需要,最终是为了满足腰下部处的球面状需要。

4) 裆弯与裆宽

裤片裆弯的形成和人体臀腹部与下肢连接处的结构特征是分不开的。从侧面观察人体,上裆部呈倾斜的椭圆形。如果臀凸大于腹凸,前裆弯弧度应小于后裆弯弧度。裆宽反映躯干下部的厚度,经实际测算,裆宽占臀围的 1.6/10 左右。前裆宽和后裆宽的比例为 1:3,这主要是由臀部活动规律及臀腹凸比例所致(见图 4-20)。

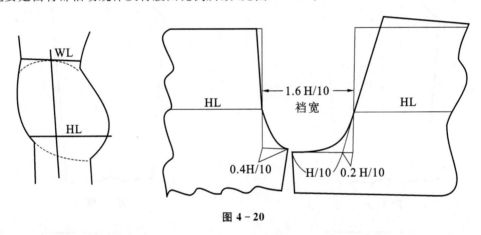

图 4-20

5) 后裤片挺缝线的定位

基本为后裤横裆宽的 1/2 处(即后龙门点至侧缝臀点的 1/2)往侧缝偏 0.5～1 cm,脚口处不偏,也可以从侧缝线量取 2H/10-1 来定。

4.2.6 排料及裁剪

(1) 女西裤部件:前裤片 2 片,后裤片 2 片,腰头(面里)1 片,门襟 1 片,里襟(连口)1 片,垫袋布 2 片。

(2) 女西裤辅料:腰衬 80 cm,袋布 33 cm,粘牵带 40 cm,拉链 1 根,纽扣 1 粒,配色线 2 团。

(3) 用料(见表 4-1)

表 4-1

幅　宽	用料计算公式
144 cm	1×裤长+5～10 cm
110 cm	1×裤长+10～15 cm
90 cm	2×裤长+15～20 cm

(4) 女西裤放缝、排料图(见图 4-21)

门幅:144 cm;用料:裤长+5 cm

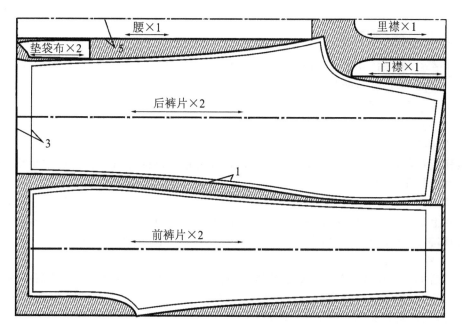

图 4-21

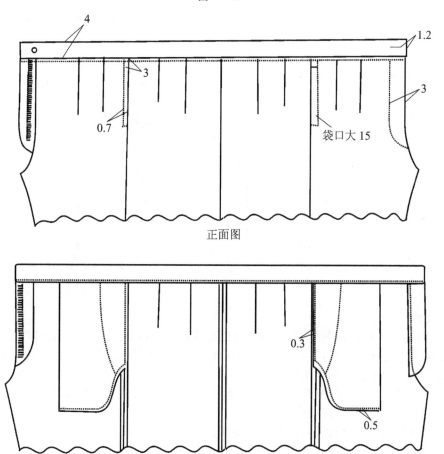

正面图

反面图

图 4-22

4.2.7 缝制工艺

工艺流程:做标记→锁边→收省→烫裥、拔裆→做直袋→合缉侧缝→装直袋→合缉下裆缝→做门里襟、装拉链→做腰、装腰→缲贴边→锁眼、钉扣→整烫。

女西裤组合示意图(见图4-22)。

缝制工艺:

1) 做标记

按样板在前片裥位、前后片省位、后裆缝上口做好剪口标记,在直袋位、中裆线、脚口贴边等处划上粉印标记。

2) 锁边

裤片上口不锁,两侧与脚口一圈兜锁,并将腰头一侧、垫袋布里口与下口一起锁好。注意,锁边时裤片一律正面朝上,锁边线应松紧适宜,转角处压角抬起,以防锁圆。

3) 收省

按前后裤片上口省位剪口和省尖位置,在裤片反面画出省中线和省量,按省中线折转裤片缉省。注意,省要收得直,收得尖,省尖不打回针,留5 cm长线头打结后修至1 cm。然后绷挺省缝,喷水将缝头朝后烫倒(见图4-23)。

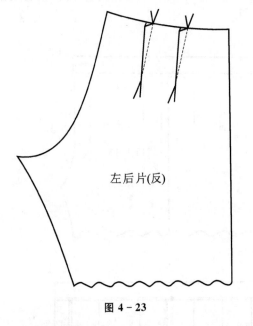

图 4-23

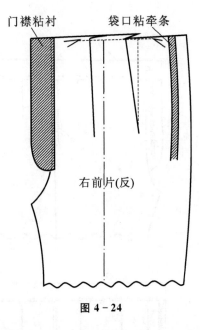

门襟粘衬   袋口粘牵条

右前片(反)

图 4-24

4) 烫裥

按照前裤片上口裥位剪口,在反面将裥折起朝前烫倒,则正面褶裥必定向侧缝倒。烫裥时,注意裥与挺缝线的位置,然后离上口0.5 cm缝线将裥固定。在右前片门襟反面烫上无纺衬,在直袋位烫上直丝粘牵条(见图4-24)。

拔裆:前片侧缝胯骨部位归拢,侧缝与下裆缝对齐,此线最好能够形成一条直线。膝盖方向归拢,翻出正面,熨出挺缝线。

后片侧缝胯骨部位归拢,搭裆拐弯处要拔开,以防止将来此处开线,下裆起始10 cm左右的位置要归拢,中裆部位适量拔开。两层裤片熨烫效果要一致。侧缝与下裆缝对齐,此线最好能够形成一条直线。

5）做直袋

直袋布居中对折后,袋口下层应比上层长出 2 cm(见图 4 - 25),与下层袋布口平行,离袋布边 0.7 cm 放上垫袋布,沿锁边线将垫袋布缉住。然后将袋布反面相合,沿袋底兜缉内缝 0.3 cm,缉至离上层袋布口 1.5 cm 止,再将袋布翻出,烫平待用。

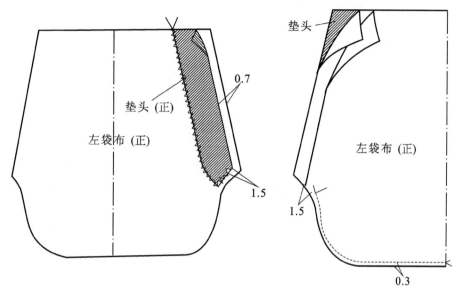

图 4 - 25

6）合缉侧缝

以左侧缝为例,左前片在下,右后片在上,正面相合,侧缝依齐,自腰口起针,缝头 0.8 cm 合缉至脚口。注意按照粉印留出直袋口大,袋口两侧,回针打牢,然后将缝头分开烫平,顺势将直袋口一并烫好。

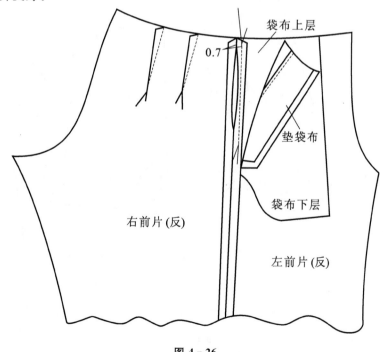

图 4 - 26

7）装直袋

（1）裤片反面朝上，将上层袋布加入前裤片袋口缝头内，按净线放齐，沿袋口夹缉0.7cm明止口。提起袋布，将袋口贴边余下缝头沿着锁边线与袋布缉住（见图4-26）。

（2）放平袋布，移开下袋布，将垫头侧缝与后片侧缝对齐，以0.7cm缝头合缉。注意上下口缉线与侧缝缉线连顺，然后将缝头分开烫平（见图4-27）。

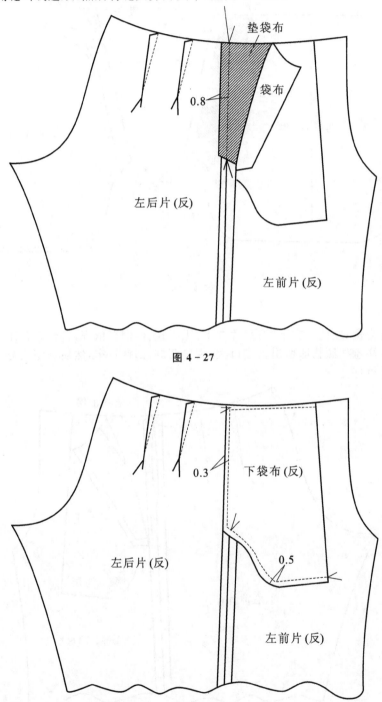

图 4 - 27

图 4 - 28

（3）将袋布抚平，对齐后片侧缝缝头，将下袋布边口折光烫平，并沿折光边缉压 0.7 cm 明止口（见图 4-28）。

（4）翻到裤片正面，抚平闭合袋口，缉压直袋口上下封口。封线来回 3～4 道，封线在 0.7 cm 明止口内不能超针，封穿袋布。将袋布上口与裤片上口以 0.5 cm 缝头缉线固定。

8）合缉下裆缝

前片在上，后片在下，后片横裆下 10 cm 处略放层势，中档以下前后片松紧一致，0.8 cm 缝头合缉。为了防止爆线，中档以上部位缝缉两次，但须沿原缉线缝缉，不能出现双轨。然后将下裆缝分开烫平，烫时应注意横裆下 10 cm 处须略作归烫。

9）做门里襟、装拉链

（1）做门襟　前门襟粘衬，将前门襟绱到右裤片上，缝份 0.7 cm，折转门襟烫平，门襟一侧坐转 0.3 cm。做里襟：将连口里襟反面单层烫上粘衬，正面相合，居中对折。沿弧形边 0.7 cm 缝头兜缉，然后将里襟翻出，里襟里子一侧坐转 0.1 cm，将止口烫平（见图 4-29）。

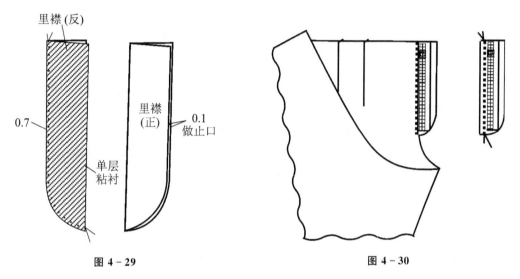

里襟（反）　0.7　单层粘衬　里襟（正）　0.1 做止口

图 4-29　　　　　　　图 4-30

（2）里襟装拉链　拉链左边和里襟光口边对齐，以 0.6 cm 缝头先缉一道，将拉链与里襟固定。再将左前片前裆缝与里襟光口对齐，正面相合（拉链现已夹在其中），以缝头 0.8 cm 缉一道，缉至拉链铁结下 0.5 cm 处止针。然后将里襟翻出，缝头向裤片坐倒，在左裤片前裆缝上压 0.1 cm 明止口（见图 4-30）。

（3）门襟装拉链　将拉链拉上，左右前裤片门襟处盖合准确，划出拉链右侧在门襟贴边上的正确位置。然后打开拉链，拉链右边对齐粉印，沿拉链右边 0.6 cm 缝头将拉链布边与门襟贴边缉住。为保证牢固，可缉双线。

（4）合缉前后裆缝　将左右裤片前后窿门正面相合，裆缝对齐，十字缝口对准，以 0.8 cm 缝头缉合，缉线应与里襟装拉链处的缝头接顺。为防止爆线，前后裆缝应缉双线。

（5）缉门襟明止口　将门襟烫平，划出 3 cm 宽的门襟线粉印，从腰口起针，将门襟明止口缉圆顺，并在下口打好套结。

10）做腰、装腰

（1）做腰　腰头反面相合，居中烫出连口折痕，在腰面反面净缝线的里侧烫贴 4.5 cm 宽的粘合腰衬，过腰中缝线 0.5 cm。并做好前后腰围大及里襟大标记（见图 4-31）。

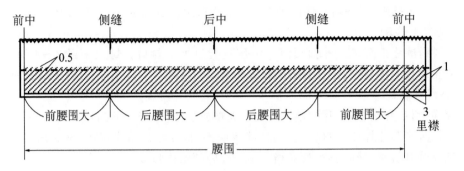

图 4-31

（2）装腰 装腰面时腰面正面与裤片腰口的正面相合，腰面在上，使同标记对准，从里襟一端起针，以 0.8 cm 缝头将腰面与裤片腰口缉合。做平头：依照连口折痕将腰头面、里正面相合，抚平腰里，在腰头反面端口离衬 0.1 cm 处缝缉直线，再将端口翻到正面，把腰头两端平头烫平。缉腰头端口时，应将腰里略微托出，以便平头翻出后，止口不外露。缉腰里：将裤子腰口抚平摆正，沿腰节线自右至左将腰面、腰里与大身腰口缉住。为保证腰头面、里平服，可先扎后缉（见图 4-32）。

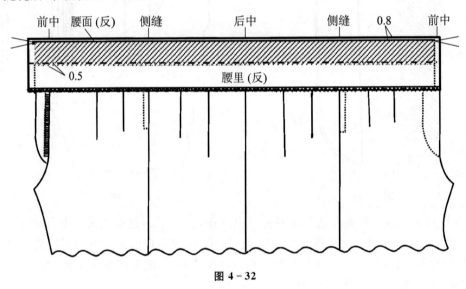

图 4-32

11）缲贴边

先将裤子脚口贴边按标记折转烫平，并用扎线沿贴边一圈扎定。再以本色线沿脚口贴边锁边线并与裤管用三角针绷缝，注意三角针不能缝穿面子，绷线应松紧适宜。

12）锁眼、钉扣

在腰面居中、离端口 1.2 cm 处的腰头右端锁眼一个。腰头左端的相应位置处钉纽扣 1 粒。

13）整烫

（1）分烫侧缝、下裆缝 裤子反面在外，蘸水将侧缝、下裆缝缝头分开烫平。烫时，可用左手将缝子用力拔伸，以保证缝子不皱缩。

（2）轧烫前后裆缝 裤子反面在外，先将前后窿门处凹势缝头朝相反方向拔宽、拔弯，再将前后裆缝放在铁凳或布馒头上，喷水，盖布，逐一熨烫平服。

（3）熨烫裥、省、腰、袋及门里襟　裤子正面在外，将裤子上部的裥、省、腰、直袋及门里襟，逐一分段置于铁凳或布馒头上，喷水，盖布，逐一熨烫平服。

（4）压烫挺缝线　裤子正面在外，裤脚的侧缝与下裆缝对准，前挺缝丝绺放直，喷水，盖布，用力压烫，将挺缝线烫挺烫平。可趁热在挺缝线上用木尺压一下，以使裤管平薄。注意，裤子上部前挺缝线应与前裥接顺，烫后挺缝线时臀部以下处注意归拢，后挺缝烫至腰口下 10 cm 处止。

4.3　女裤的款式变化

4.3.1　宽松裤

宽松裤具有比一般裤型围度放松量更大的特点，因而宽松、肥大、实用、舒适、活动方便。宽松裤由于选料的不同会产生不同的外观效果。如绉类织物的悬垂性能和良好的光泽，配合各种折裥形式可使宽松裤更显飘逸流畅。而各种毛料和混纺织物则更能突出裤型的立体效果。总之，宽松裤略显夸张的外形可以遮掩人体下肢的缺陷，受到中、青年女性的喜欢。

1）款式一：灯笼裤

（1）特点

灯笼裤是长度在膝下左右的宽松式裤子脚口的束带可以扎出"灯笼"形。比起直筒裤来更富有女性美，因穿着感觉又具有裙装的特征，更能满足追求个性的人（见图 4 - 33）。

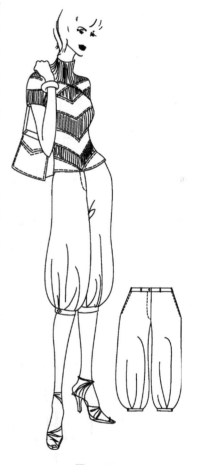

（2）规格设计

① 选号型：160/66A

② 控制部位规格设计：

裤长（L）＝0.4 号＋7＝71 cm

直裆＝31 cm

腰围（W）＝净腰围＋2＝68 cm

臀围＝净臀围＋0～6 cm 为贴体风格，臀围＝净臀围＋6～12 cm 为较贴体风格，臀围＝净臀围＋12～18 cm 为较宽松风格，臀围＝净臀围＋18 cm 以上的为宽松风格。这里取臀围（H）＝净臀围＋14＝106 cm。

脚口＝28 cm

（3）结构制图

因为臀围的余量较多，为掌握围度与长度的比例，就把直裆深向下加深了 1 cm。交口束带的长要先测量束带位置腿的周长，再加 4 cm 的余量（见图 4 - 34）。

图 4 - 33

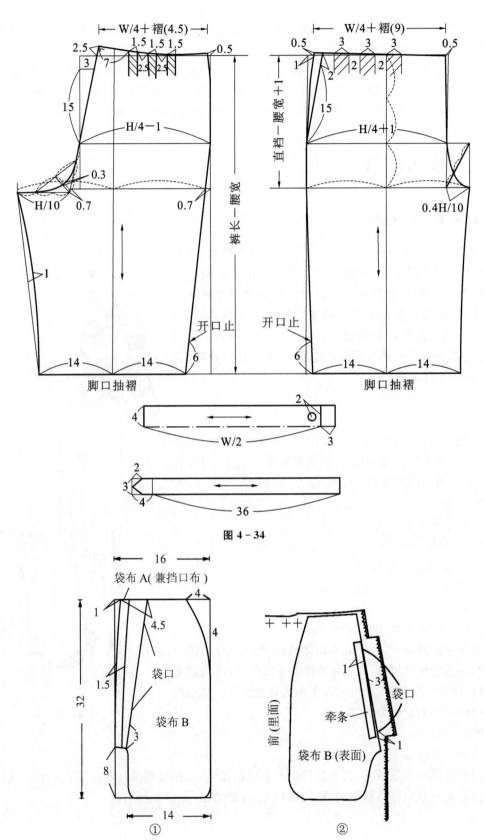

图 4 - 34

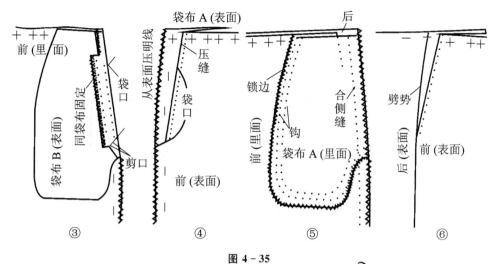

图 4 - 35

（4）制作要点（见图 4 - 35）

斜插袋的制作方法：

① 袋布用面料裁剪。如果面料较厚的话，袋布
B 就使用棉布或里布。

② 在袋口铺袋布 B。

③ 在袋口压明线，之后把袋口缝头固定在袋
布上。

④ 让开袋口缝合袋布 A。

⑤、⑥ 钩袋布，缝合前后侧缝、劈缝。

2）款式二：锥子裤

（1）特点

锥子裤也称瘦腿裤，其特点是下口尺寸比较
小。如果下口特别瘦，则在两侧中缝开口（见图
4 - 36）。

（2）规格设计

① 选号型：165/70A

② 控制部位规格设计：

裤长（L）＝0.6 号＋5＝104 cm

直裆＝28.5 cm

腰围（W）＝净腰围＋2＝72 cm

臀围（H）＝净臀围＋8＝102 cm

脚口＝15 cm

（3）结构制图（见图 4 - 37）

（4）制作要点

锥子裤在制作上和西裤没有多大的区别，可以
参见西裤的制作。

图 4 - 36

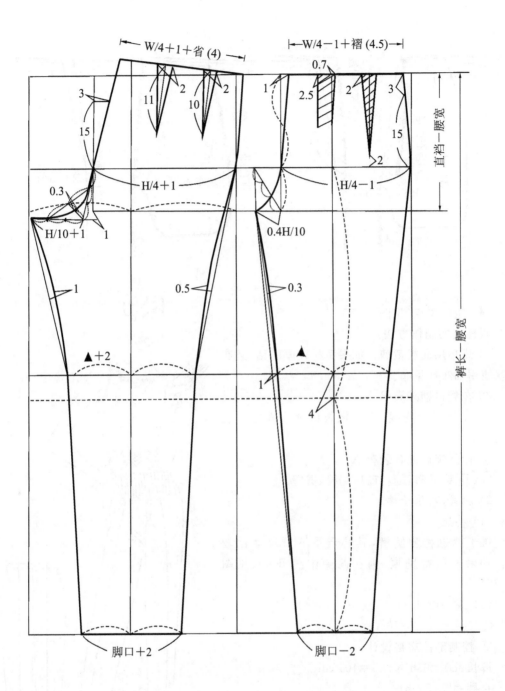

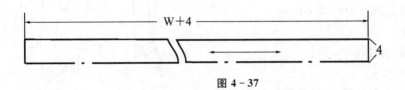

图 4－37

4.3.2 紧身裤

1）款式一：牛仔裤

（1）特点

牛仔裤男女没有区别，应用也非常广泛。它诞生于劳动装，具有很高的机能性。牛仔裤低腰、紧身、后裤片左右各有一贴袋、兜屁股、装铜扣、皮标签，是以坚固取胜的（见图 4-38）。

（2）规格设计

① 选号型：160/66A

② 控制部位规格设计：

裤长（L）＝0.6 号＋6＝102 cm

直裆＝27 cm

腰围（W）＝净腰围＋2＝68 cm

臀围（H）＝净臀围＋4＝92 cm

脚口＝24 cm

中裆＝21 cm

（3）结构制图（见图 4-39）

注意该款式在腰部的两个省的处理，前片放在口袋位置将其收掉；后片在育克部位收省，处理时将育克省在纸样上剪开、去掉再合并，这样成衣纸样后育克就是一个完整的片（没有省）。

（4）制作要点

明线的压法：

一般情况下，下线使用 40～50 号棉线，上线使用 20～30 号棉线，针码在 3 cm 内 8～10 针比较适当。要选择适合于面料的线，如丝线、人造丝线、棉线等。也可以使用与面料不同颜色的线，这样也许会有更好的效果。选择的机针既要适合面料，又要适合

图 4-38

线的粗细，一般使用 14～16 号的机针。如果使用专用的压明线机或配件，那么压出来的明线就更漂亮了。其次，还应该用裤钉或机器打结的方法，把袋口等承受力较强的部位进行补强。特别要注意的是牛仔裤的育克部位，因缝合后面料层次比较多，在缝制时进行修剪，并用锤子敲薄。

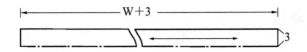

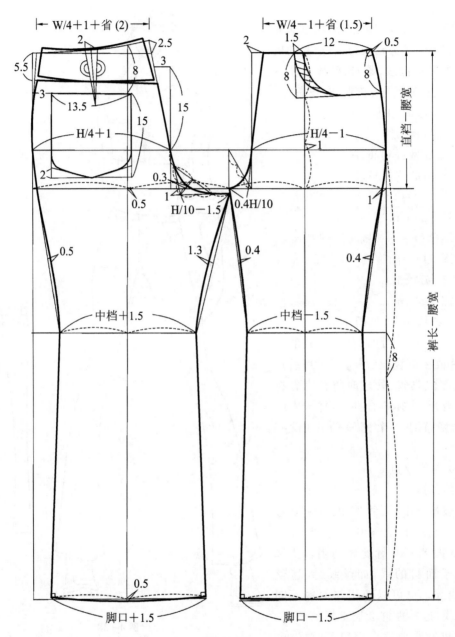

图 4-39

2）款式二：合体裤

（1）特点

合体裤具有比一般裤型围度放松量小的特点,其裤型窄小紧贴人体。合体裤的前片一般设一个褶或不设褶,后片收一个或两个省。合体裤用料较广,是青年女性喜欢穿着的夏装之一(见图4－40)。

图 4－40

（2）规格设计

① 选号型：160/66A

② 控制部位规格设计：

裤长(L)＝0.6号＋2＝98 cm

直裆＝27 cm

腰围(W)＝净腰围＋2＝68 cm

臀围(H)＝净臀围＋4＝92 cm

脚口＝18 cm

（3）结构制图（见图 4-41）

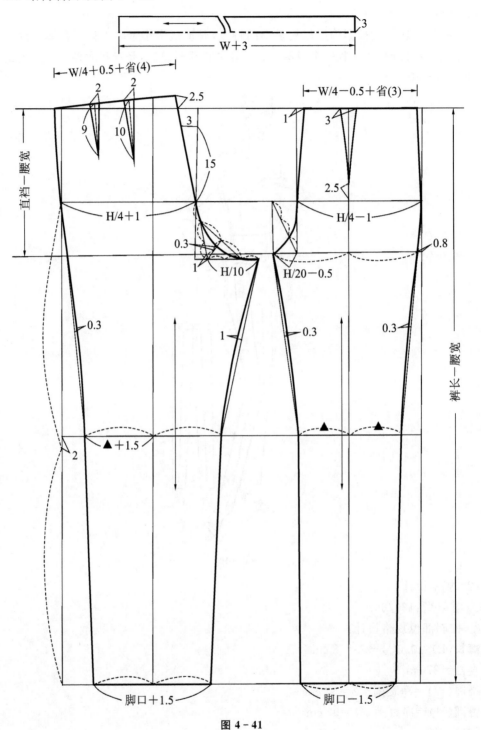

图 4-41

4.3.3 裙裤

裙裤是以裙为基础造型加上裤的裆缝,但当静态站立时,左右裤管的下裆缝之间没有明显的空隙,可以说是非裙似裙。因此基本型裤裙的直裆宜长于基本型裤直裆 3 cm 左右,并且下裆缝呈垂直线形,侧缝可向外劈出,劈出量依据款式而定。裙裤可以分为长裙裤、中裙裤和短裙裤。腰部有收省、打折裥和收细褶等不同变化款式。

1) 款式一:基本裙裤

(1) 特点

最基本的中裙裤,斜插袋,前后分四片,宜选用轻薄的面料,适合青年女性夏天穿着(见图 4 - 42)。

图 4 - 42

(2) 规格设计

① 选号型:160/68A

② 控制部位规格设计:

裤长(L)=0.4 号－4=60 cm

直裆=31 cm

腰围(W)=净腰围＋2=70 cm

臀围(H)=净臀围＋8=98 cm

（3）结构制图（见图4-43）

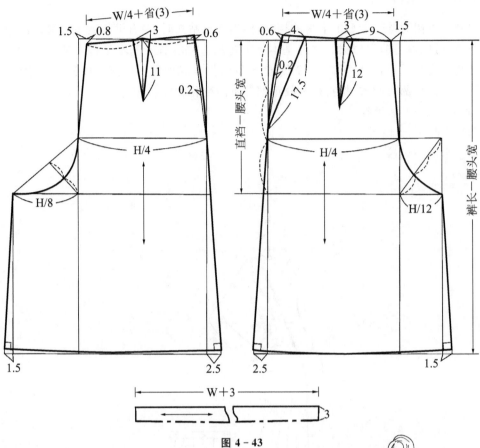

图 4-43

2）款式二：八片裙裤

（1）特点

该裙裤为八片式，女性穿着时在站立时看上去就像是裙子（见图4-44）。

（2）规格设计

① 选号型：160/66A

② 控制部位规格设计：

裤长（L）=0.4号-4=60 cm

直裆=33 cm

腰围（W）=净腰围+2=68 cm

臀围（H）=净臀围+8=96 cm

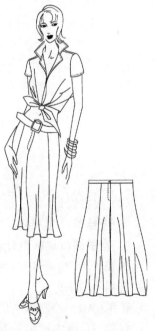

图 4-44

（3）结构制图（见图 4－45）

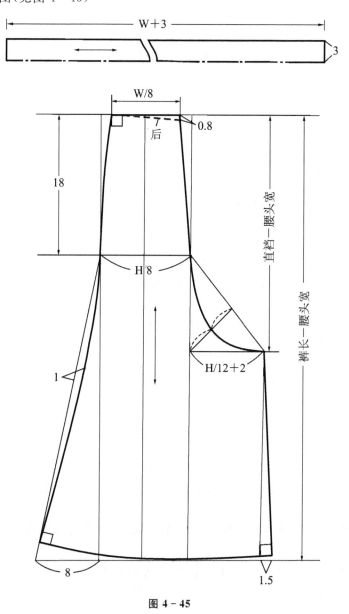

图 4－45

5 男裤结构制图与缝制工艺

5.1 男西裤结构制图

5.1.1 男西裤外形概述

装腰,前开门装拉链。斜插袋,前裤片左右各折反裥两个,后裤片左右各收省两个,左右后片各做双嵌线袋一只。腰头装串带 7 根,脚口贴边内翻。

5.1.2 男西裤成品规格及细部规格

(1) 选号型:170/74A,即身高 170 cm,净体腰围 74 cm,A 类体型。

(2) 规格及主要部位尺寸控制

① 裤长:裤长=0.6 的号=102 cm。

② 腰围=净腰围+2~4 cm。

③ 臀围=净臀围+10~14 cm。

④ 直裆长=H/4+2~3 cm,中间体的直裆约为 28 cm。

⑤ 脚口=23 cm。

男性腰线一般低于女性,穿裤时前裆又低于腰口线,因此在"号"相同的前提下,男裤直裆短于女裤,但后裆起翘则高于女性(基本值为3 cm),以平衡裤两侧的腰口点的力度与后中腰点的力度。

⑥ 侧缝劈势:由于男裤的胯腰差较小,加上穿着时一般低于腰口线,因此男裤的外侧缝劈势角度一般控制在 5~6 度。

⑦ 龙门宽:前后片总和为 0.16H,前裤片占 0.04H,后裤片占 0.12H,宽松裤的前龙门大一般与基本型裤相似,把增减量放在后龙门处较好。

⑧ 后裆的斜率:基本为 15:3(扁臀可小0.5~1 cm,圆臀应大 0.5~1 cm)。

⑨ 前裤片褶裥量:依据臀腰差的余数而定,可设一个或两个褶裥。

⑩ 后裤片挺缝线定位:取后横裆宽的 $\frac{1}{2}$ 向侧缝偏 0.5~1 cm,引脚口线的垂直线。

(3) 制图

按图 5-1 所示依次划线制图。图中 X 值为 0.5~1 cm 之间,加减需根据体型和款式而定,扁臀及宽松款式作减法,圆臀及紧身款式作加法,标准体型不作加减。

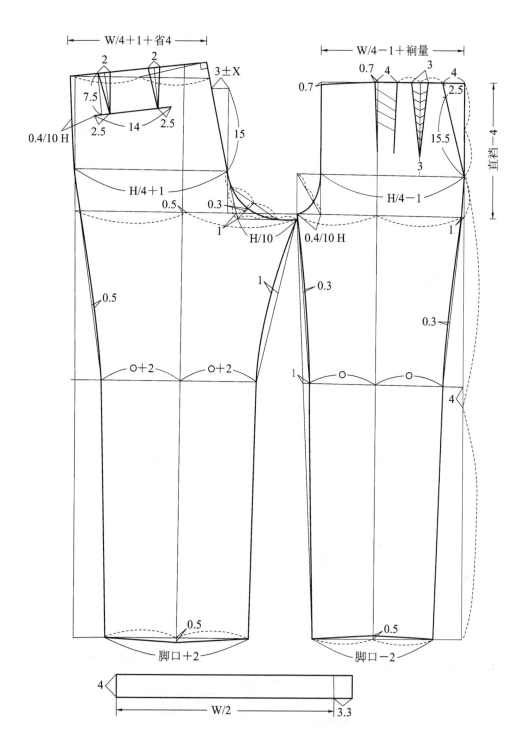

图 5 - 1　男西裤基本型制图

（4）细部规格

单位：cm

名称	腰面宽	腰里宽	斜袋口大	斜袋止口	后袋口大	后袋嵌线	门襟止口
规格	4	5.7	15.5	0.8	14	0.5	3.5
名称	袋布止口	袋布里止口	门襟宽	里襟宽	串带长	串带宽	腰面坐转
规格	0.5	0.3	4.5	4.5	5.6	1.1	0.3

5.2 男西裤放缝与排料

5.2.1 男西裤部件

单位：片

名称	前裤片	后裤片	腰面	门襟	里襟	斜袋垫布	后袋嵌线	后袋垫布	串带
数量	2	2	2	1	1	2	4	2	7

5.2.2 男西裤辅料

名称	腰里	里襟里	腰衬	斜袋布	后袋布	无纺衬	粘牵带	拉链	4件扣	纽扣	配色线
数量	2片	1片	2根	2片	2片	25 cm	40 cm	1根	1副	2粒	2团

5.2.3 男西裤放缝

男西裤放缝如图 5-2 所示。

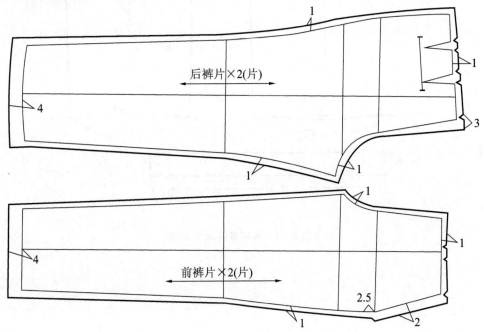

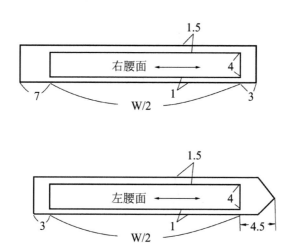

图 5-2

5.2.4 辅料规格

男西裤辅料规格示意图如图 5-3 所示。

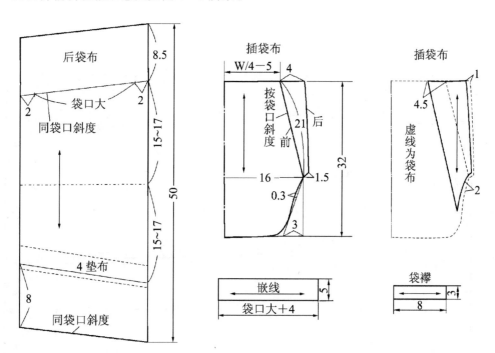

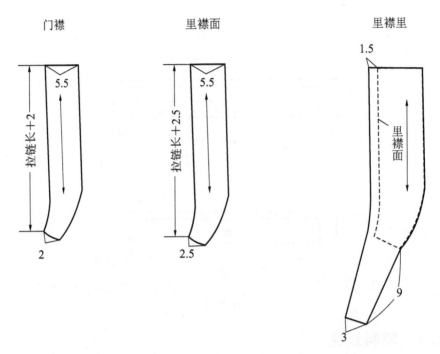

图 5-3

5.2.5 男西裤排料

男西裤排料示意图如图 5-4 所示。

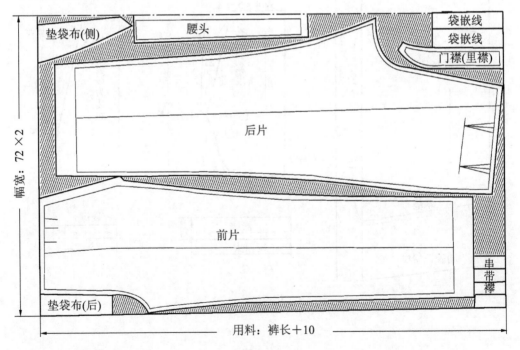

图 5-4

5.3 男西裤的缝制工艺

5.3.1 打线钉

打线钉的作用就是在裤片的某些部位作出标记,以便准确地制作出高质量的西裤。打线钉的部位:袋口线、挺缝线、中裆线、脚口线和后裆线(见图5-5)。

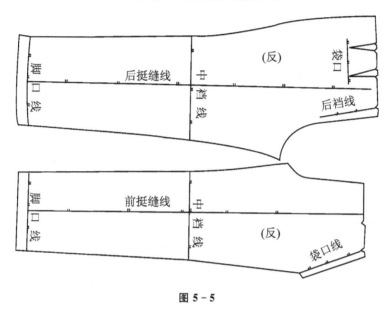

图 5-5

5.3.2 裤片的归拔

归拔裤片是为了使面料变形达到符合人体的体型和穿着舒适的目的。服装厂在批量生产中由拔裆机来完成。而单件制作中的归拔要领是在腹部和臀部处归进使其隆起,在中裆线处拔开使下裆线成直线。

1)前裤片的归拔

将前片正面对合,以挺缝线为中心线一半一半地来归拔。电熨斗至腹部和臀围线时将面料推拢归进,当电熨斗至中裆线时拔开中裆的布边,使挺缝线与中裆线的交合处缩进。这样分两次归拔前片(见图5-6)。

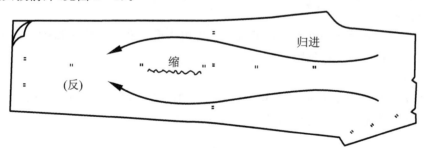

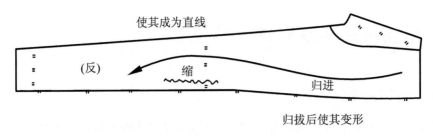

图 5 - 6

2）后裤片的归拔

将两后片正面对合，以挺缝线为中心线一半一半地来归拔。电熨斗至后臀围线时将面料推拢归进并把后弯裆缩拢。当电熨斗至后中裆线时拔开中裆的布边，使挺缝线与中裆线的交合处缩进。这样分两次归拔后片（见图 5 - 7）。

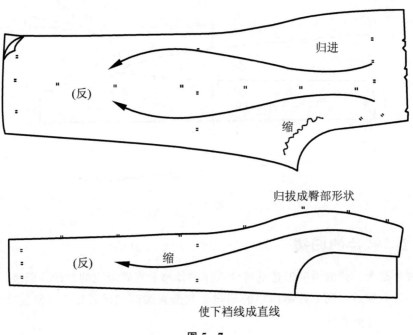

图 5 - 7

5.3.3 做裤脚绸

加用裤脚绸的目的是为了使裤子在穿着时滑爽。

1）剪裤脚绸

裁剪时将两前裤片正面朝上铺在裤绸上。先用线沿挺缝线将裤片和裤绸扎住，再将裤绸边放缝 1.5 cm 剪下裤绸（见图 5 - 8）。

2）做裤脚绸

将裤脚绸下口折边车缝，在侧缝和下裆缝处分别将裤绸拉进 0.5 cm 粘在裤边上。将粘好裤腿绸的前片及后裤片进行包边（锁边），见图 5 - 9。

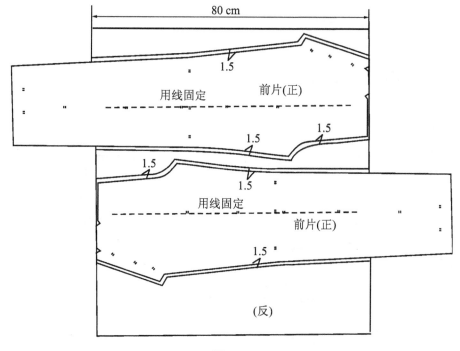

图 5-8

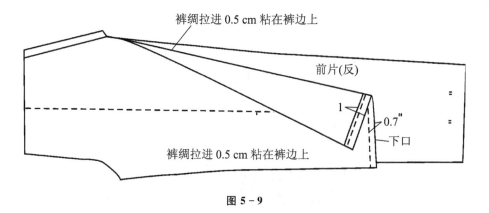

图 5-9

5.3.4 做后袋

1) 缉省缝、烫倒省缝、粘袋口衬

先将后裤片的省车缝,然后将省缝烫倒。剪一条宽 4 cm 的袋口衬(用无纺衬),粘在袋口线上防止开袋时袋角毛口。扣烫上下袋嵌线,距边缘 0.5 cm 处画长 14 cm、与袋口尺寸相同的线(见图 5-10)。

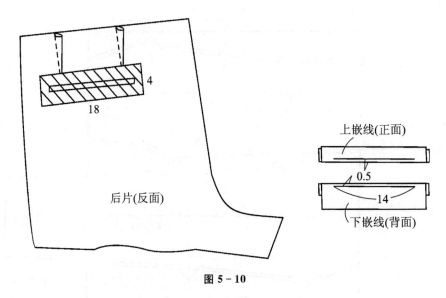

上嵌线(正面)

0.5

14

下嵌线(背面)

图 5 - 10

2) 袋垫布与袋布缝合,袋布对准后裤片(见图 5 - 11)

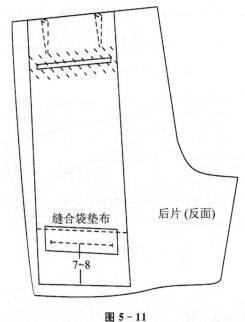

缝合袋垫布

后片 (反面)

7~8

图 5 - 11

3) 缉嵌线

在裤片正面画出袋口位置线,上下各一条,间隔 1 cm。上嵌线上画的线对准袋上口线缉好;下嵌线上画的线对准袋下口线缉好(见图 5 - 12)。缉线的起始点和终止点务必倒回针、缉牢,两条线要平行,两端要对齐。

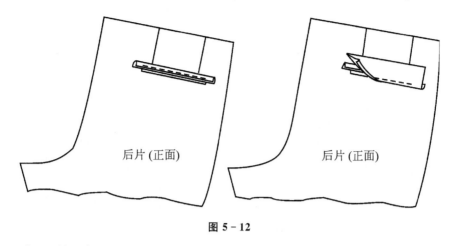

图 5 - 12

4）开袋口、封三角

掀开上、下嵌线，在中间把袋口剪开，距离两端 1 cm 处剪成三角状，剪到线的根部，但不能把线剪断（见图 5 - 13）。

把嵌线翻向反面、摆平，"三角"缉住（见图 5 - 13）。

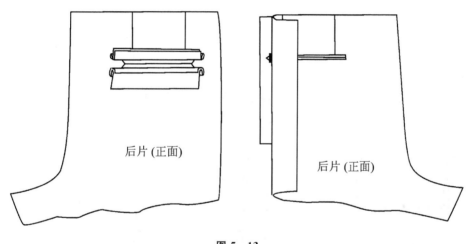

图 5 - 13

5）缉袋布

把下嵌线缉在袋布上，把袋布翻折过去缝合在一起（见图 5 - 14）。

6）缉袋布明线，封袋口

翻出袋布的正面，边缘缉 0.4 cm 明线，袋口封住，将袋布与腰口缉在一起（见图 5 - 15）。

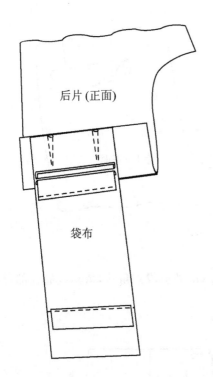

后片 (正面)

袋布

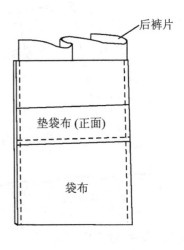

后裤片

垫袋布 (正面)

袋布

图 5 – 14

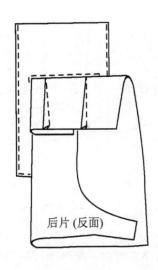

后片 (反面)

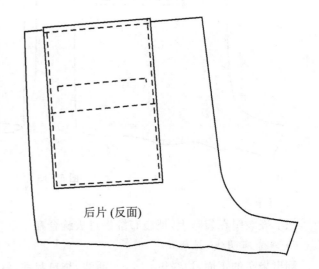

后片 (反面)

图 5 – 15

5.3.5 做侧缝斜袋

(1) 缉垫袋布,另一侧粘牵条。两个袋布要同步制作(见图5-16)。

(2) 袋布的边缘与线钉对齐,在包缝线迹里缉住袋布(见图5-17)。

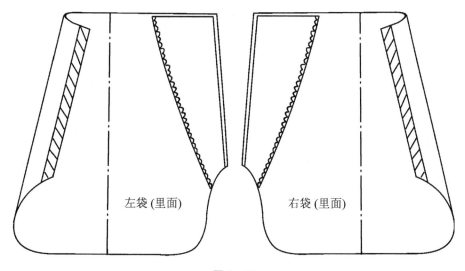

左袋(里面)　　右袋(里面)

图 5－16

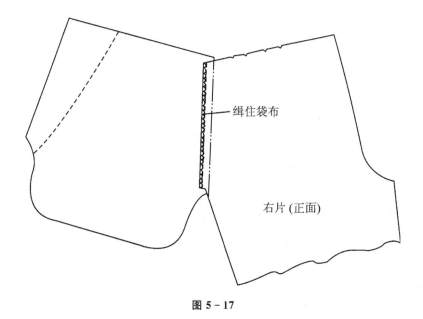

缉住袋布

右片(正面)

图 5－17

（3）袋口处距离 0.4 cm 缉一道明线（见图 5-18）。

（4）缉袋布暗线（见图 5-19）。

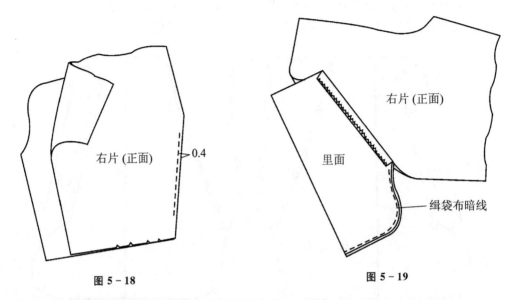

图 5-18

图 5-19

（5）袋布的暗线翻向里面，缉袋布的明线（见图 5-20）。

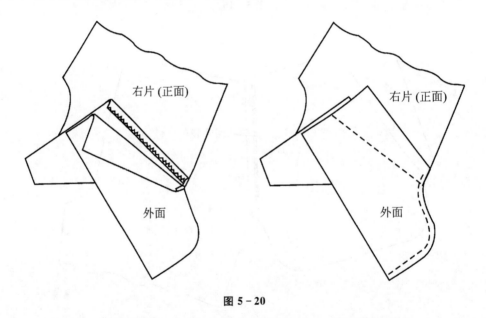

图 5-20

（6）掀开后袋布，把前后片的侧缝缝合在一起，然后用熨斗分开烫平（见图 5-21）。

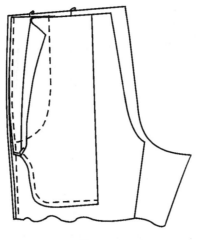

图 5-21

(7) 把后袋布与后侧缝的缝份缉在一起(见图 5-22)。

(8) 袋布、袋口、裤片摆平,先把袋口下端封住,最少缉三道线,然后将袋口上端封住,并将袋口以上缉住,再把袋布与腰口缉在一起(见图 5-22)。

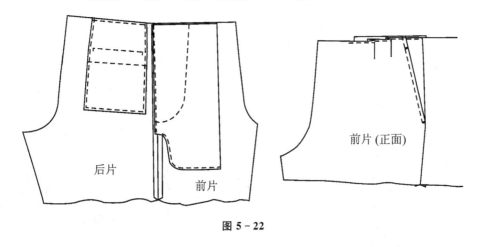

后片　前片

前片(正面)

图 5-22

5.3.6 绱串带襻

(1) 把串带襻缉成管状,缝份分开烫平,翻出正面,两边各缉 0.1 cm 明线(见图 5-23)。

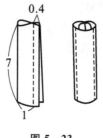

0.4

7

1

图 5-23

(2) 在距离后中缝 4 cm 处绱一根串带襻,前片褶旁边绱一根,前后串带襻之间再绱一根。左右两侧对称，一共 6 根（见图 5-24）。

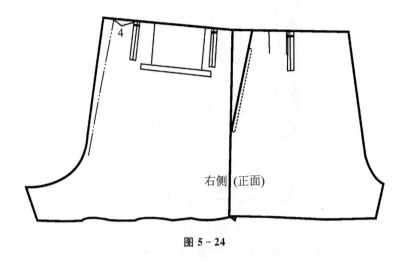

图 5-24

5.3.7 绱拉链

（1）把拉链绱在里襟的正面上（见图 5-25）。

（2）把里襟绱在右侧开口处，缝份 1 cm，开口以下缝份 0.3 cm（见图 5-26）。

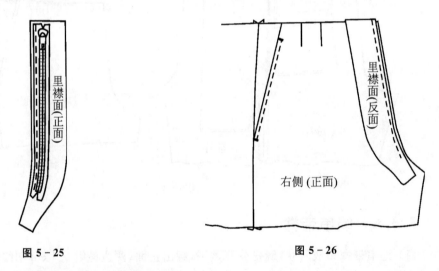

图 5-25　　　　　　　　　　　　图 5-26

（3）如图 5-27 所示，把开口处烫好。

（4）做门襟。把门襟绱在左侧开口处（见图 5-28）；把门襟烫向反面，止口不能反吐（见图 5-29）；距边缘 0.1 cm 缉明线，线缉在缝份上，裤片的正面应看不到此线（见图 5-30）。

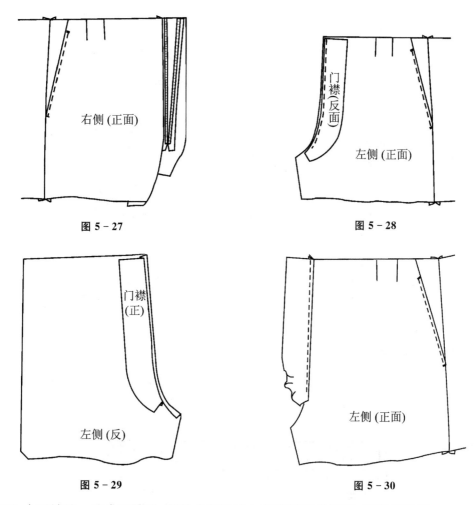

图 5 - 27

图 5 - 28

图 5 - 29

图 5 - 30

（5）合下裆缝。缝合下裆缝，缝份分开烫平。翻出裤腿的正面，熨烫挺缝线。

（6）做开口。开口的两边假缝在一起；把拉链绱在门襟上（见图5-31）；图5-32为绱完拉链之后的状态，然后把门襟与里襟的下端封结在一起，临时固定。

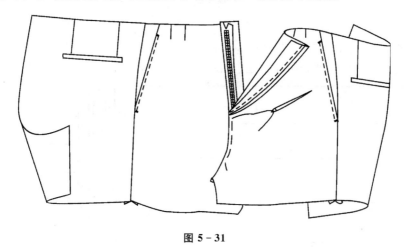

图 5 - 31

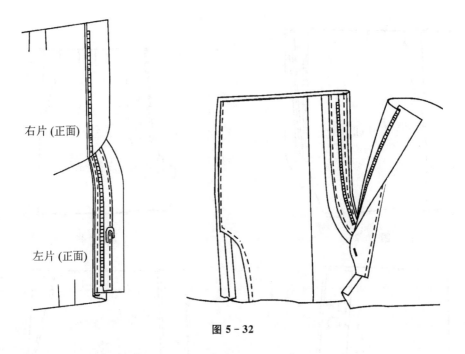

右片 (正面)

左片 (正面)

图 5 - 32

5.3.8 做腰及上腰

1）做腰面

把腰头衬粘在腰面上，然后扣烫上口（见图 5 - 33），斜线表示腰头衬（树脂衬）。

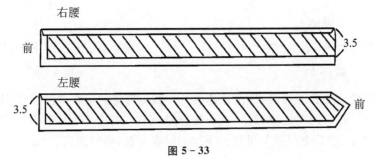

右腰

前   3.5

左腰

3.5   前

图 5 - 33

2）做腰里

腰里由四部分组成，各部分布料均为斜丝。A 为彩色丝带，B、C 是白色涤棉，D 是白色尼龙绸。把 A、B、C、D 四部分缉在一起（见图 5 - 34）。

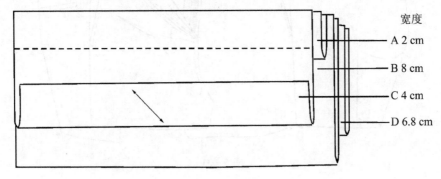

宽度

A 2 cm

B 8 cm

C 4 cm

D 6.8 cm

图 5 - 34

图 5 - 35 表示做好之后的腰里。C 的边缘缉 0.1 cm 明线。

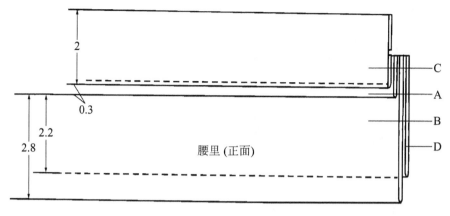

图 5 - 35

3）做腰头

把腰里和腰面缉在一起，腰面吐出 0.3 cm，明线距腰里边缘 0.1 cm（见图 5 - 36、图 5 - 37）。

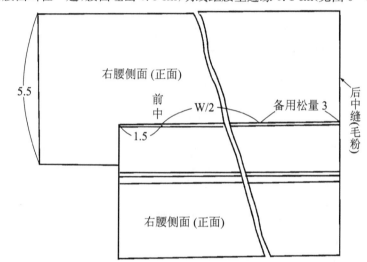

图 5 - 36

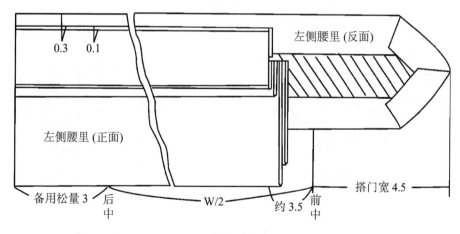

图 5 - 37

4）绱腰

（1）把左侧腰头绱在腰口上（见图 5 - 38 ）。

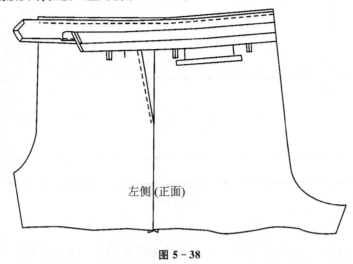

左侧（正面）

图 5 - 38

（2）门襟一侧腰头延伸探出部分（过腰）的里侧用面料，如图 5 - 39 所示缉好。

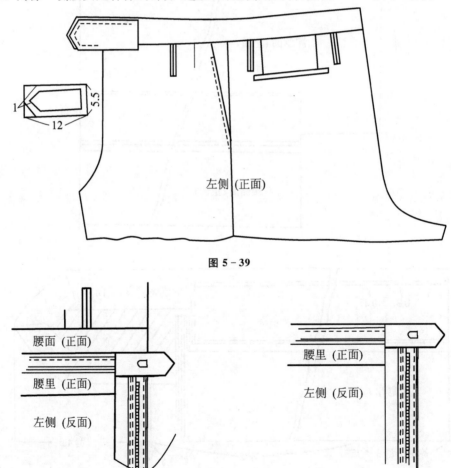

左侧（正面）

图 5 - 39

腰面（正面）

腰里（正面）

左侧（反面）

腰里（正面）

左侧（反面）

图 5 - 40　　　　　　　　　　　**图 5 - 41**

（3）翻出过腰的正面、熨烫，四周不能反吐。掀起腰面，裤钩安在过腰里侧。过腰里与腰里相接的地方扣净，而后与门襟贯通，缉线（见图 5-40）。

（4）腰头放平，搭门里的下端缉线（见图 5-41）。

（5）把右侧腰头绱在腰口上（见图 5-42）。

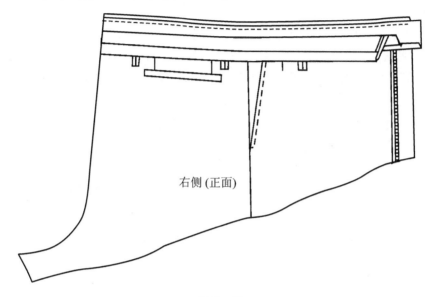

右侧 (正面)

图 5-42

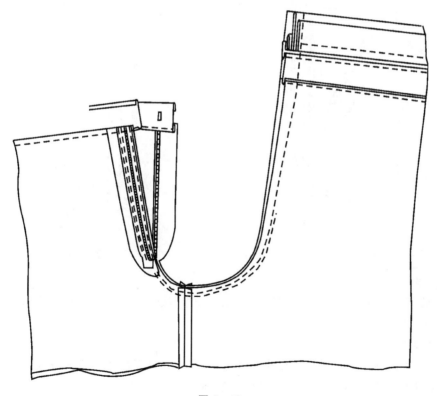

图 5-43

5）合前后缝

掀开腰头里与面,左右两侧的后中缝对齐缝合,缝至开口止点处,裆底重叠缉两道线(见图5-43),然后把裆缝放在铁凳子上烫开。

6）绱里襟里

把里襟里子的里口扣烫好,外口与腰头面和里襟绱在一起(见图5-44),缉到下部时拆开临时固定的结子。翻出里襟里的正面,止口不能反吐,安上裤襻,里襟周围沿箭头方向缉0.1 cm明线(见图5-45和图5-46)。过桥的下端扣净,里口缉在裆缝右面的缝份上(见图5-47)。所谓"过桥"指的是里襟里子延长的条状部分,是用来覆盖十字裆缝的。

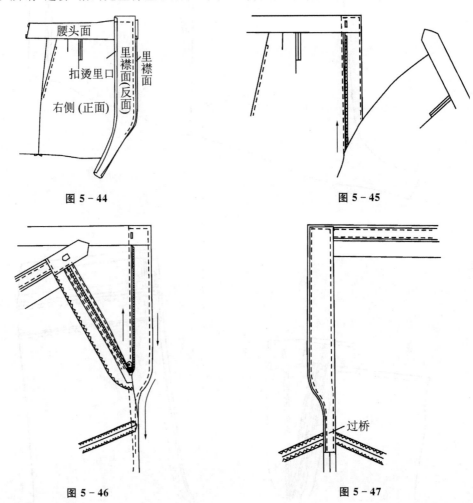

图5-44

图5-45

图5-46

图5-47

7）缉串带襻上端

掀开腰里,先像①、②那样缉上端,再把毛茬扣净,从暗处缉死。③～⑥是缉完上端之后的效果(如图5-48)。

8）缉腰头漏落缝

掀开腰里B,在正面腰头与裤片的接缝处(即腰缝处)缉缝(见图5-49),反面要缉住腰里D,然后从腰缝向下1cm,缉住串带襻的下端,此处为暗线,3～5道。

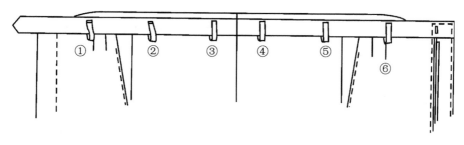

图 5 - 48

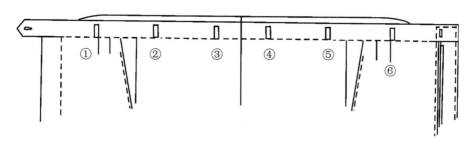

图 5 - 49

9）收裤脚口

（1）扣烫裤脚口折边。核对裤长尺寸,参考裤口线钉画出裤脚口线,扣烫折边（见图 5 - 50）。

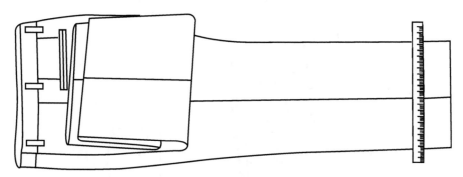

图 5 - 50

（2）绱贴脚条。扣烫贴脚条;贴脚条遮住裤口烫痕 0.15～0.2 cm 绱在后片正面上（见图 5 - 51）。

（3）手缝裤脚口折边。用三角针法手缝裤脚口折边（见图 5 - 52）。

图 5 - 51

图 5 - 52

10）整理

将做完的成品检查一遍，清剪所有的线头，折皱的地方烫平。左侧腰头锁扣眼，右侧钉扣子。两后袋下面锁扣眼，相应的位置钉扣。

5.4 男裤变化制图

男裤的变化主要是通过外形（即适身型、紧身型、松身型）、裤长及局部（即袋、腰、省、裥等）来体现的。例如牛仔裤属紧身型，太子裤属松身型，在局部上，牛仔裤取贴袋、太子裤前身多裥等。

5.4.1 无裥合体西裤

款式特征是贴体合身，装腰，前片无裥，斜袋，门里襟装拉链。上裆长度比基础型西裤稍短（见图5-53）。

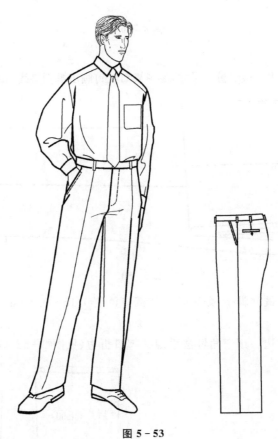

图 5-53

（1）选号型：170/74A。

（2）规格设计

裤长＝100 cm，直裆＝27.5 cm，腰围＝净腰围＋4＝78 cm，臀围＝净臀围＋6～8＝98 cm，

脚口＝23.5 cm。

（3）制图（见图 5-54）

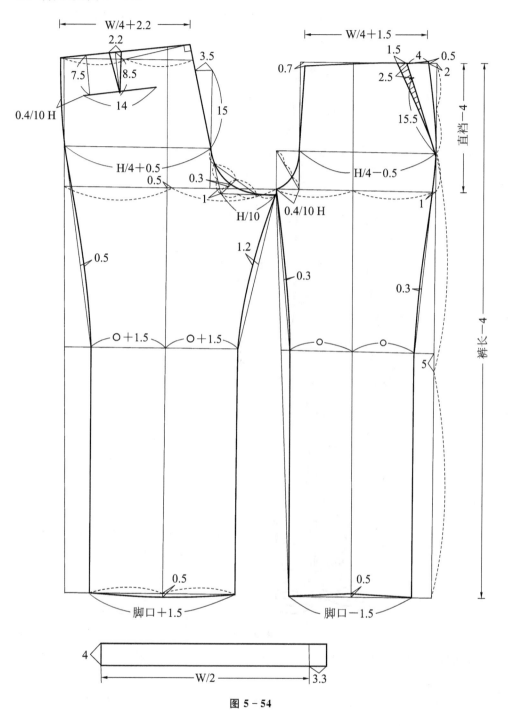

图 5-54

5.4.2 紧身牛仔裤

款式特征是贴体紧身,装腰,前片无裥,斜袋,门里襟装拉链。上裆长度比基础型西裤稍短(见图 5 - 55)。

图 5 - 55

(1) 选号型:170/74A。

(2) 规格设计

裤长＝100 cm,直裆＝26 cm,腰围＝净腰围＋4＝78 cm,臀围＝净臀围＋4＝94 cm,脚口＝20 cm,中裆＝21 cm。

(3) 制图(见图 5 - 56)

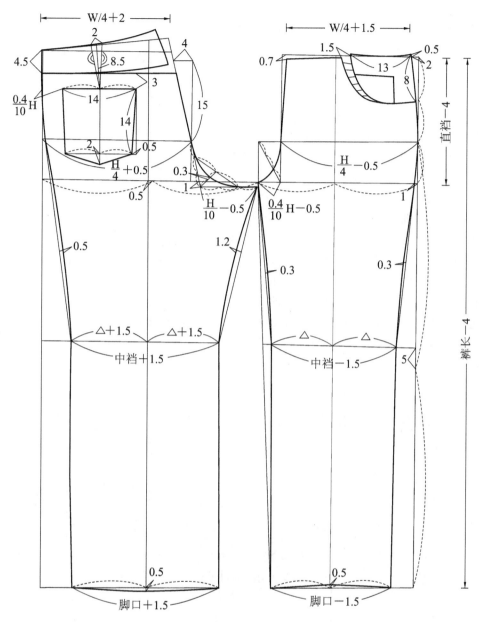

图 5-56

5.4.3 西短裤

款式特征是较合身，装腰，前片两个折裥，后片两个省道，直袋，裤长齐膝，门里襟装拉链（见图 5-57）。

（1）选号型：170/74A。

（2）规格设计

裤长＝50 cm，腰围＝净腰围＋2＝76 cm，臀围＝净臀围＋14＝106 cm，直裆＝29 cm，脚口＝28 cm。

（3）制图要点

西短裤的后裆缝低落数值大于西长裤的原因：一般情况下，西长裤后裆缝低落数值基本上在1 cm内波动，西短裤可在1.5～3 cm的范围内波动。其原因是，首先在西长裤的后裤脚口上取一条横向线，可以看到，横向线与后裆缝的夹角大于90°，这主要是后裆缝有一定的斜度所致，而前下裆缝的斜度较小，因此前脚口线上横向线与前下裆缝的夹角接近于90°。一旦前、后下裆缝缝合后，下裆缝处的脚口处会出现凹角。现在把后裤脚口上的横向线处理成弧形状，使其与后下裆缝夹角保持90°，就能使前后脚口横向线顺直连接，同时增大后裆缝低落数值，使前后下裆缝相等（见图5-58）。

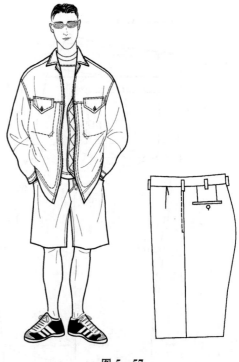

图 5-57

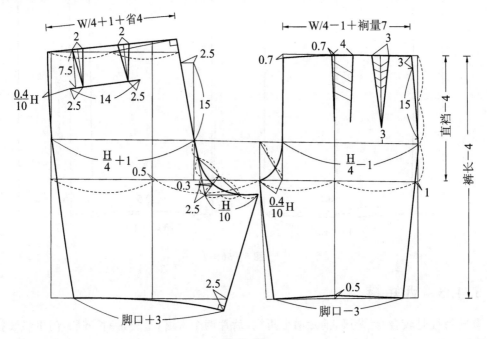

图 5-58

5.4.4 休闲式连腰西裤

款式特征是较宽松,连腰,前片三个折裥,后片一个省道,斜袋,门里襟装拉链(见图5-59)。

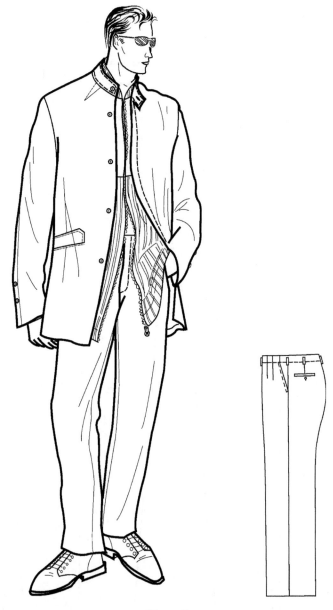

图 5-59

(1) 选号型:170/74A。

(2) 规格设计

裤长=103 cm,直裆=29 cm,腰围=净腰围+2=76 cm,臀围=净臀围+18=110 cm,脚口=22 cm。

(3) 制图(见图 5-60)

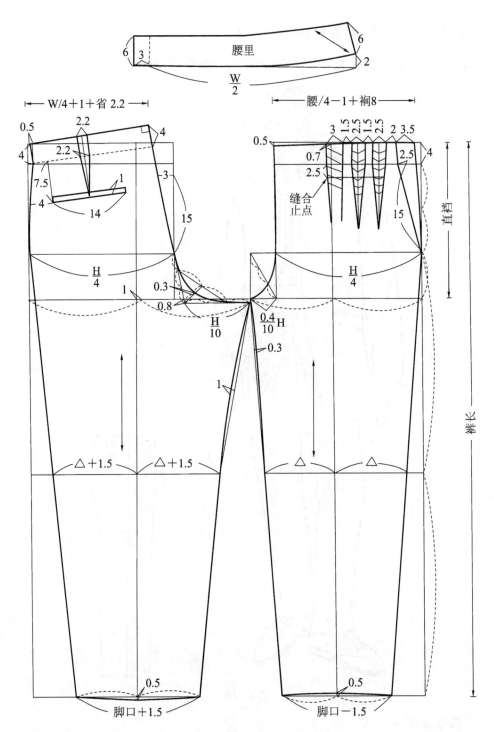

图 5-60

5.4.5　室内方便裤

款式特征是较宽松,连腰,腰部装松紧,后贴袋(见图 5-61)。

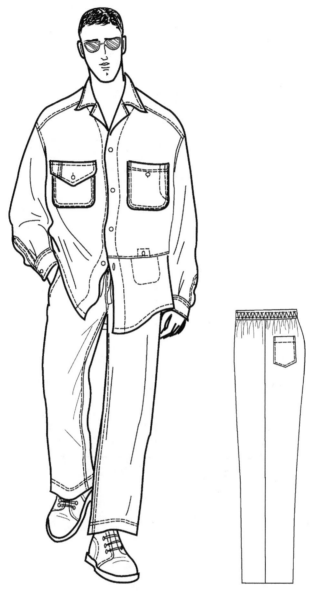

图 5-61

(1) 选号型:170/74A。

(2) 规格设计

裤长＝100 cm,直裆＝33 cm,腰围＝106 cm,横裆＝74 cm,脚口＝23 cm。

(3) 制图(见图 5-62)

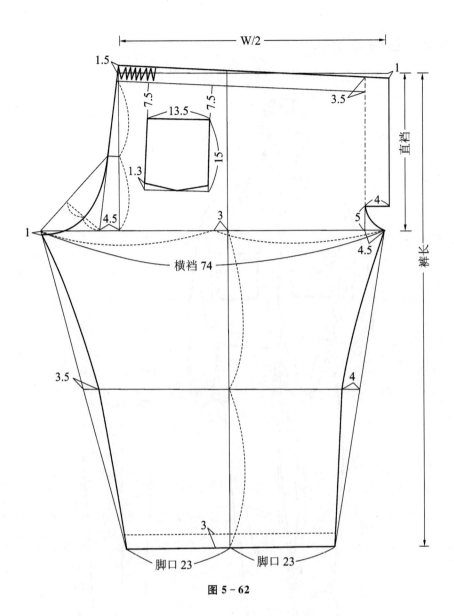

图 5-62

6 女衬衫结构制图与缝制工艺

随着流行趋势的发展,衬衫应用的范围会更加广泛,既可作为生活便装,也可作为礼服出现在正式场合。

衬衫一般由衣身、衣袖、领子三部分组成。各部分的款式变化非常丰富。如衣身的长、短、宽松、紧体等变化;衣袖有长、短、中及装袖、连肩袖、插肩袖等变化,从而组合变化成款式各异的衬衫。

6.1 女上装外形概述及结构特点

上装是人们上身穿着的服装,它处于人体的躯干和上肢的位置,起到保护身体装饰仪表的作用,因而成为人们衣着的主要服装。

上装一般由衣身、领子、袖子三部分构成,如图 6-1 所示。

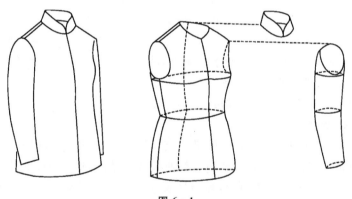

图 6-1

女上装应符合女性体型特征的外观造型。女上装基本造型的结构应首先抓准女体躯干各部位的起伏程度,据此对衣身画出符合女性特征的曲线,再在主体的基础上依据颈部及上肢的实态,画出领子及袖子。

6.1.1 主要围度及宽度

(1)颈围 取自颈中部一周,在服装上称领大,是躯干各围度中的最小环节。颈围属稳定因素,稍加放松量即可适应头颈转动,如图 6-2 所示。

(2)肩宽 左右两肩端的间距,属稳定因素。

(3)胸围 取自躯干腋下胸乳水平的周长另加躯干运动及上肢运动牵扯所需的松余量,属微变因素。胸围周圈共由四部分构成,即前侧的胸部宽度,后侧的背部宽度及左右两

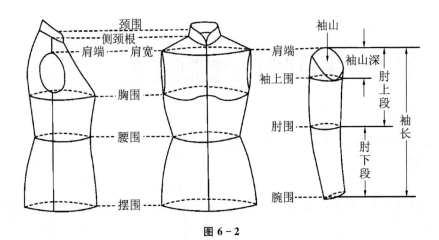

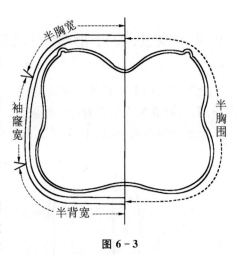

图 6 - 2

侧的体型厚度(如图 6 - 3 所示)。

（4）摆围　上衣底摆一周。一般女上衣约取自臀峰上下的水平围度。它是上衣各围度环节中最活跃的变化因素。

（5）腰围　取自腰节水平一周。女性体型腰围与胸围、肩宽、臀围形成强烈的曲线对比,这是女性特征的重要表现方面。腰围应加放适当的宽松量,其放松量的多少,起着承上启下的作用,直接影响整体造型的变化,它属过渡因素。

（6）臂根围　取自上臂腋根部的水平围度,称袖肥。加肩、臂运动所需的宽松量,袖肥因上装款式的不同而有所变化,但是变化的幅度不大,因而属袖子围度中的微变因素。

图 6 - 3

（7）腕围　在上装中称袖口,取自腕部一周。腕部属活动关节,因袖口为袖子的终端,所以紧式袖口只稍加宽松量,一般长袖多取散袖口,袖口的围度大小按衣袖款型的不同要求可瘦、可松散,甚至可加大成喇叭口形,袖口属长袖中的变化因素。此外上装中还有短于腕部的短袖、三股袖等。

（8）肘围　即袖肘围,取自上肢肘部一周,是长袖的中间环节。一般袖肘围略小于袖上围,它与袖口的连结,主要是按照款型的要求,在长袖的结构制图中,它是贯通上、下环节,构成袖子整体造型的过渡因素。

6.1.2　主要长度

1）衣长

衣长或称身长,是上装的全长,一般起点自颈根的肩侧点开始,终点需根据上装的款型要求,结合体型身材的具体情况而确定。一般女上装按其常用的衣长标准,由短至长地略分为九类,如图 6 - 4 所示。

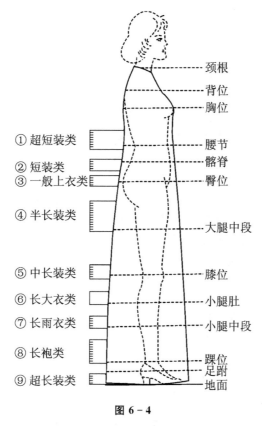

图 6－4

左侧标注（从上到下）：
① 超短装类
② 短装类
③ 一般上衣类
④ 半长装类
⑤ 中长装类
⑥ 长大衣类
⑦ 长雨衣类
⑧ 长袍类
⑨ 超长装类

右侧标注（从上到下）：
颈根
背位
胸位
腰节
髂脊
臀位
大腿中段
膝位
小腿肚
小腿中段
踝位
足跗
地面

（1）超短装类　衣长在胸乳至腰节之间,主要用于配衫裙或短旗袍套穿的短披肩和超短外套等。

（2）短装类　衣长从稍长于腰节到臀峰以上,短装类有衫外背心、短外套、裙外短衫、茄克衫、短袖衫等。

（3）一般上衣类　衣长在臀峰位置或略上、略下,是一般女上衣、长短袖衫、睡衣、茄克衫等的衣长。

（4）半长衣类　衣长从长于臀位到大腿中段之间,用于长身女外衣、防寒服、半大衣或短大衣及短式晨衣等。

（5）中长装类　齐膝或稍短或略长一些,用于女中大衣及夏装旗袍连衣裙等。

（6）长大衣类　衣长从长于膝位到小腿肚,多用作女大衣、风衣及风雪大衣等。

（7）长雨衣类　略长于小腿肚,适于雨衣、一般旗袍、长式晨衣等。

（8）长袍类　由长于小腿中部至踝部,主要用于睡袍及长式旗袍等。

（9）超长装类　盖住跗面到不同程度的拖地超长,主要用作结婚礼服及晚宴礼服等。

2）腰节长

腰节长取自由衣长起点垂直量至腰部最细处。女装强调对腰节位置的掌握,要求测取前后两侧的腰节长,用以在结构制图中准确反映胸乳外凸的程度及胸、背对比的现象,是构图中的重要长度因素。

3）乳位

乳位即胸峰的上下位置,称乳高。在女上装的制图中应掌握这一定位长度,尤其是显著凸胸体或者强调掐腰造型的女上装,更要连乳距一起掌握而准确定位。

4) 袖长

自肩端贴上肢外侧下量至腕部止。袖长除无袖外,可分为六类,如图6-5所示。

(1) 超短袖类　可以短到仅略长出肩端而不露出腋下的袖长,但是袖口仍然呈外向的斜边,该袖主要用于女短衫、裙衫等。

(2) 短袖类　略长于腋底到短于肘部之间。

(3) 半袖类　齐肘部或稍短。

(4) 半长袖类　长于肘部到短于前臂中段之间。

(5) 三股袖类　长于前臂中段,亦称3/4袖。

(6) 长袖类　齐腕部或略长,是一般女上装的常见长度。

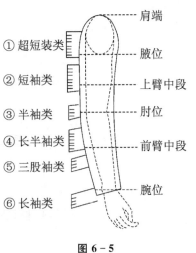

① 超短装类 ── 肩端 ── 腋位
② 短袖类 ── 上臂中段
③ 半袖类 ── 肘位
④ 长半袖类 ── 前臂中段
⑤ 三股袖类 ── 腕位
⑥ 长袖类

图6-5

6.1.3　主要连接因素

1) 领口

领口是领子装于衣身的基础,由项根的第七颈椎棘突弯向两颈侧肩点,再绕向前侧颈窝而连成的周圈。领口在结构制图中呈后高前低的三角形(如图6-6所示)。

2) 袖窿

袖窿是袖子与衣身的结合处,由上肩端、下腋底、前胸腋侧、后背腋侧四者连接的周圈。袖窿除了基本的体型静态因素外,还须包括适应运动所需的宽松量。袖窿弯线前后有别,胸侧较凹,背侧较缓,是上肢运动以前方为主所致。袖窿弧长一般为后长、前短,两者的端点主要取自肩脊,反映出肩后背较肩前丰腴的体型特征(如图6-7所示)。

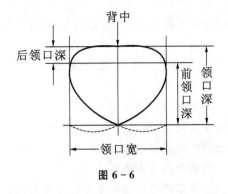

图6-6

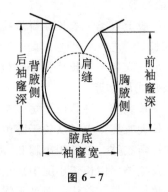

图6-7

6.2　女衬衫的款式变化

领、袖、口袋是女衬衫的细节部位。领最能突出表现人的面部,是成衣的重要部分。即使同样形态的领,改变其大小或装领位置也会产生不一样的效果。领型最主要是领口线的深浅、宽窄变化。衣领变化见图6-8,衣袖变化见图6-9,口袋变化见图6-10。

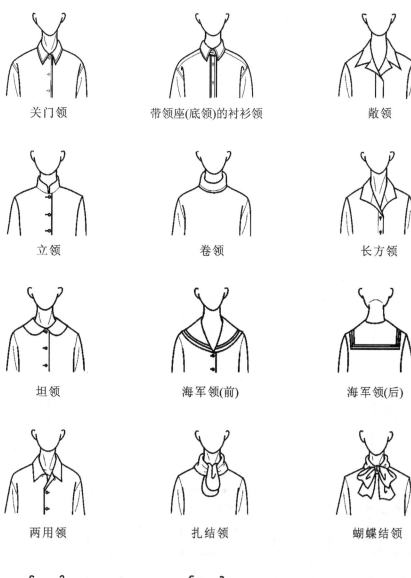

关门领	带领座(底领)的衬衫领	敞领
立领	卷领	长方领
坦领	海军领(前)	海军领(后)
两用领	扎结领	蝴蝶结领
白色大圆领	荷叶边领	

图 6-8

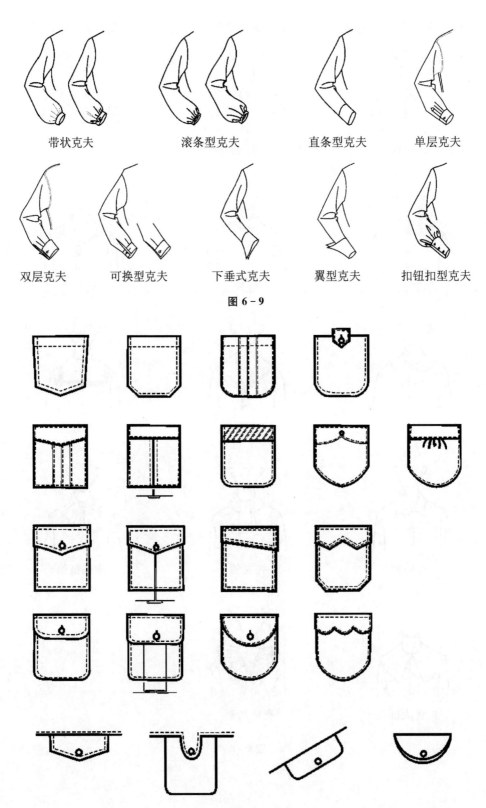

带状克夫　　　　　滚条型克夫　　　　直条型克夫　　　　单层克夫

双层克夫　　　可换型克夫　　　下垂式克夫　　　翼型克夫　　　扣钮扣型克夫

图 6－9

图 6－10

6.2.1 衣领变化

关门领:是最基本的领型,自然沿颈部一周,因领形较小,故有休闲、轻便的感觉。

带领座(底领)的衬衫领:领座直立环绕颈部一周,翻领拼缝于领座之上的领型。

敞领:翻领与由衣身连裁出的驳头拼缝而成且有领缺嘴的领型,穿着时领口敞开,又称开门领。带这样领子的衬衫称为开领衬衫。

立领:直立环绕颈部一周的领型,改变领宽与领直立角度可得到各种不同的效果,亦称旗袍领、唐装领、军装领等。

卷领:翻卷直立于颈部一周的领型,使用斜裁布会有比较柔和的效果,在后中心开口的情况较多。

长方领:与敞领相同,领口呈敞开状,但没有领缺嘴。长方形的翻领与驳头拼缝在一起。

坦领:领座较低,平坦翻在衣身上,改变领宽与领外围形状会得到多种不同效果。

海军领:前领围呈 V 字形,而后领则呈四方形,并下垂为宽大的坦领。常见于海军或水手服,故得此名。

两用领:第一粒纽扣可扣上穿着亦可打开穿着的领子。第一粒纽扣扣上穿则成关门领,打开穿则成敞领,故称两用领。

扎结领:像领带一样呈长条、带状下垂的领子。不同扎结方法,产生不同的效果。

蝴蝶结领:领子呈长条、带状,可结成蝴蝶结。根据所采用的纱向(斜纱、经纱)不同,蝴蝶结的视觉效果也不同。

白色大圆领:是能够盖住肩部的大坦领,常见于清教徒服装中。纯白的颜色、大大的领形,故称之为白色大圆领。

荷叶边领:抽缩成折裥或皱褶后而形成的领,没有领座,使用斜裁布条卷住缝份缝在衣身上。

6.2.2 袖克夫变化

带状克夫:平直的嵌条型克夫,在袖口一般会进行抽褶或打裥。

滚条型克夫:用斜纱向或直纱向布条做成的细长的滚条型克夫。在袖口一般会进行抽褶。

直线型克夫:袖口与克夫同尺寸。主要用于紧身袖或合体袖的袖口。

单层克夫:不可翻折的克夫。克夫上钉有纽扣。

双层克夫:可翻折的克夫,两层克夫之间可用纽扣固定住。多用于正式衬衫或礼服型女衬衫。

可换型克夫:可拆卸下来替换的克夫。在克夫的两端分别开纽扣眼、钉纽扣。翻折起来有双层克夫的风格,放下来则是单层克夫。

翼型克夫:翻折后的克夫的两端像鸟的翅膀一样向外扩张。

下垂式克夫:克夫向下垂。形状有喇叭形、圆形等,可抽褶、可打裥,是比较时尚的一种克夫。

扣纽扣型克夫:要用纽扣扣住的克夫,使用包扣或小纽扣。一般紧包手腕,作装饰用。

6.2.3 口袋变化

女衬衫的口袋以贴袋居多。利用胸部育克、分割线等可做出各种以设计效果为目的的假口袋。

6.3 女衬衫基本型

尽管衬衫的式样千变万化,但总有其最基本的结构。本节主要介绍女衬衫基本型。

6.3.1 女衬衫基本型结构线

1) 女衬衫基本型结构主要辅助线名称

(1) 衬衫衣片基本型结构主要辅助线(见图6-11)。

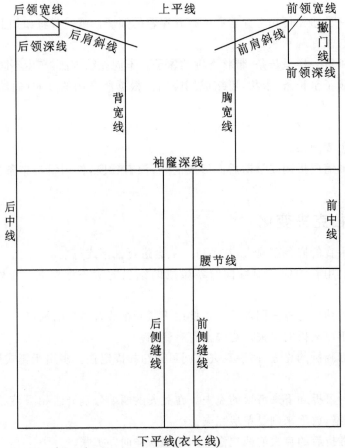

图6-11

(2) 女衬衫袖片基本型结构主要辅助线(见图6-12)。

(3) 女装领片基本线各部位结构线条名称(见图6-13)。

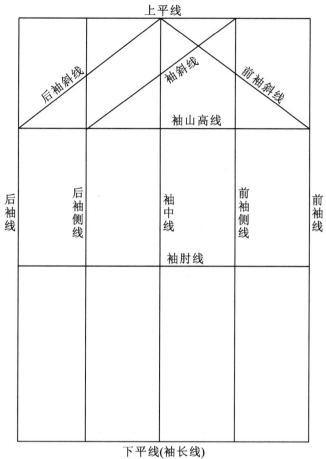

上平线

后袖斜线　　袖斜线　　前袖斜线

袖山高线

后袖线　后袖侧线　袖中线　前袖侧线　前袖线

袖肘线

下平线(袖长线)

图 6 - 12

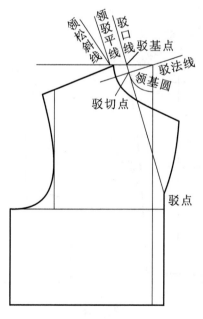

领松斜线　领驳平线　驳口线　驳基点

驳法线

领基圆

驳切点

驳点

图 6 - 13

2）女衬衫基本型结构主要轮廓线

（1）女衬衫衣片基本型结构主要轮廓线（见图6-14）。

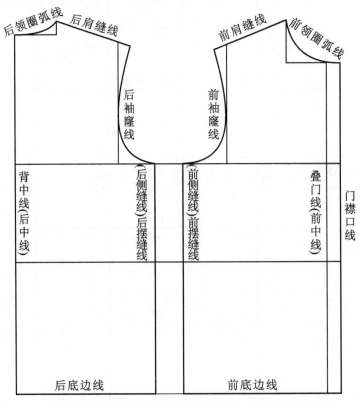

图 6-14

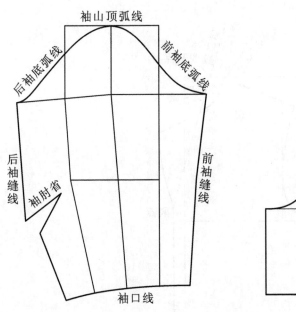

图 6-15

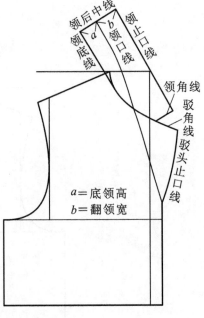

（2）衬衫袖片及领片基本型结构主要轮廓线（见图6－15）。

6.3.2　女衬衫基本型构成

1）女衬衫衣片基本型制图

（1）制图规格（假定）。

单位:cm

部　位	胸　围	肩　宽	领　围
规　格	88	37	36

（2）女衬衫衣片基本型辅助线（见图6－16）。

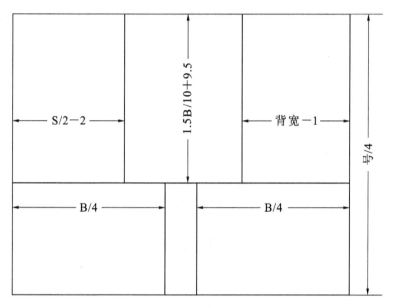

图 6－16

（3）女衬衫衣片基本型轮廓线（见图6－17）。

2）女衬衫一片袖袖片基本型制图

（1）制图规格（假定）。

单位:cm

号　型	部　位	胸　围	袖　长	袖窿弧长
160/84A	规　格	96	25	48

（2）女衬衫一片袖袖片基本型辅助线（见图6－18）。

（3）女衬衫一片袖袖片基本型轮廓线（见图6－19）。

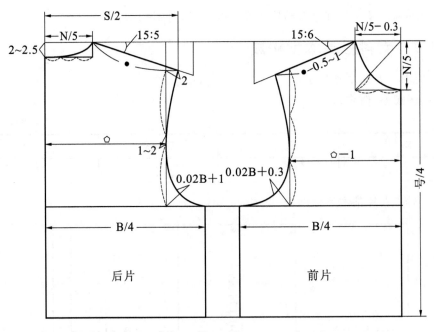

图 6 - 17

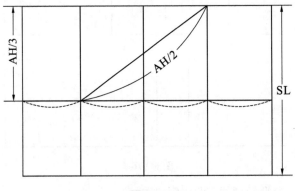

图 6 - 18

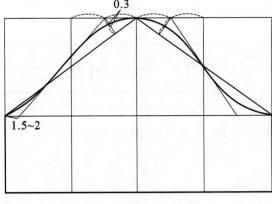

图 6 - 19

3) 女衬衫领片基本型制图

(1) 领片基本线制图步骤(见图 6－20)。

① 领口基圆:设底领高为 a,基圆半径取 $0.8a$,由领肩点量进,取前领宽－$0.8a$ 为半径画圆。

② 驳口线:由前中线与前领深线的交点做领口基圆的切线。

③ 领驳平线:按 $0.9a$ 做驳口线的平行线。

④ 领松斜度定位:取比值 $(a+b):2(b-a)$,其中 b 为翻领高。

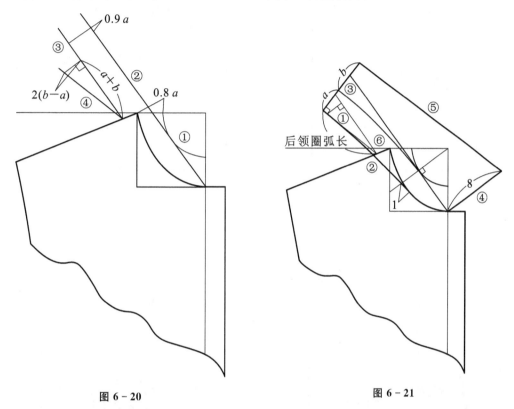

图 6－20   图 6－21

(2) 领片结构线制图步骤(见图 6－21)。

① 后领圈弧长:在领底斜线上,以领肩同位点为起点,取后领圈弧长。

② 领底弧线:与前领圈弧线相连,画顺领底弧线。

③ 后领中线:取底领高(a)＋翻领高(b)的宽度与领底弧线止点成直角。

④ 前领角线:在前中线与领深线的交点与驳口线作垂线,领角长 8 cm。

⑤ 领外围弧线:作后领中线的垂线与领角长连接画顺领外围弧线。

⑥ 底领高线:按底领高在领宽线上取点,如图画顺底领高弧线。

6.3.3　女衬衫基本型轮廓线变化

1) 女衬衫衣片基本型轮廓线变化

女衬衫胸省部位示意图见图 6－22;袖胸省变化图示见图 6－23;腰胸省变化图示见图6－24;侧胸省变化图示见图 6－25;肩胸省变化图示见图 6－26;领胸省变化图示见图6－27。

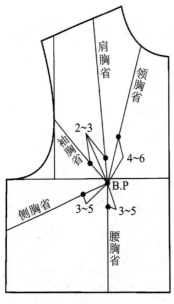

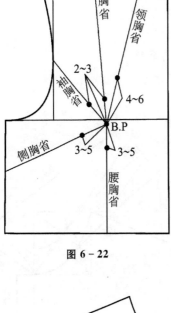

图 6 - 22

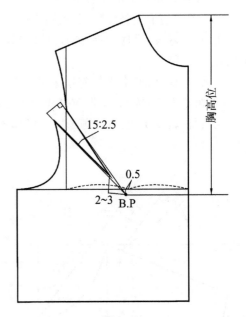

图 6 - 23

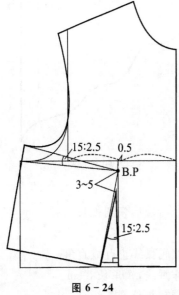

图 6 - 24

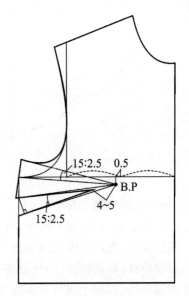

图 6 - 25

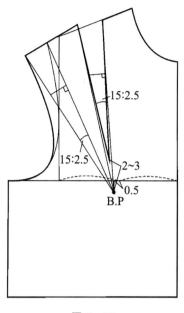

图 6 - 26

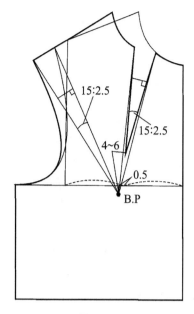

图 6 - 27

6.4 圆摆女衬衫结构制图与缝制工艺

6.4.1 制图依据

1）款式图与外形概述

款式特征是比较常用的长袖女衬衫,收侧胸省和腰胸省。曲线下摆,袖口抽碎褶(见图6-28)。

适用原料:棉类、真丝类等织物。

2）主要部位规格控制要点

（1）衣长　按款式要求,衣长属一般长短。

（2）胸围　按款式要求,此款胸围加 12 cm 放松量。

（3）肩宽　在净肩宽的基础上略放 0～1 cm。

（4）领围　领围在基本型领圈的基础上,根据款式的变化而变化。

（5）腰围　服装的合体程度决定腰围的控制量。此款的胸围、腰围的差量控制在 12～16 cm 范围。

图 6 - 28

3）制图规格

单位:cm

号　型	部　位	衣　长	胸　围	肩　宽	基型领围	袖　长	克　夫
160/84A	规　格	60	96	40	36	55	24/3

6.4.2 结构制图

1）前、后衣片结构制图

前、后衣片制图见图 6-29：

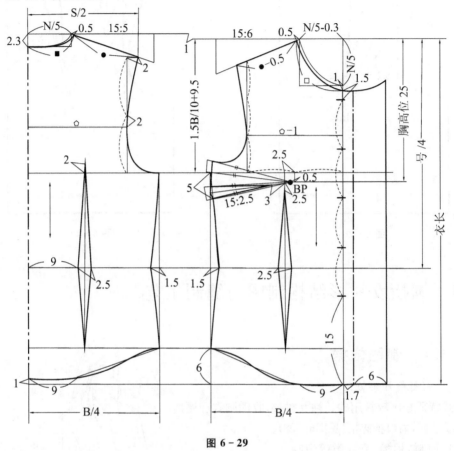

图 6-29

侧胸省局部制图见图 6-30：

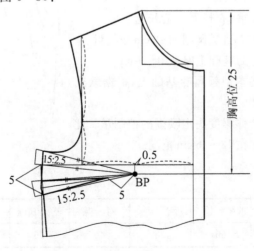

图 6-30

2）衣领、衣袖及克夫结构制图

结构制图见图6-31：

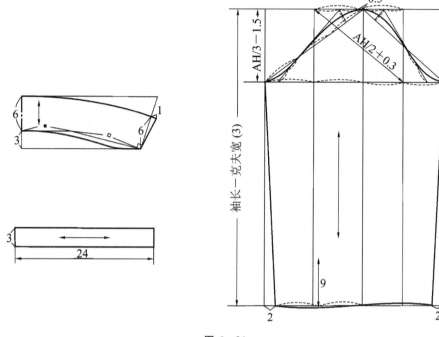

图 6-31

6.4.3　制图要领与说明

（1）肩斜的确定一般有两种方法，一是用角度控制肩斜；二是用计算公式控制肩斜。相比较而言，用角度控制肩斜比较合理。因为人体的肩斜具有一定的稳定性，而计算公式相对不稳定，它会因胸围、肩宽、领围等因素的变化而变化。采用角度控制肩斜就使肩斜具有一定的稳定性。由于实际运用中用量角器定角度不太方便，把角度转化成用两直角边的比值来确定肩斜度，既保留了角度确定的合理性，又使制图方法得到了简化。

（2）女性肩斜平均值为20°，分配在前衣片为22°，后衣片为18°，制图时采用前肩斜角度为15∶6两直角边的比值，后肩斜角度为15∶5两直角边的比值。

（3）后小肩线略长于前小肩线的原因：后小肩线略长于前小肩线的原因是通过后小肩的略收缩，满足人体肩胛骨隆起及前肩部平挺的需要。后小肩线略长于前小肩线的控制数值与人体的体型、原料的性能及省缝设置有关，一般控制在0.5～1 cm之间，缝制时使后小肩稍微收缩形成胖势。

（4）对于适身型与紧身型服装来说，在原料没有弹性的条件下，应收胸省以达到合体的目的。但对于宽松型服装来说，由于客观上合体要求不高，且放松量相对较大，因此胸省趋小至无省，前片不收胸省的条件是胸围放松量要比适身型服装大。

（5）后横开领要比前横开领略大的原因：这是由人体颈部的形状所决定的，由于颈部斜截面近似桃形，前领口处平而后领口呈弓凸面弧形，因而形成了衣领的前窄后宽，因此后横开领应比前横开领略大，至少一样大。

（6）上装门、里襟叠门的确定：上装门、里襟合上后，纽扣的中心应落在叠门线上。服装的门、里襟大小与纽扣的直径有关，纽扣的直径越大则叠门也越大。同时考虑到前中心线上所受到的横向拉力，因此，门、里襟叠门的最小值应为 1.5 cm，叠门大的计算可用下式表示：

前中心线上的叠门大＝纽扣直径＋(0～0.5)cm。

前中心线上的叠门大≥1.5 cm。

（7）上装门襟处的横纽眼外端要略超出叠门线的原因：纽扣的位置一般在里襟的叠门线上。钉好的纽扣缝线总是留有一定的绳状形态。横纽眼的外端如果正好落在叠门线上，那么门、里襟扣上后，门襟上的叠门线势必被纽扣缝线往里襟方向推移进去，其推移的尺寸，就是纽扣缝线的半径之长，因此，要使门、里襟的叠门线重合，必须将横纽眼的外端超出叠门线，超出的规格，即纽扣缝线的半径之长，一般为 0.2～0.5 cm(图 6－32)。

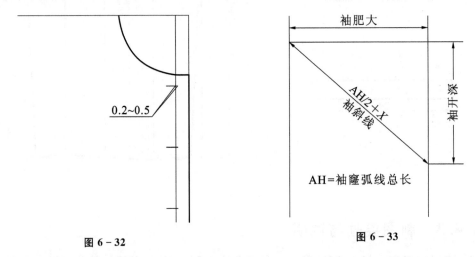

图 6－32   图 6－33

（8）利用袖斜线确定袖肥的优点：袖斜线是指袖肥与袖开深线所确定的矩形上的一条对角线，这条对角线的长为袖窿弧线总长的 $1/2＋X$(为调整常数)。其制图顺序是，先确定袖山高，本例袖山高采用 AH/3，再在事先制好的前、后衣片上测量袖窿的弧线的实际长度，以袖窿弧线总长的 $1/2＋X$ 之长(即袖斜线长)，以上平线顶点为定点，使袖斜线与袖山高线相交，这个交点即为袖肥点(图 6－33)，这种方法的优点体现在以下两方面：袖山弧线总长与预定的长度容易接近，保证了袖山弧线总长与袖窿弧线总长之差约等于所需的袖山吃势量，因此，大大提高了精确程度；可调节袖肥与袖开深的大小，给袖的造型带来了灵活可变性。

6.4.4 放缝及排料

一般情况下在领圈、袖窿等弧线部位放缝为 0.8～1 cm 左右，其他部位为 1 cm，见图 6－34。排料见图 6－35。

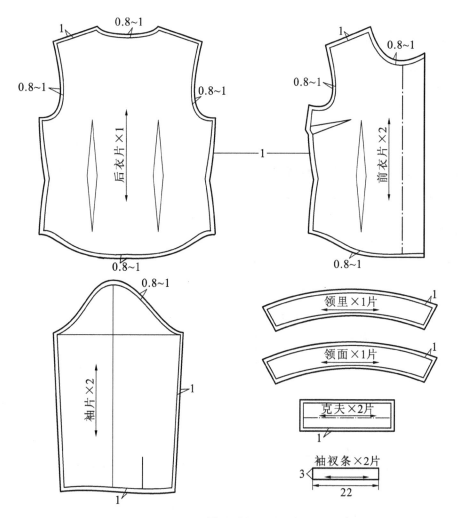

图 6 - 34

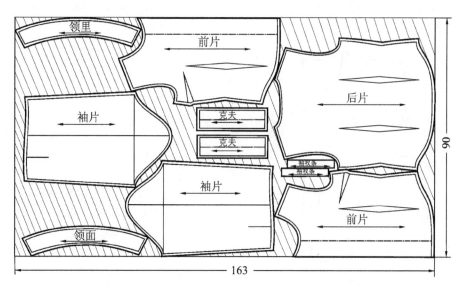

图 6 - 35

6.4.5 缝制工艺

1）工艺流程

工艺流程为：

做标记→烫衬→缉省→烫门、里襟→缝合肩缝→肩缝拷边→做领→装领→做袖衩→装袖→袖窿拷边→缝摆缝→摆缝拷边→装克夫→卷底边→锁眼和钉扣→整烫。

2）缝制工艺说明

做标记：部位有前后片省道位置、袖衩位、袖山顶点、装领止点、止口线等。

烫衬：部位有领面、门里襟、袖克夫等。

缉省：收省时缉线要顺，起针时要有倒回针。省尖要缉尖，左右缉线长短一致（见图6－36）。

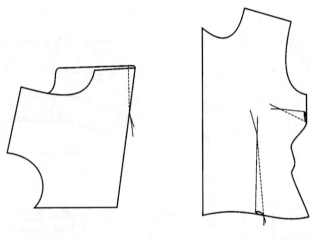

图6－36

烫门、里襟：把门、里襟按止口线往里折烫。

缝合肩缝：后肩缝外肩要归拢，前衣片外肩要稍微拔宽，吃势均匀，缉边顺直，缉后锁边（见图6－37）。

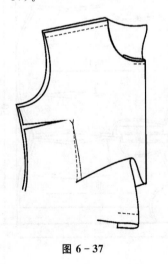

图6－37

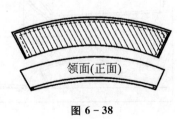

领面(正面)

图6－38

做领：领面的反面粘衬烫牢，以免领子起泡。缉领时领角处不可以缺针与过针，起落手回针(见图6-38)。翻领时按缉线把缝头向领衬一边扣倒，领角折尖，两角对称一致，领角翻足。烫领时领里不可外露，烫好后做好左、右肩缝对档刀眼。

装领：将领子夹在挂面与前身之间，突出领嘴，从左侧开始缉领子的第一条线(见图6-39)。缉至距离挂面的边缘1 cm时，将挂面与领面剪一个口子，掀开领面，继续把领底缉在领口上。右侧与左侧对称。缉完领子的第一条线后，在领嘴处打一个刀口，距离挂面边缘1 cm处也打一个刀口(见图6-40)。折好领面、领底的缝份，缉领子的第二条线(见图6-41)。

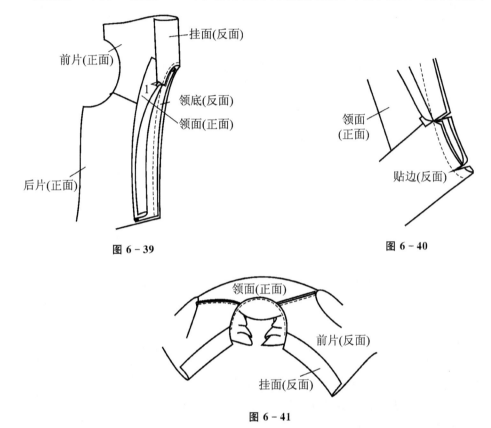

图 6-39

图 6-40

图 6-41

缉袖衩：先烫袖衩，下层要略宽出，再缝袖衩，上下层袖衩及袖片一起缉牢，在转弯处注意不能打裥，袖衩缉0.1 cm止口线，反面不漏针。开衩转弯处缉来回针三道(见图6-42)。

装袖子：一般把袖子放下层，衣片放上层，正面相叠。袖山刀眼对齐肩缝，注意手势，吃势均匀，然后锁边。

缝摆缝：由衣片下摆处往上开始缝，注意袖底十字路口对齐，缝好后锁边。

装克夫：先把袖衩门襟折转，袖衩必须塞足克夫两端，克夫止口线0.1 cm。注意不能有漏针。

卷底边：不能起链形。

锁眼、钉扣：在门襟上锁眼，在袖衩门襟一边的克夫宽中间开纽眼，离边1 cm。纽扣的进出位置在离里襟1.7 cm处。

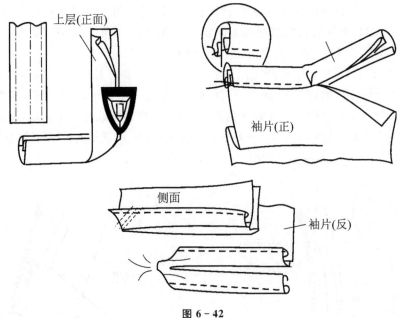

图 6-42

上层(正面)

袖片(正)

侧面

袖片(反)

6.5 女衬衫变化制图

本节重点介绍变化款式女衬衫的结构制图。

6.5.1 短袖衬衫

1) 制图依据

(1) 款式与外形概述

款式特征是:领子、袖口处白棉布相配与大身采用的印花棉布很协调。衣身比较合体。前片三个贴袋,平直摆缝。一片袖短袖,外翻袖口(见图 6-43)。

(2) 主要部位规格控制要点

① 衣长 因款式要求,衣长应稍短。

② 胸围 按款式要求,此款胸围加 12 cm 放松量。

③ 肩宽 在净肩宽的基础上略放 0~1 cm。

④ 领围 领围在基本型领圈的基础上,根据款式的变化而变化。

⑤ 腰围 服装的合体程度决定腰围的控制量。此款的胸围、腰围的差量控制在 12~16 cm范围。

(3) 制图规格

图 6-43

单位:cm

号 型	部 位	衣 长	胸 围	肩 宽	基型领围	袖 长
160/84A	规 格	60	96	40	36	22

2）结构制图

前、后衣片制图见图 6-46；衣袖结构制图见图 6-44；领子结构制图见图 6-45。

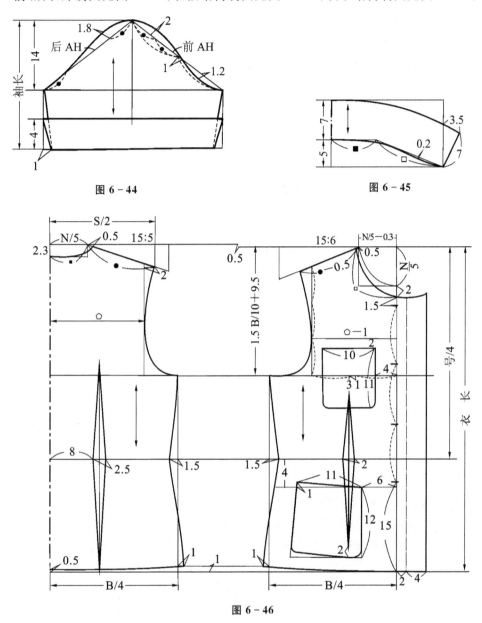

图 6-44

图 6-45

图 6-46

3）制图要领说明

（1）上装底边起翘的确定：上装的底边起翘是指上装摆缝处的底边线与衣长线之间的距离，底边起翘的原因有两个：

① 人体胸部挺起因素：因为人体胸部的挺起，使在胸部处竖直方向上的底边被一定程度地吊起，要使底边达到水平状态，应将下垂的底边（近摆缝处）去掉。去掉后的底边在平面上展开，就形成了前片的底边起翘。女性由于胸部挺起程度大于男性，在无胸省的情况下，女装的起翘要大于男装。

② 摆缝偏斜度因素：底边起翘与摆缝偏斜度密切相关，在一定程度上影响着底边起翘量。摆缝偏斜度越大，起翘量越大，反之则越小。

总之，底边起翘的确定要根据胸部挺起程度与摆缝偏斜度大小来确定。

（2）一般上装，大袋口近侧缝处均略向上倾斜，袋口与袋底不一样大，同时也与起翘后的底边取得视觉上的平衡。

6.5.2 坦领短袖女衬衫

1）制图依据

（1）款式与外形概述

款式特征是：坦领，收腰胸省，平直摆缝，一片袖短袖（见图6-47）。

图 6-47

（2）主要部位规格控制要点

① 衣长　因款式要求，衣长应稍短。

② 胸围　按款式要求，此款胸围加8 cm放松量。

③ 肩宽　在净肩宽的基础上略放0～1 cm。

④ 领围　领围在基本型领圈的基础上，根据款式的变化而变化。

⑤ 腰围　服装的合体程度决定腰围的控制量。此款的胸围、腰围的差量控制在12～16 cm范围。

（3）制图规格

单位:cm

号　型	部　位	衣　长	胸　围	肩　宽	基型领围	袖　长
160/84A	规　格	58	92	38	36	22

2）结构制图

（1）前、后衣片结构制图

前、后衣片结构制图见图6-48。

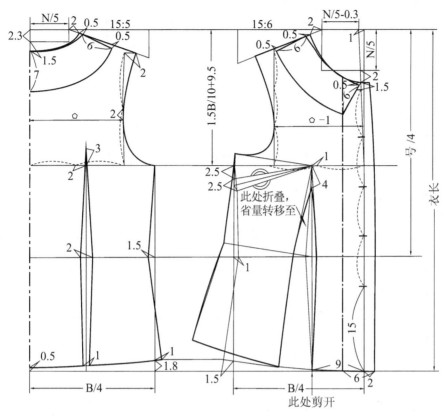

图 6-48

（2）袖子结构制图

袖子结构制图见图 6-49。

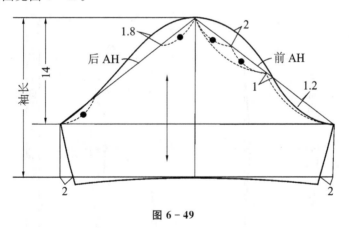

图 6-49

6.5.3 花边长袖女衬衫

1）制图依据

（1）款式与外形概述

款式特征是:本款是以花边为特色的长袖衬衫。领子上镶花边。前胸到肩部曲线并镶花边,刀背弧线(见图6-50)。

(2) 主要部位规格控制要点

① 衣长　因款式要求,衣长应微短。

② 胸围　按款式要求,此款胸围加 10 cm 放松量。

③ 肩宽　在净肩宽的基础上略放 0～1 cm。

④ 领围　领围在基本型领圈的基础上,根据款式的变化而变化。

⑤ 腰围　服装的合体程度决定腰围的控制量。此款的胸围、腰围的差量控制在 15～17 cm 范围。

(3) 制图规格

图 6-50

单位:cm

号　型	部位	衣　长	胸　围	肩　宽	基型领围	袖　长
160/84A	规　格	58	94	38	36	55

2) 结构制图

前、后衣片结构制图见图 6-51;领子及袖子的制图见图 6-52。

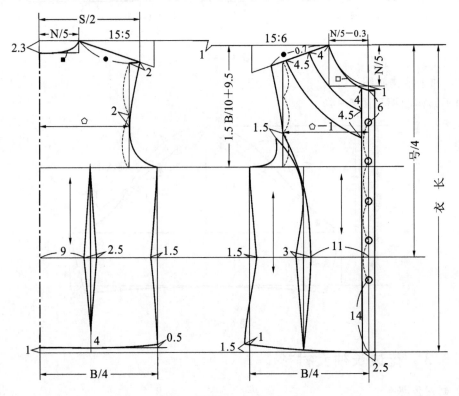

图 6-51

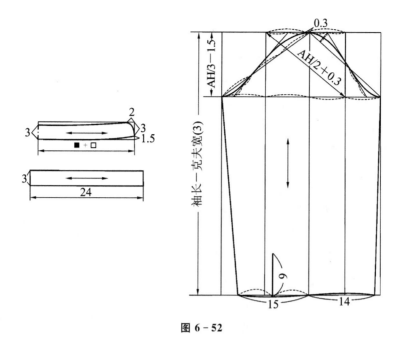

图 6-52

6.5.4 无袖 V 字领套头衫

1）制图依据

（1）款式与外形概述

款式特征：本款是无袖 V 字领套头衫，偏门襟（见图 6-53）。

图 6-53

（2）制图规格

单位：cm

号　型	部　位	衣　长	胸　围	基型领围
160/84A	规　格	58	92	36

2）结构制图

前、后衣片结构制图见图 6-54。

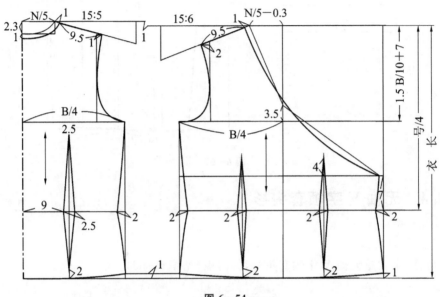

图 6-54

7 男衬衫结构制图与缝制工艺

衬衫是现代男装不可忽视的组成部分。男衬衫和女衬衫一样既可以内穿,也可以外穿,是男子一年四季必备的服装。

现代男衬衫原是与西装配套使用的,与长袍内的衬衫相同,是作为内衣穿着的。如今,男衬衫不仅从面料、色彩、造型等方面日趋多样、完美,而且从内衣逐渐向外衣化方向发展。在时装流行趋势的影响下,男衬衫正越来越显示男性的气质与风采。

7.1 男衬衫基本知识

7.1.1 男衬衫的种类

男衬衫因款式与功能用途等的不同,分为普通衬衫、礼服衬衫和休闲衬衫三类。

1)普通衬衫

普通衬衫可分为两种,一种是穿在西装内的企领衬衫,另一种是外穿式的(见图7-1)。

图 7-1

西装内穿用的衬衫是最基本的衬衫造型,设计上较为简练,没有什么附加装饰,关键是领子部位因系领带,对其造型及裁剪的质量要求就比较高,要求衣领两边对称平挺,领内一般衬有硬衬。其尺寸应适合人体的颈部,合体舒适。衣领折合后,领圈与人体颈部之间应有一定的活动松量,领口关闭后呈三角形。

外穿式衬衫有长袖和短袖,胸围、袖围较内穿式宽松,腰呈直线形。领有硬衬与软衬两种,门襟也有贴门襟和普通门襟两种。

2)礼服衬衫

礼服衬衫和普通衬衫在整体结构上是相同的,它们的主要区别是领型、前胸和袖头。礼服衬衫主要分晨礼服衬衫、燕尾服衬衫、塔士多礼服及黑色套装礼服衬衫三种(见图7-2、图7-3)。

图 7-2

礼服衬衫最大的特点是它和外衣饰物有一定的组合规范,并在衬衫的特定部位划分出不同场合的礼仪规格。衬衫结构合体,腰部略微收小,对胸部造型尤其讲究,有的胸前作圆弧形分割,穿着时烫得非常平挺,有的是做缉细裥或镶嵌尼龙花边、荷叶边等工艺装饰。领子的尺寸应十分贴合颈部,衣领除了常用的翻领式衬衫领之外,常用单层立领式翼领,领角上端向外翻翘,配以专门用的蝴蝶结,翼领也可以是可脱卸式的。要注意的是立领的宽度要适当提高

图 7-3

(5 cm左右),以保证衬衫领高出礼服翻领。袖克夫比外穿的礼服略长 1~1.5 cm,并常使用装饰纽扣予以点缀。袖头的宽度比普通衬衫宽 1 倍,在穿着时,通过对折产生双层袖头。袖头的系法和普通衬衫也不同,它是将折叠好的袖头合并,圆角对齐,四个扣眼在同一位置,用链式装饰扣分别串联。

图 7-4

图 7-5

3)休闲衬衫

休闲衬衫是以轻快的细节设计为特征,穿在外面的衬衫的总称。款式设计通常衣身宽松,变化丰富且多以大口袋、袖口、袋或肩章等点缀、装饰商标,电脑绣花图案与文字布局任意,给人以活泼、洒脱、随意、放松的感觉。飞行员衬衫、菠萝衫、西部牛仔衫、非洲狩猎衬衫、鲜艳的夏威夷的阿罗哈衬衫等可以说是休闲衬衫的传统式样(见图 7-4 西部牛仔衬衫、图 7-5 为套

头休闲衬衫)。

7.1.2 男衬衫的选择

选择男衬衫应该从以下几个方面考虑,即领子、袖子、质地、色彩。

1) 衬衫领子的选择

对衬衫来说,最讲究的就是领子,它的大小、式样、质量直接关系到衬衫的整体效果,衬衫的号型是以领围的尺寸来标明的。一般领围＝测量的领围＋2~3 cm,即为 N 尺码。领子造型可分为 8 种:标准型的张开角度为 75°;短领型的领尖较短,它的张开角度为 80°左右;长领型领尖较长,与西服搭配穿;敞领型领子的张开角度为 120°左右;圆领型领尖是圆形;底扣型领尖系有小纽扣(见图 7-6)。

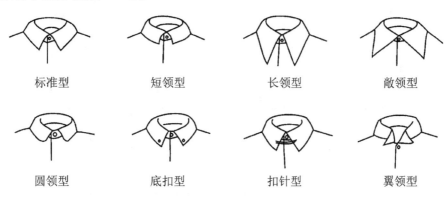

标准型　　　短领型　　　长领型　　　敞领型

圆领型　　　底扣型　　　扣针型　　　翼领型

图 7-6

2) 衬衫袖子的选择

衬衫袖子有长袖和短袖两种类型。主要变化在于长袖的袖头,有单袖头、圆角双袖头、方角单袖头、嵌花边单袖头等(见图 7-7)。

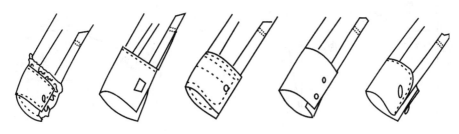

图 7-7

袖子的做工要精细,它是使衬衫产生整体美的重要因素。袖子的长度很讲究,一般袖口应比西装袖长出 1~1.5 cm,并能遮住手腕骨。

3) 衬衫面料的选择

面料要求透气性好,吸湿性强,柔软、滑爽、舒适。一般用棉织物、涤棉织物、麻织物等。近年来,水洗布、水洗绸等面料也常用在男衬衫之中。

4) 衬衫色彩与图案的选择

男衬衫的颜色十分丰富。注意,有色彩的衬衫若与西装搭配,要选择比西装浅的色调为宜。在大多数情况下,衬衫的图案不宜复杂。

7.2　男装基本型

7.2.1　男装基本型各部位结构线条名称

1) 男装基本型各部位线条名称(见图7-8)

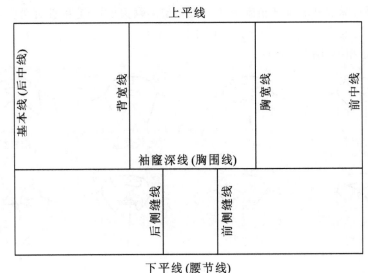

图 7-8

2) 男装结构线各部位结构线条名称(见图7-9)

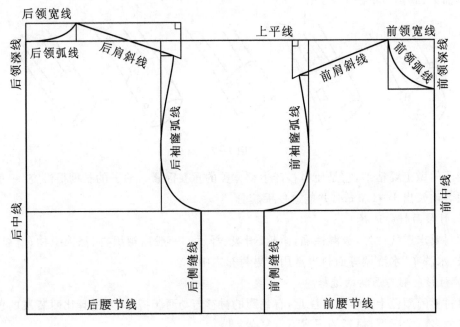

图 7-9

注:男装衣领、衣袖各部位结构线条名称参见女装。

7.2.2 男装衣片基本型构成

1）设定规格

单位:cm

号 型	胸 围	肩 宽	领 围
170/88A	108	46	40

2）男装衣片基本型制图

（1）男装衣片基本线制图步骤（见图7-10）

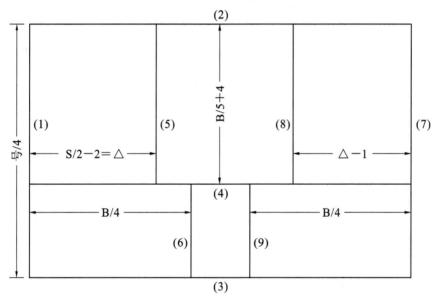

图 7-10

① 基本线（后中线）:首先画出的基础直线。

② 上平线:垂直相交于基本线。

③ 下平线（腰节线）:自上平线向下量取号/4,平行于上平线。

④ 袖窿深线（胸围线）:自上平线向下量取 B/5＋4 cm,平行于上平线。

⑤ 背宽线:取 S/2～2 cm 以后中线为起点,画平行于后中线的直线。

⑥ 后侧缝线:取 B/4 以后中线为起点,画平行于后中线的直线。

⑦ 前中线:垂直相交于上平线。

⑧ 胸宽线:取背宽－1 cm 以前中线为起点,画平行于前中线的直线。

⑨ 前侧缝线:取 B/4 以前中线为起点,画平行于前中线的直线。

（2）男装衣片结构线制图步骤（见图7-11）

A）后衣片:

① 后领宽线:在上平线上,取 N/5 由后中线起量,画后中线的平行线。

② 后领深线:在后中线上,取 2.5 cm 由上平线起量,向上画上平线的平行线。

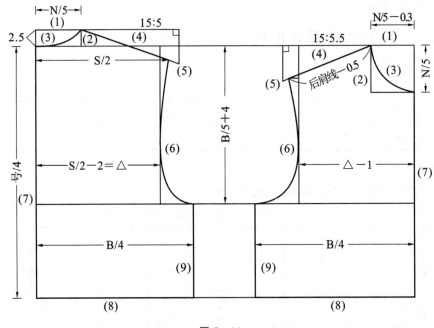

图 7 - 11

③ 后领弧线:如图从领肩点至后领中点画顺领弧线。

④ 后肩斜线:取比值 15:5 确定后肩斜度。

⑤ 后肩宽:取 S/2 由后中线起,平量交于后肩斜线。

⑥ 后袖窿弧线:过袖肩点、背宽线(后肩斜线至胸围线的 1/2 向下 1～2 cm 定点)、胸围线与后侧缝线的交点画弧线。

⑦ 后中线:按基本线。

⑧ 后腰线:按基本线。

⑨ 后侧缝线:按基本线。

B) 前衣片:

① 前领宽线:在上平线上,取 N/5～0.3 cm 由前中线起量,画前中线的平行线。

② 前领深线:在前中线上,取 N/5 由上平线起量,画上平线的平行线。

③ 前领弧线:如图从领肩点至前领中点画顺领弧线。

④ 前肩斜线:取比值 15:5.5 确定前肩斜度。

⑤ 前肩宽:取后肩斜线长－(0.5～1)cm,在前肩斜线上定点。

⑥ 前袖窿弧线:过袖肩点、胸宽线(前肩斜线至胸围线的 1/3,由胸围线上量)、胸围线与前侧缝线的交点画弧线。

⑦ 前中线:按基本线。

⑧ 前腰节线:按基本线。

⑨ 前侧缝线:按基本线。

(3) 男装衣片基本型结构线变化类型

A) 结构线变化一

① 变化要点:侧缝线移至背宽线,衣片由四分法转化为三分法。

② 变化图示见图 7 - 12。

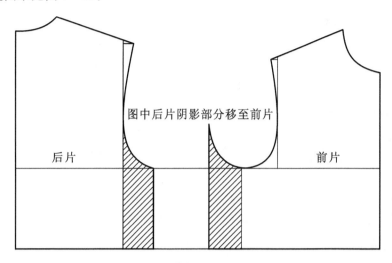

图中后片阴影部分移至前片

后片　　　　　　前片

图 7 - 12

B) 结构线变化二

① 结构要点:袖窿弧线变化——肩宽、胸宽、背宽加宽;袖窿深加深。

② 变化图示见图 7 - 13。

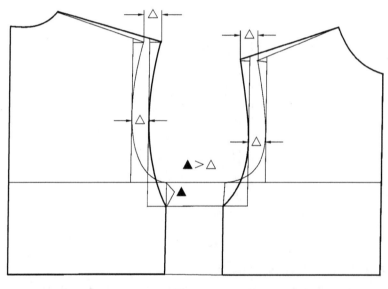

▲ > △

图 7 - 13

7.3 男衬衫结构制图与缝制工艺

7.3.1 基本型男衬衫的结构制图

1）款式图与款式特征

（1）领型 立翻领。

（2）袖型 一片式装袖型长袖，袖口装克夫，收2个裥，宝剑头式袖开衩，克夫钉纽扣1粒。

（3）衣片 前中开襟钉纽扣6粒，前后片均为平直型衣片，侧缝腰节处，呈直线状衣片上部设有过肩，左前片设一胸袋，后片横向分割线下左右两侧各设一折裥。领外围线、过肩、底边、袖窿、袖克夫和袖衩均缉止口线（见图7-14）。

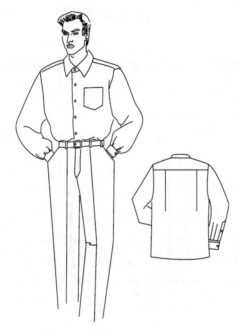

图 7 - 14

2）基本男衬衫主要部位规格控制要点

（1）衣长 衣长在满足基本穿着要求的条件下，主要与款式变化有关。衣长属变化较大部位。

（2）腰节高 腰节高与人体的身高有关，属微变部位。

（3）肩宽 肩宽与人体的肩宽有密切的关系，一般以净肩宽加上 0～1 cm，属基本不变部位。

（4）领围 领围在基本型领圈基础上，根据款式要求做相应变化，属变化部位。

（5）腰围 腰围的控制量与服装的合体程度有关，此款属较宽松型服装。胸围与腰围的差数为零，腰围属变化部位。

(6) 胸围　胸围的控制量与服装的合体程度有关。此款属较宽松的服装,胸围的放松量为 20~25 cm。胸围属变化较大部位。

3) 设定规格

单位:cm

号　型	衣　长	胸　围	肩　宽	领　围	袖　长	袖　口
170/88A	72	110	46	40	58	24

4) 结构制图

(1) 衣身结构制图

衣身框架图见图 7-15,衣身完成图见图 7-16。

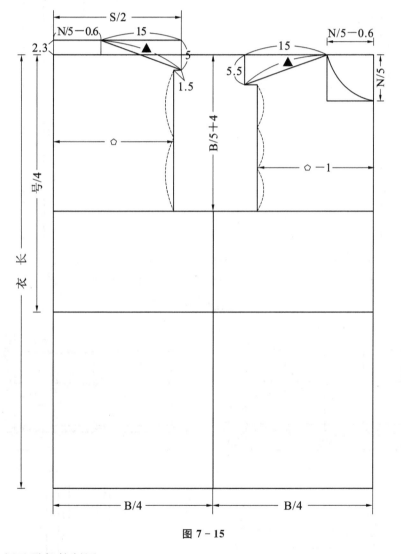

图 7-15

(2) 衣领及零部件制图

袖开衩、袖克夫、领子的制图(见图 7-17)。

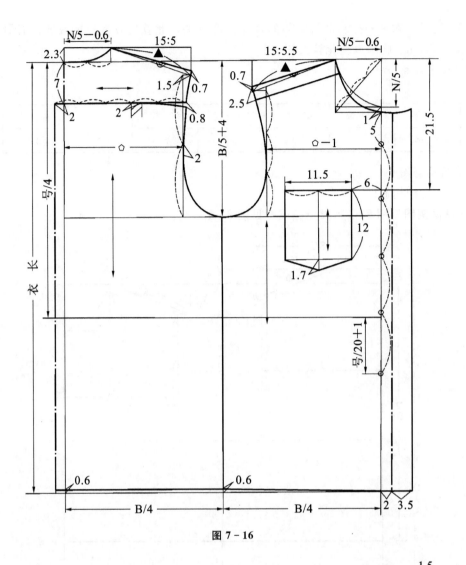

图 7 - 16

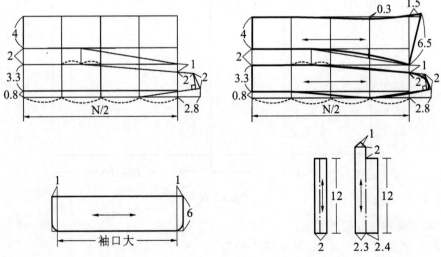

图 7 - 17

（3）衣袖制图

衣袖结构制图见图 7 – 18。

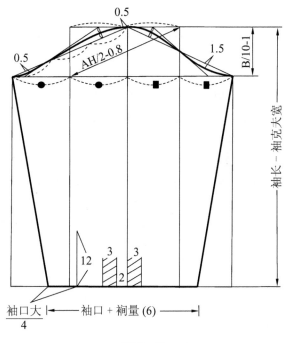

图 7 – 18

（4）覆肩

首先把前后衣片分别沿前覆肩斜线和覆肩下口线剪开，然后把前、后小肩线重合，即得覆肩（见图 7 – 19(a)），也可单独制图（见图 7 – 19(b)）。

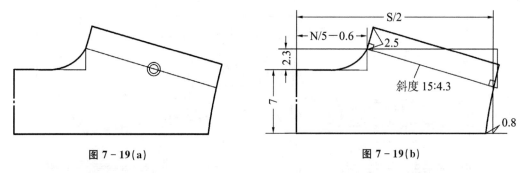

图 7 – 19(a)   **图 7 – 19(b)**

5）制图要领说明

（1）男衬衫（装领脚）的第一、第二粒纽扣的间距要小于其他几粒纽扣的间距。

这主要是为了保证外观效果而特意做出的适当调节。外观效果主要指以下几个方面：

① 在不系领带的情况下，第一粒纽扣基本上是不扣的，如果将第一、第二粒纽扣的间距减小，可以使颈下部的"暴露"面恰巧控制在恰如其分的程度内。

② 由于衬衫的面料薄而软，且领头又坚硬，因此，一软一硬使得领头具有向两旁张开的趋势（当第一粒纽扣不扣，第二粒纽扣扣上时）。并且，第二粒纽扣越往下移，则领头张开的趋势越大。为了尽可能减弱领头张开的程度，只有将第一、第二粒纽扣的间距减小。

（2）因为底领的存在，前领口深应在基型领深的基础上加深 1 cm，为 N/5＋1 cm。

（3）男性肩斜平均值为19°，分配在前衣片为20°，后衣片为18°，制图时采用前肩斜角度为15：5.5两直角边的比值，后肩斜角度为15：5两直角边的比值。

（4）胸袋上口不上斜的原因：一般上装，胸袋口近袖隆处为使视觉平稳均略向上倾斜，但在男衬衫中不采用上斜，而处理成平的，这是因为上下袋口一样大。当然在穿着时或多或少会出现视觉上的略下斜。

（5）男衬衫下摆起翘原因：男衬衫因是直腰身，摆缝线与底边线已成直角。在这种情况下仍然需要起翘，这是因为人体胸部挺起的因素。因人体胸部挺起，使摆角底边处下垂，其次由于衬衫比较宽松，因原料的重量也会使摆角底边处有所下垂。因此，在摆缝线与底边线成直角的状态下，仍然需要起翘，当然起翘后应在摆角处底边一段略借直。

（6）装脚领的领底线为何呈外弧形：装脚领的领底线呈外弧形与人体颈部的表面形状有关。人体的颈部上细下粗，呈圆台状，略向前倾，如果把人体颈部的表面放在平面上展测可见一倒置的扇面形。因此，要使领脚与人体颈部形状一致，领脚的平面图形也应是倒置的扇面形，至少领底线呈外弧形。由于装脚领的领脚与翻领分开取料，因此它不受翻领制约，而按照人体颈部形状制图，使领底线呈外弧形。

（7）装脚领的领圈形状与连脚领的领圈形状不一样的原因：装脚领与连领脚领因形状的区别在前领圈。装脚领的领圈，在各段处的凹势基本相等；而连脚领的领圈，在近叠门线处的一段为直线。原因是连脚领存在翻领部分，翻领驳下后，领圈被遮盖住，所以可以将领圈修改成各种形状，如西服领的领圈为方角形领圈。此外，连脚领近叠门线处一段处理成直形，能与衣领前面一段的领底线重合，为工艺装配带来方便。而装脚领翻领较窄，其领圈形状要与人体颈根部的围圆相近，因此装脚领领圈应处理成均匀的圆弧形，以求与人体颈根部围圆相一致。

（8）衬衫袖口开衩位置的确定：袖口开衩的位置位于手臂的外弯线是比较理想的。如袖口不收裥，则开衩位置定在袖口的1/4处；袖口收细裥时，开衩位置也在袖口的1/4处（细裥是均匀分布的）；袖口收折裥时，开衩位置在减去折裥量后的袖口1/4处。

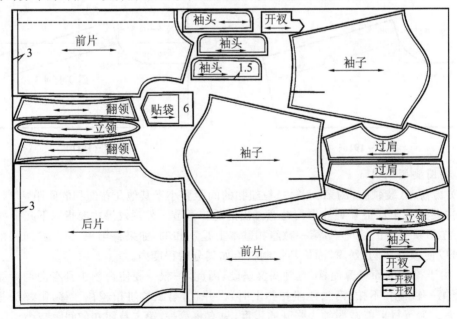

图 7-20

7.3.2　基本型男衬衫的排料及裁剪

（1）男衬衫部件：前片2片，后片1片，过肩（全）2片，袖子2片，宝剑头2片，上领2片，下领2片，口袋1片。

（2）男衬衫辅料：纽扣6粒，同色线2团。

（3）男衬衫放缝、排料图（见图7－20）。

门幅：114 cm；用料：衣长×2＋30 cm；面料：碎小图案面料。

7.3.3　基本型男衬衫的缝制工艺流程

做领→做衣袋→做过肩→绱领→做袖衩→绱袖→合侧缝→做下摆→绱袖头→手缝→整烫。

7.3.4　基本型男衬衫的缝制工艺

1）做领

（1）裁领　绘制领型净样，然后按净样裁剪领面、领里，缝头为1 cm。领衬通常用涤棉树脂粘合衬斜料，领衬放缝为"三净一毛"，即领底线放缝0.7 cm，其余三周为净样。

（2）敷衬　上领面里侧粘贴粘合衬。

（3）敷薄膜　为了使领子挺括，可采用四分之一长薄膜压烫在两边领角上，角薄膜压烫时要距领净样线0.1～0.2 cm，没有角膜时，可用粘合衬代替（如图7－21）。

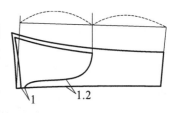

图 7－21

（4）放尼龙插片　采用尼龙插片能使领角的挺括度增强，尼龙插片的安装方法有两种：一种是在缉领止口时把插片插入领尖中缉牢；另一种是把插片斜向缉在角薄膜上，然后再把缉有插片的薄膜压烫在领衬上。但要注意在放插片时，要把插片放下层，角薄膜放上层，并把有胶的一面朝上，这样就能避免由于针迹的穿刺而形成的凸泡。

（5）缉缝上领　将领面、领里正面相对，在领衬上按领型画线，然后沿画线缉缝，缉缝时要拉紧领里，使其比领面略小0.3 cm左右，横领侧略小0.1 cm左右。也可以把领面与领里用糨糊粘住，粘时领里略拉紧，然后再车缝（见图7－22）。

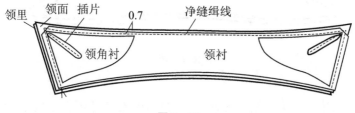

图 7－22

（6）修剪缝头　翻领前先在尖角处把缝头修剪成剑头形状，留缝头0.2 cm左右，以防毛出，领尖要翻足，两领尖可用锥子轻轻挑出（如图7－23）。

（7）缉领止口　领子翻出后，用熨斗压烫一遍，领里坐进0.1 cm烫实，再在正面缉压0.3 cm明止口。缉时要防止领面起皱，从横领起缉，转角处针迹要缉正，不能缺针，缉领背止口时，距领尖四分之一时，就需要适当把领面往前推送，防止领角处领面起皱。

（8）修剪领下口　止口缉好后，在领面与领里下口刷止口浆，然后把领面朝上放在烫板边沿，使其成弧形，做出纬向里外匀，用熨斗烫压。烫压时应从两领尖角朝领中间方向烫压，使领角处平挺。随后将上领对折，两领尖角对合依齐，把上领下口修剪整齐顺直，并剪出中间刀眼以便与下领缝合（见图7-24）。

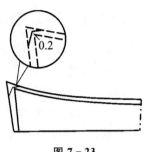

图 7 - 23

（9）裁配底领面、里、衬　底领衬通常用涤棉树脂粘合衬斜料，净缝配制。先将底领衬粘烫在底领领面上，再按0.8 cm缝头放缝。领面下口沿领衬下口刮浆、包转、烫平，并在正面缉0.6 cm明止固定。

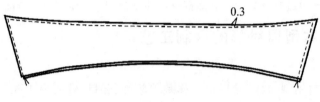

图 7 - 24

（10）上下领组合　底领面里正面相合，面在上，里在下，中间夹进翻领，边沿对齐，三眼刀对准。离底领衬0.1 cm缉线，并将底领两端圆头缝头修到0.3 cm（见图7-25）。

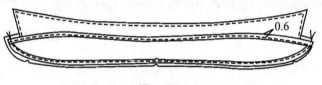

图 7 - 25

（11）做好装领三眼刀　按底领面包光的净缝下口，底领里下口放缝0.7 cm，做好肩缝、后中三眼刀。再沿底领上口缉压0.2 cm明止口（见图7-26）。

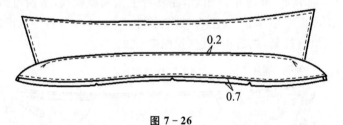

图 7 - 26

2）烫贴边、做衣袋、装衣袋

做贴边：前片贴边布沿止口线折烫好。做衣袋：做衣袋时将袋口按制成线扣烫好，扣烫时袋口向里折两层，袋口卷边宽3 cm，其他边口按净样板扣烫，袋底尖角居中。装衣袋：将袋摆放在左前衣襟袋口位置，沿边缉止口0.1 cm，封口两端为直角三角形，宽0.5 cm、长3 cm。起针、落针要打回针（见图7-27）。

3）钉商标

将商标两端折光烫倒，放到过肩里正面的居中位置，商标上口离领圈3 cm（毛），摆正商标，两端0.1 cm闷缉清止口，将商标钉上（见图7-28）。

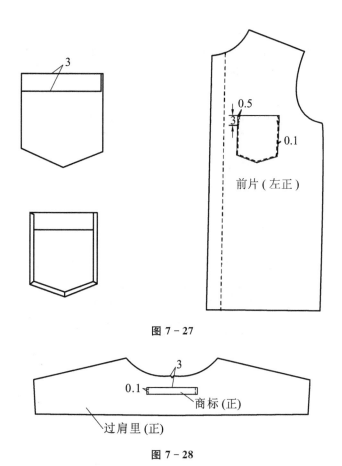

图 7 - 27

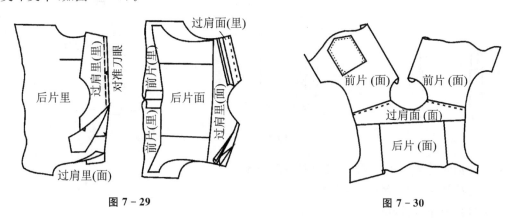

图 7 - 28

4）做过肩

（1）把过肩里、面正面相对，后衣身放中间，沿制成线缉线，然后修剪缝头，过肩翻上，用熨斗烫平（如图 7 - 29）。

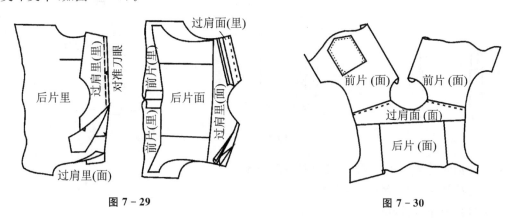

图 7 - 29

图 7 - 30

（2）把前衣片面与里过肩表面相对，沿制成线缉线。缝头倒向过肩侧，再把面过肩布折好缝头缉 0.1 cm 明线，此缉线要盖住前缝线迹（如图 7 - 30）。

5）绱领

将衣身里与下领里的表面相对，对刀眼，沿制成线缉缝。注意领里两端缝头略宽些，端点缩进门里襟0.1 cm,起止点打好回针。然后把缝头剪至0.5 cm(如图7-31)。为了防止缝头曲线处牵扯,可在缝头上剪牙口,把缝头倒向领侧。把下领表面摆正,沿缉领止口缉0.1 cm明线,缉线起止点在翻领两端近2 cm处,接线要重叠,但不能双轨,反面坐缝不超过0.3 cm。(如图7-32)。

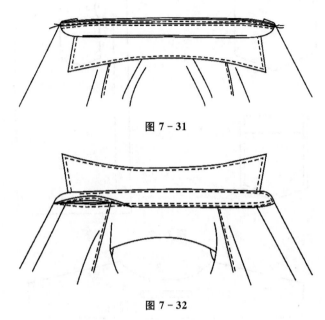

图 7-31

图 7-32

6)做袖衩(如图7-33)

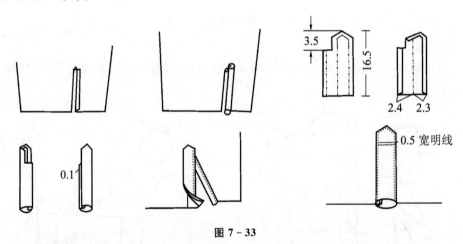

图 7-33

(1)在袖侧剪牙口,然后把牙口折向表面一侧。

(2)将袖衩滚条布缉缝在折边上。

(3)将袖衩布折烫好。

(4)缉袖衩布条:先在袖衩布条折边缉0.1 cm宽的明线,然后把袖衩布插入袖口的牙口,对齐裁边,整理好开口形状,沿边缉第二道明线,并封口。

7)缉袖

缉袖在衣身敞开状态进行,缉缝时,袖片在下,衣身在上,到肩头处袖片要适当归缩。为防止缝头有牵扯,需在弯曲处剪小牙口,然后进行锁边处理。

8)合侧缝

合侧缝先把衣身表面朝里对折,对齐衣身侧缝和袖底缝,然后沿制成线缉缝,缝头 0.8 cm,弯曲处要剪小牙口,然后包边处理(如图 7-34)。

9)做下摆

做下摆要先把下摆贴边扣折好,然后沿扣折边缉 0.1 cm明线。

10)绱袖头

(1)做袖头

① 沿制成线在面袖口布里面贴粘合衬净衬,袖口布边缘沿衬烫,缉 0.7 cm 宽明线。

② 将袖口布里、面的正面相对,里袖口布缝头包转过来,沿净样线缉缝,缉线时距离衬 0.1 cm。然后把缝头修剪成 0.4 cm 宽,翻出正面,烫平服,并保证圆头大小一致,止口坐进 0.1 cm 不外吐。袖头下口处,让里袖口布坐出面袖口布 0.1 cm宽。

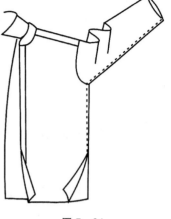

图 7-34

(2)绱袖头

① 将袖口大于袖头的部分以褶处理,从袖中线处开始,整理出两只褶裥。

② 将袖口夹在袖头的里与面之间,缉 0.1 cm 明止口,注意袖克夫两端要塞足塞平。然后在袖克夫另外三边缉 0.3 cm 明止口(如图 7-35)。

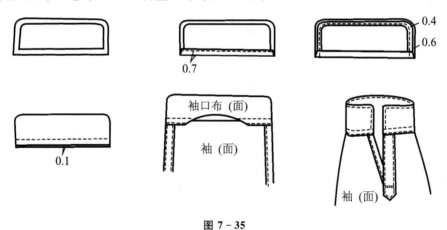

图 7-35

11)手缝

(1)确定扣位　男衬衫所需扣位为门襟五粒扣子,领座一粒,袖口两粒或四粒。门襟第一粒扣子一般距领座 6 cm 左右,第五粒扣子距下摆 18～20 cm,其余三粒在其中间均匀分布,扣距门襟止口 1.8 cm。领座扣在下领圆角处,与门襟扣成一条直线。扣子钉在右门襟上,袖口扣子在袖口居中处,距止口 1 cm。

(2)锁扣眼　扣眼锁在左门襟上,与扣位相对应,开口方向为纵向。

12)整烫

整体熨烫一遍。

13）男衬衫的质量要求

外领平挺，两角长短一致，并有窝势，领面无起皱，无起泡，缉领止口宽窄一致，无链形。装领门襟和里襟上口平直，准确无歪斜。针脚整齐无跳针，接线顺直。

两袖克夫圆头对称，宽窄一致，顺直缉明止口，左右袖衩平服无细裥，无毛出，袖口两只裥均匀，装袖吃势均匀。缉底边宽窄一致，门襟长短一致，纽扣高低对齐。

整烫平挺，无烫黄现象，无污渍，无线脚。

7.4 男衬衫的款式变化

7.4.1 宽过肩衬衫

1）款式图与款式特征

（1）领型 小方领。

（2）袖型 长袖，袖口装克夫，袖口收两个裥。

（3）衣片 断过肩（可用格料），左右胸前配两个兜，兜盖配差色，明门襟（见图7-36）。

图 7-36

2）设定规格

单位：cm

号　型	衣　长	胸　围	肩　宽	领　围	袖　长	袖　口
170/88A	72	110	46	40	58	22

3）结构制图

衣身结构制图（见图7-37），衣袖结构制图同基本衬衫袖、衣领结构制图见图7-38，口袋制图见图7-39。

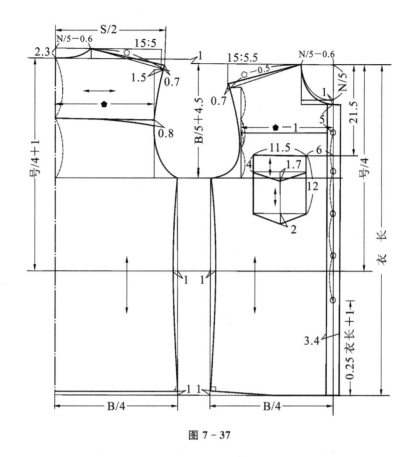

图 7-37

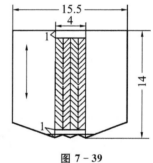

图 7-38

图 7-39

4）翻门襟缝制要领

（1）缉翻门襟　先在翻门襟反面居中处烫上 3.4 cm 有纺粘合衬，再沿衬将翻门襟毛边折转扣烫平服。以领口眼刀为准，将左前片前中一个缝头向正面扣转烫好。将扣烫好的翻门襟覆在左前片门襟正面，前中止口坐出 0.1 cm，摆正，离边 0.3 cm 缉明止口，然后在翻门襟另一侧，距边 0.3 cm 缉明止口。注意缉线顺直，上下松紧一致。

（2）缉里襟　以领口眼刀为准，将里襟贴边扣转烫直，并按照 2.5 cm 净宽将贴边里口毛边扣转烫好，缉压 0.1 cm 明止口。

（3）对条纹　如为对条产品，翻门襟条纹离锁眼中心 1.7 cm 烫折缝，里襟条纹离钉纽中心 1.5 cm 烫折缝。门里襟必须是同一个花型的条纹（见图 7-40）。

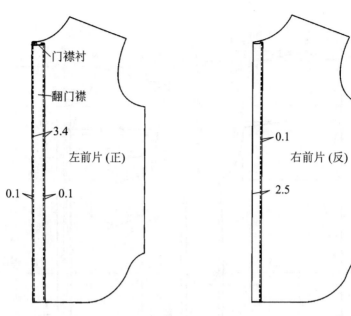

图 7 - 40

门襟衬
翻门襟
3.4
左前片(正)
0.1   0.1

0.1
右前片(反)
2.5

7.4.2 西式衬衫

1）款式图与款式特征

（1）领型　尖角领。

（2）袖型　长袖，袖口装克夫，袖口收三个裥。

（3）衣片　圆下摆，两贴袋，后片中部收一暗裥，袋领等处缉明线（见图 7 - 41）。

图 7 - 41

2）设定规格

单位:cm

号　型	衣　长	胸　围	肩　宽	领　围	袖　长	袖　口
175/92A	76	112	48	41	62	23

3) 结构制图（见图 7 - 42、图 7 - 43、图 7 - 44）

袖子制图见基本型衬衫。

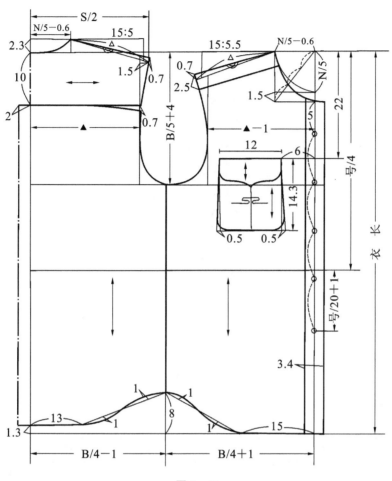

图 7 - 42

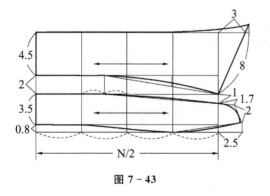

图 7 - 43

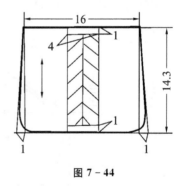

图 7 - 44

7.4.3 短袖衬衫

1）款式图与款式特征

（1）领型　关门小尖领。

（2）袖型　短袖。

（3）衣片　圆贴袋,明门襟七粒扣,后背收活裥(见图7-45)。

图 7-45

2）设定规格

单位:cm

号　型	衣　长	胸　围	肩　宽	领　围	袖　长
170/88A	75	108	46	40	22

3）结构制图(见图 7-46、图 7-47、图 7-48)

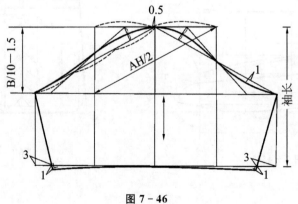

图 7-46

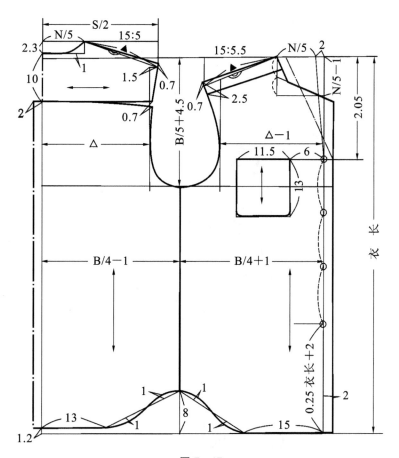

图 7 - 47

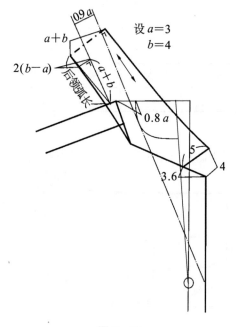

图 7 - 48

7.4.4 套头式衬衫

1) 款式图与款式特征

（1）领型　关门小尖领。

（2）袖型　袖口装克夫，开衩。

（3）衣片　套头式，前片门前三粒扣，衣片下摆开小衩（见图7-49）。

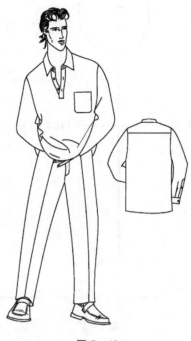

图 7 - 49

2) 设定规格

单位:cm

号　型	胸　围	肩　宽	领　大	衣　长	袖　长
175/92A	114	48	42	76	62

3) 结构制图

大身及领子结构制图（见图7-50、图7-51），袖子结构制图见基本型衬衫。

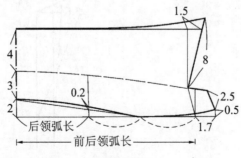

图 7 - 50

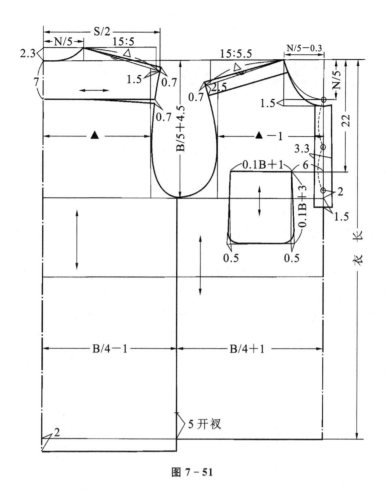

图 7 - 51

8 女外套结构制图与缝制工艺

女外套一般指穿着在衬衣或羊毛衫外的上衣,式样变化繁多。

上衣的品种式样变幻无定,随着流行趋势的发展,随时都会有新颖款式问世,但式样不论作如何变化,其基本结构都大致相似,一般均由前后衣片、衣袖、衣领等组合而成。其变化,无非是这些衣片和附件的局部造型的创新和变换。例如衣片的造型变化,主要是在宽松、紧身、适身上变化,衣缝的分割和组合融入衣片的变化之中。至于衣袖和衣领的变化更是层出不穷。

从上衣的具体品种来看,女装的款式品种是各类品种中变化最为自由的一类,女装的式样造型和制图线条的特点是以弧形为主,尤其是外形轮廓的处理和衣缝分割的组合,充分反映了女性的温婉、优雅、飘逸舒展的阴柔之美。而男装的式样造型和制图线条的特点一般是采用直线或水平线的形式加以表现,力求端庄大方,粗犷豪放,以充分反映男性的坚毅、刚强的阳刚之美。掌握了男女上衣的不同制图特征,可以对学习服装结构制图起到一定的指导作用。

8.1 夏奈尔套装结构制图

8.1.1 制图依据

1) 款式图与外形概述

款式特征是:领型为无领式领圈;领圈、门襟、底摆、袖口以编织带镶边;前片左右设箱形单嵌线开袋,后片设肩背省,后中设背缝,直型摆缝;袖型为圆装袖,平袖口,两袖口各钉装饰纽三粒,紧身裙后面开衩,全夹里(见图 8 − 1)。

适用原料:薄型呢绒类,如全毛或毛涤呢绒类。

2) 主要部位规格控制要点

(1) 衣长 因款式要求,衣长应比一般服装偏短。

(2) 胸围 此款因其造型合身,服装胸围加放量一般在 8~10 cm,本款胸围放松量选择 10 cm。

(3) 肩宽 结合造型因素在净肩宽的基础上略放宽 0~1 cm。

(4) 领围 领围在基本型领圈的基础上,根据款式要求做相应变化。

图 8 − 1

176

（5）腰围　腰围的控制量与服装的合体程度有关。此款属合体型服装,胸围与腰围的差数控制在 12~14 cm 范围内。

（6）臀围　此款因其造型合身,臀围放松量一般为 7~10 cm,本款选择 7 cm。

3）制图规格

单位:cm

号　型	部　位	衣　长	胸　围	肩　宽	基型领围	臀　围	袖　长
160/84A	规格	56	94	40	36	97	54

8.1.2　结构制图

1）前后衣片制图

前后衣片框架制图见图 8-2,前后衣片结构制图见图 8-3,肩省局部制图见图8-4。

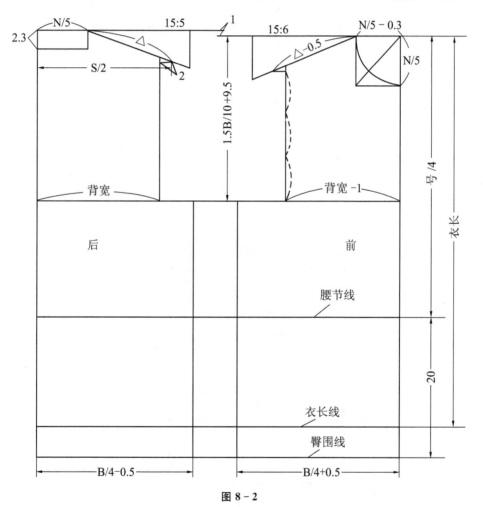

图 8-2

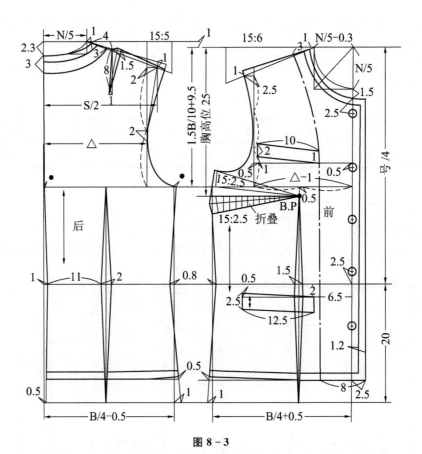

图 8-3

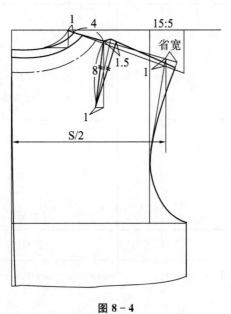

图 8-4

2）衣袖制图

衣袖框架制图见图 8-5，衣袖结构制图见图 8-6。

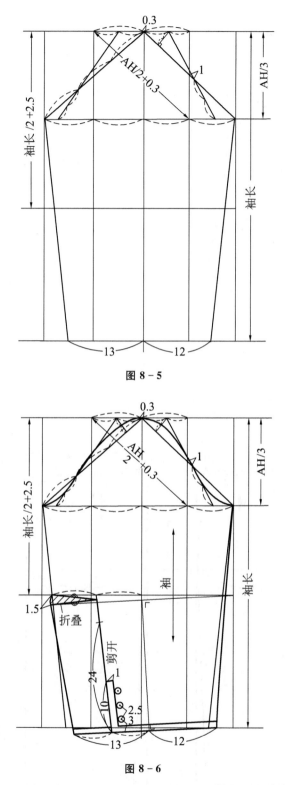

图 8 - 5

图 8 - 6

3）前衣片及袖片完成图

前衣片胸省转移后的完成图见图 8-7,衣袖省移后的完成图见图 8-8。

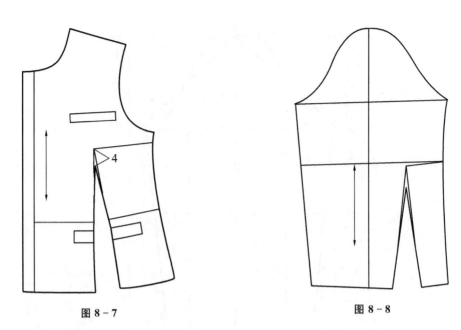

图 8-7 图 8-8

4）裙子结构制图

裙子结构制图见图 8-9。

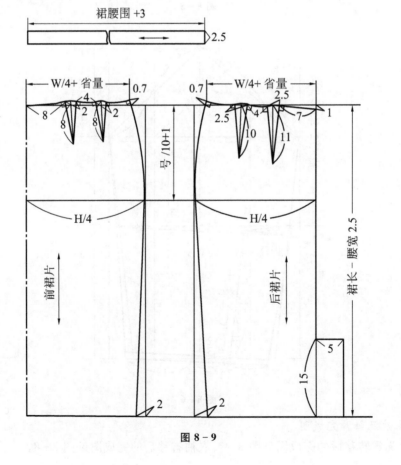

图 8-9

8.1.3　制图要领与说明

（1）当上装不装垫肩时，其肩缝斜度应与人体实际肩斜度相一致；当装有垫肩时，垫肩高度的增加，使人体肩斜度趋向小的方向，这时应根据垫肩所增加的高度来确定肩缝斜度。一般来说，新的肩缝与原肩缝在肩端处的距离为 7/10 垫肩有效高度（即有压力下的垫肩高度）。压力是指上装本身的（包括内部的衬、里等）压力。

（2）两片袖有前偏量及后偏量的原因：两片袖的拼缝偏离里、外弯线一定的距离，其目的是为了不使袖拼缝过于显露。考虑前偏量及后偏量的大小，应取决于袖的弯势形状和原料质地性能。如果款式要求的袖造型具有里、外弯势，则偏量不宜太大。如果款式要求的袖造型里、外弯势呈直线形则偏量可达到最大，一片袖的制图就是最典型的例证。而原料质地疏松的，偏离量可以大一点，原料质地紧密的，偏离量不宜太大。根据传统习惯，男女装都有一定的前偏量，而后偏量，男装一般（仅在上部）有较小的后偏量，女装则有一定的后偏量。一般情况下，前偏量大于后偏量。

8.1.4　面料、里料放缝及排料

对于中厚型及易散边的面料，缝头要多放一些。面料放缝图如图 8-10，面料排料图如图 8-11。里料放缝图如图 8-12，里料排料图如图 8-13。粘合衬的使用如图 8-14，粘合衬的排料图如图 8-15。粘合衬的丝缕方向、缝头都和面料一样，在袖山、下摆、后背、贴边等

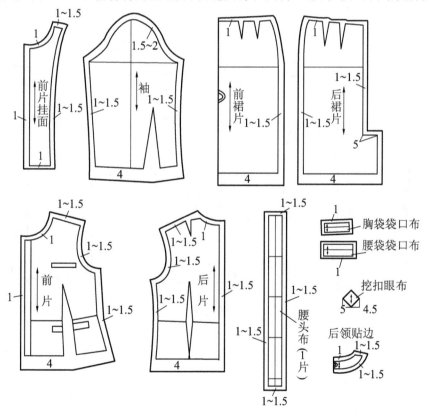

图 8-10

处,使用较软的粘合衬。

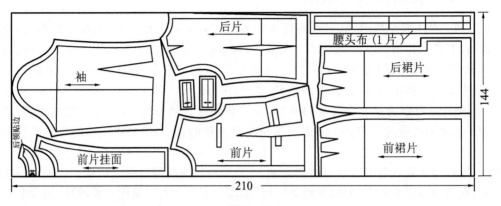

图 8－11

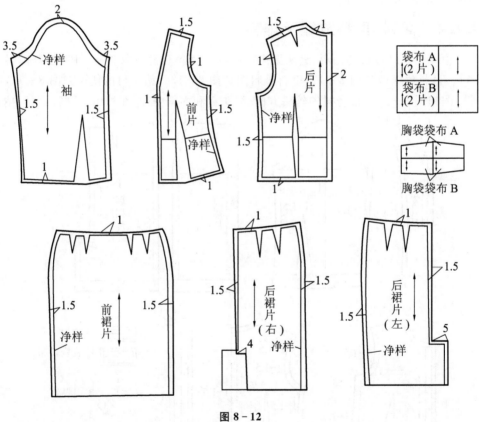

图 8－12

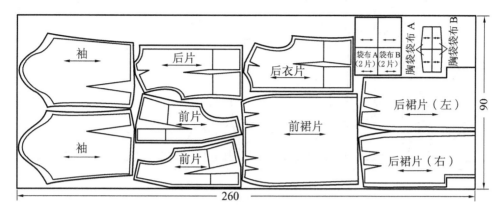

图 8 – 13

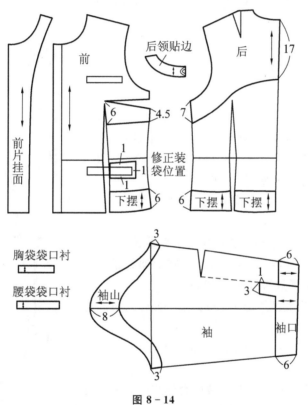

图 8 – 14

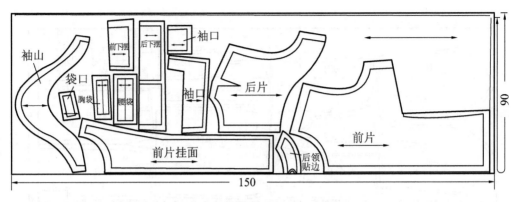

图 8 - 15

8.2 青果领套装的结构制图与缝制工艺

8.2.1 制图依据

1）款式图与外形概述

款式特征是：领型为青果领；前片左右设单嵌线的带袋盖的暗挖大袋，前后片均有袖窿公主线，后中设背缝，直型摆缝；袖型为圆装袖，平袖口，两袖口各钉装饰纽一粒；紧身裙后面开衩，全夹里（见图8-16）。

适用原料：薄型呢绒类，如全毛或毛涤呢绒类。

2）主要部位规格控制要点

（1）衣长　因款式要求，衣长应比一般服装偏短。

（2）胸围　此款因其造型合身，服装胸围加放量一般在 8～10 cm，本款胸围放松量选择 10 cm。

（3）肩宽　结合造型因素在净肩宽的基础上略放宽 0～1 cm。

（4）领围　领围在基本型领圈的基础上，根据款式要求做相应变化。

图 8 - 16

（5）腰围　腰围的控制量与服装的合体程度有关。此款属合体型服装，胸围与腰围的差数控制在 12～14 cm 范围内。

（6）臀围　此款因其造型合身，臀围放松量一般为 7～10 cm，本款选择 9 cm。

3）制图规格

单位：cm

号　型	部　位	衣　长	胸　围	肩　宽	基型领围	袖　长	臀　围
160/84A	规　格	56	94	40	36	54	99

8.2.2 结构制图

前后衣片框架制图见图 8-17,前后衣片结构制图见图 8-18。

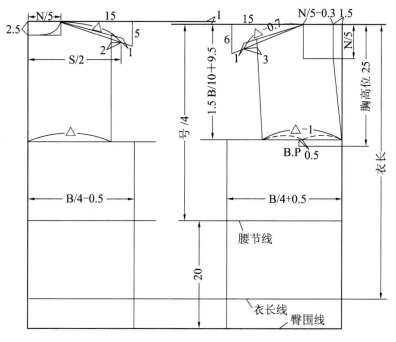

图 8-17

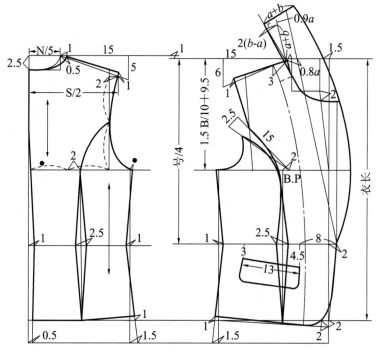

图 8-18

衣袖框架制图见图 8-19,衣袖结构制图见图 8-20,衣领框架制图见图 8-21,衣领结构制图见图 8-22。

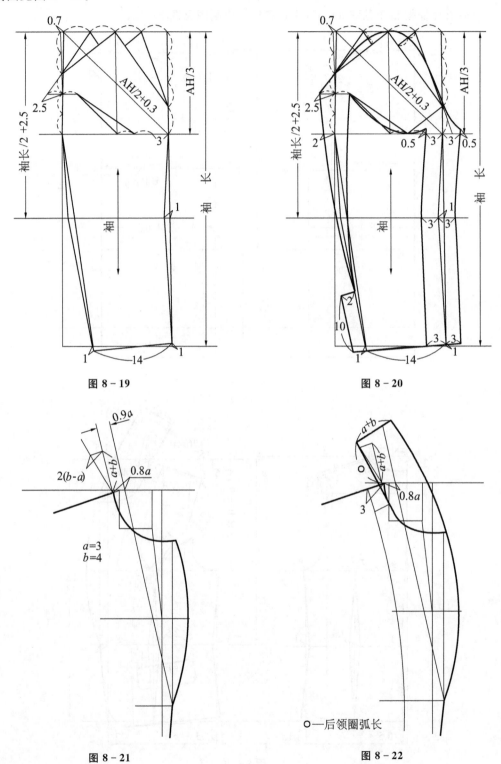

图 8-19

图 8-20

图 8-21

图 8-22

○—后领圈弧长

8.2.3 制图要领与说明

(1) 上装劈门的产生原因:劈门是指前中心线(即叠门线)上端的偏进量。当劈至胸围线或女装胸高点处,称胸劈门;当劈至腹围线处则称肚劈门。劈门的大小因人、因款式而异。劈门的产生是为了更好地满足人体胸(或腹)部表面形状的需要。

(2) 衣领依赖于前片领圈制图的合理性:衣领依赖于前片领圈制图的合理性在于:① 领底线与前领圈的转折点位置清楚;② 衣领的造型一目了然;③ 领底线前端的曲线和领圈吻合;④ 领底线凹势的确定有依据。衣领独立制图不如衣领依赖于前片领圈制图的方法合理。

(3) 领驳线基点的确定:基点是指驳口线与上平线相交的点。基点的确定是衣领制图中的重要组成部分。确定的具体方法是在平面结构图中安放一个假想的标准领口圆,然后通过驳口止点作一条标准领口圆的切线(即驳口线),使其与上平线相交,这个相交点即为所求的领基点。根据经验和计算,标准领口圆的边界至颈肩点的距离应近似 0.8 cm 领座高(当 1.5 cm≤领座高≤5 cm 时),标准领口圆的圆心固定在上平线与劈门线的交点上(如图 8-23),当驳口止点比较低时(低于袖窿深线),基点至颈肩点的距离可近似用 0.8 cm 领座高来代替。

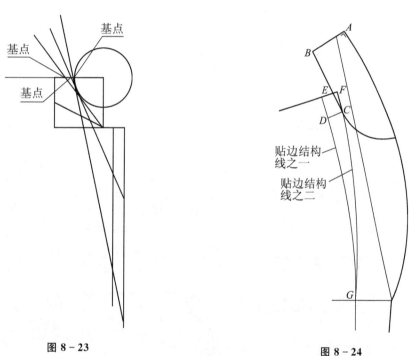

图 8-23　　　　　　　　　　　　　　　图 8-24

(4) 青果领的贴边结构处理:青果领的领面除了领后中有一断缝结构外,左右翻领领面均不设接缝,领里仍采用断缝结构,这时翻领和衣身在领口重叠的部分,贴边采用两种特殊结构的处理方法:如图 8-24 所示,一种贴边线为 ABCDG,另用零布 EFCD 拼合;另一种贴边线为 ABCG,翻领和衣身在领口重叠的部分划分在里子布纸样中。

8.2.4　面布、里布的放缝及排料

1) 青果领外套面布的放缝及排料

面布大身及袖片底边在净样的基础上放 4 cm，后背缝在净样的基础上放 1.5 cm，袋盖上边线和领里在净样的基础上放 1.5 cm，领圈及前止口放 1 cm，挂面前止口在驳口止点以上放 1.7 cm（满足里外容的需要），其余按面料的厚薄均放缝 1～1.5 cm。青果领外套面布的放缝及排料见图 8-25。

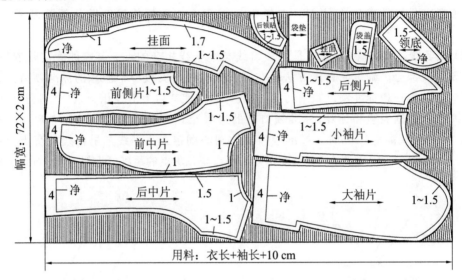

图 8-25

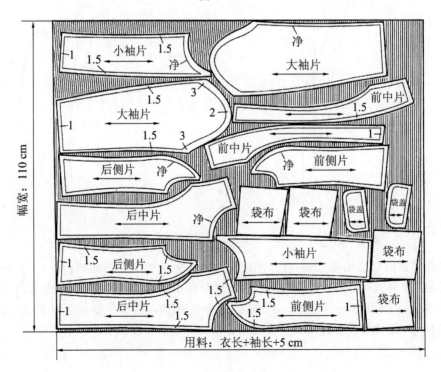

图 8-26

2）青果领外套里布的放缝及排料

里布大身及袖口底边均在净样的基础上放 1 cm，后背缝、侧缝、分割缝、肩缝均在净样的基础上放 1.5 cm，袖山顶点放 2 cm，拼缝处放 3 cm，见图 8 - 26。

3）粘合衬的裁法

粘合衬的裁法见图 8 - 27 所示的阴影部分。

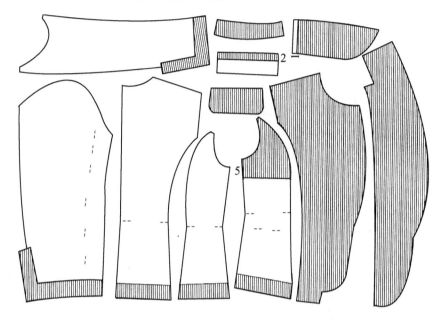

图 8 - 27

8.2.5　青果领外套的缝制工艺

1）压衬、打线钉

用压衬机把有纺衬与衣片烫压在一起，粘好衬之后打线钉。打线钉的部位为：圆摆止口线、驳折线、纽眼位置、底边线、口袋位置、腰节线、装袖点，见图8 - 27。

2）做衣片

（1）归拔衣片

后中缝临时缝合固定（见图 8 - 28）。在前肩宽的 1/3 处向肩端稍微烫伸，注意不可将领窝拉变形。腰节处都适当烫伸，即所谓的"拔"。其余部位烫缩，即所谓的"归"。归、拔完成之后，在刀背缝上用划粉画上若干个对位粉印（见图 8 - 29）。

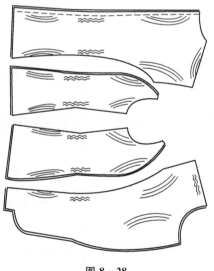

图 8 - 28

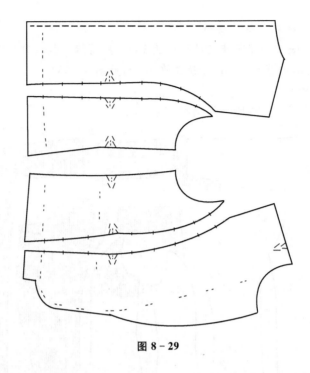

图 8 - 29

（2）缝合衣片

缝合后中缝，将缝份分开烫平。分别将前、后衣片的刀背缝的对位粉印对齐，缝合刀背缝，将缝份分开烫平，熨烫时腰节拔开，刀背归拢（见图 8 - 30）。

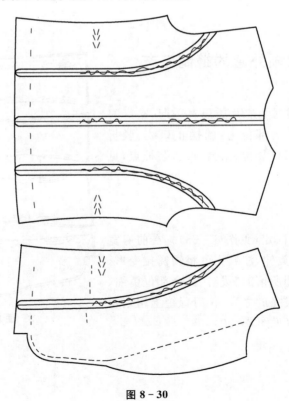

图 8 - 30

（3）开袋

① 裁袋布。按图 8-31 裁袋布，并把袋布 A 与袋嵌线缉在一起，垫袋布缉在袋布 B 上。

② 做袋盖。在里子的反面画出袋盖的净线，袋盖面放在下层，将两者缉缝，同时要把袋盖面的松量（里外匀）吃均匀，翻出正面，熨烫，不能反吐；然后在里子上画出袋盖的宽度线；将袋盖卷折，沿着宽度线缉缝，固定袋盖的松量（见图 8-32）。

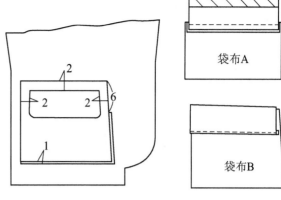

图 8-31

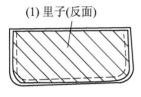 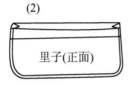 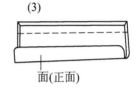

(1) 里子(反面)　　　　　(2)　　　　　　(3)

图 8-32

③ 距离袋口线钉 1 cm 缉袋嵌线，两端要倒回针，缉牢（见图 8-33）。

④ 距离缉袋嵌线的线迹 1 cm，将袋盖缉牢（见图 8-34）。

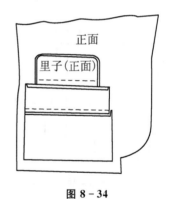

图 8-33

图 8-34

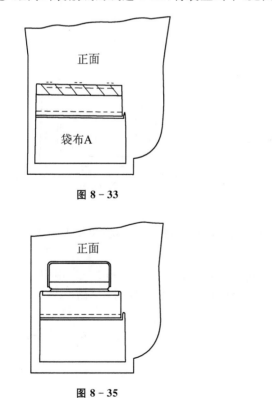

图 8-35

图 8-36

⑤ 掀开袋盖与袋嵌线,沿中间剪开,两端剪三角,剪到线根部,不得将缉线剪断(见图8-35)。

⑥ 袋嵌线翻向反面,缉缝分开熨平(见图8-36)。

⑦ 三角翻向袋口两端,在上一步分烫的缝子中缉线(漏落缝)(见图8-37)。

⑧ 把三角缝住(见图8-38)。

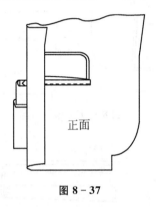

图8-37

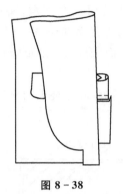

图8-38

⑨ 将袋布B放在袋布A的下面,将袋口两端与上端封住(见图8-39)。两端各缝三道线,上端与缉袋盖的线迹重合。

⑩ 沿袋布边缘把两层缉在一起(见图8-40)。

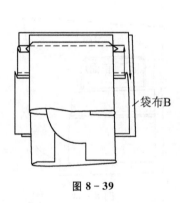

图8-39

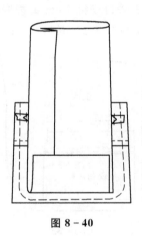

图8-40

(4) 合摆缝

前、后身的摆缝缉在一起之后分开熨烫,腰节部位稍微拔开熨烫(见图8-41)。

(5) 合肩缝

见图8-42,先用手针将前、后肩缝缝在一起,后肩吃进0.7 cm左右,用熨斗将吃量烫平,然后缉上。在铁凳上将肩缝分开熨烫,熨烫时后肩要归拢(见图8-43)。

(6) 合里子

后背缝、刀背缝、摆缝、肩缝缝合在一起。后背缝向左边烫倒,其他缝份向后烫倒,熨烫时留出0.3 cm眼皮。

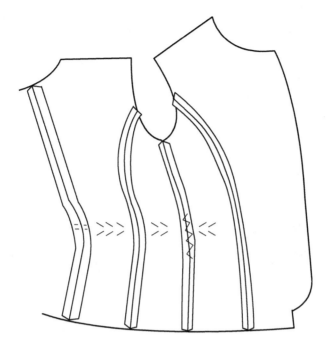

图 8 - 41

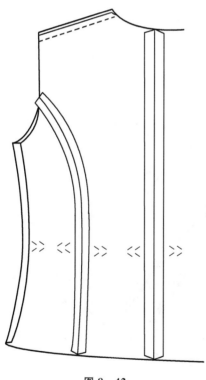

图 8 - 42

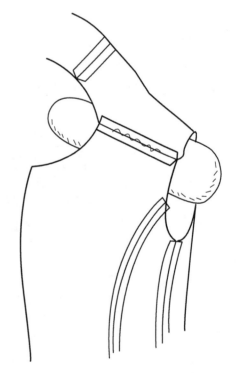

图 8 - 43

3）做领子、做挂面

（1）拼合领缝并烫开（见图 8－44）。

（2）绱领子。领子绱在衣身上，缝份烫开（见图 8－45），不易烫开的位置可以打刀口。

（3）拼合挂面，并把后领托与挂面接好，缝份烫开（见图 8－46）。

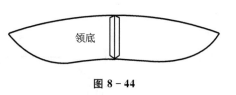

图 8－44

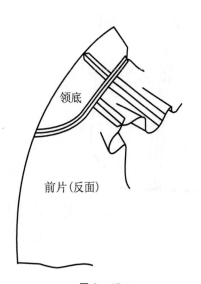

图 8－45

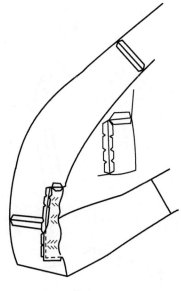

图 8－46

（4）里子与挂面缝合在一起（见图 8－47），缝份熨倒。

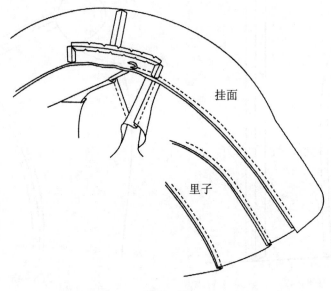

图 8－47

4）面里缝合

（1）衣身面与挂面的缝合

衣身放在上层,挂面与里子放在下层,顺着图中的箭头方向缉 1 cm 宽缝份(见图 8-48)。

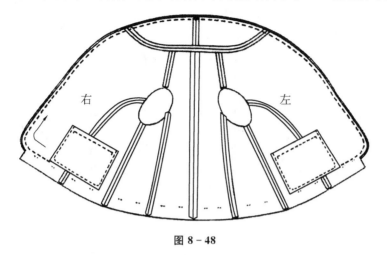

图 8-48

(2) 剔止口、烫底边

见图 8-49,衣身止口缝份剔掉 0.5~0.7 cm,挂面止口缝份保留 0.5~0.7 cm,然后沿着缝纫线迹烫倒。底边沿着线钉扣烫圆顺。里子比底边长出 0.7~1 cm 修剪整齐。

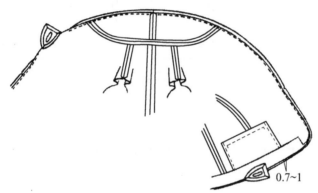

图 8-49

5) 翻膛

将衣身的正面翻出来,用扳针针法将止口缝住,驳口线也缝住(见图 8-50)。

6) 收底边

(1) 从袖窿处将衣身的里面翻出来,将面与里子的底边缉住(见图 8-51)。

(2) 底边向上卷折,用环针针法将底边固定住(见图 8-52)。

(3) 再从袖窿处将衣身的正面翻出来。至此衣身完成。

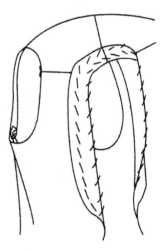

图 8-50

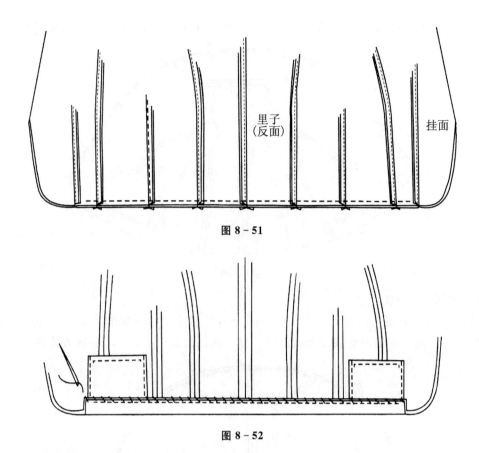

里子
（反面）

挂面

图 8-51

图 8-52

7）做袖子

（1）做袖面

① 归拔偏袖。偏袖的腋下部分归烫，肘部拔烫，烫至偏袖呈自然卷折的状态（见图 8-53）。

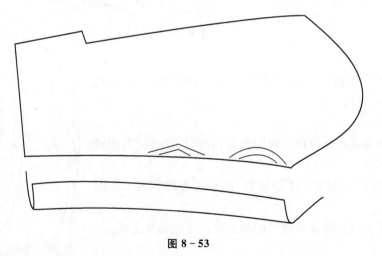

图 8-53

② 缉前袖缝，然后分烫（见图 8-54）。

③ 扣烫袖口贴边，然后用环针针法将贴边固定住（见图 8-55）。

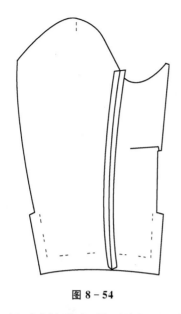

图 8 - 54

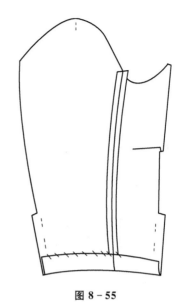

图 8 - 55

④ 掀开小袖贴边,缉开袖衩及后袖缝(见图 8 - 56)。

⑤ 在小袖开衩转弯处打刀口,然后分烫后袖缝,并将袖衩向大袖烫倒(见图 8 - 57)。

⑥ 袖口贴边整理好,正面钉扣(见图 8 - 58)。

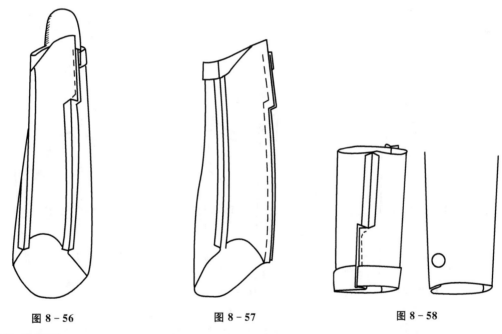

图 8 - 56   图 8 - 57   图 8 - 58

(2) 袖里子

① 大、小袖里子缝合在一起,缝份向大袖烫倒的同时留出 0.3 cm 眼皮(见图 8 - 59)。

② 里子比袖口长出 1 cm,将袖里子叠在袖面的缝份上(见图 8 - 60),两端各空出 8 cm 左右,不要叠到头。

③ 将袖子的正面翻出来,用手针临时固定面与里子,并把袖山里子修剪圆顺(见图

8－61)。

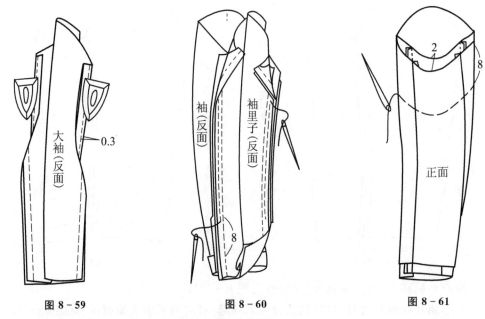

图 8-59　　　　　　　　　　图 8-60　　　　　　　　　　图 8-61

④ 袖口里子折边烫平,用手针撬好,开衩缝住(见图 8-62)。

⑤ 袖山里子扣烫 0.7～1 cm(见图 8-63)。

⑥ 袖山面吃缝(见图 8-64),然后抽吃量(见图 8-65),将吃量烫圆顺(见图 8-66)。

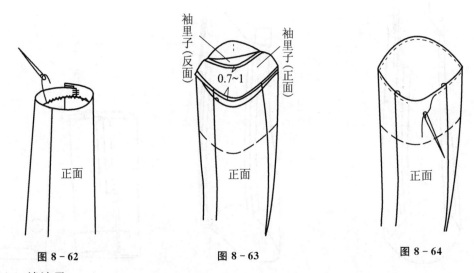

图 8-62　　　　　　　　　　图 8-63　　　　　　　　　　图 8-64

(3) 绱袖子

① 用手针将袖子缝在袖窿上,前后位置合适、袖子圆顺之后再缲好(见图 8-67)。

② 在铁凳上将袖窿烫圆顺(见图 8-68)。

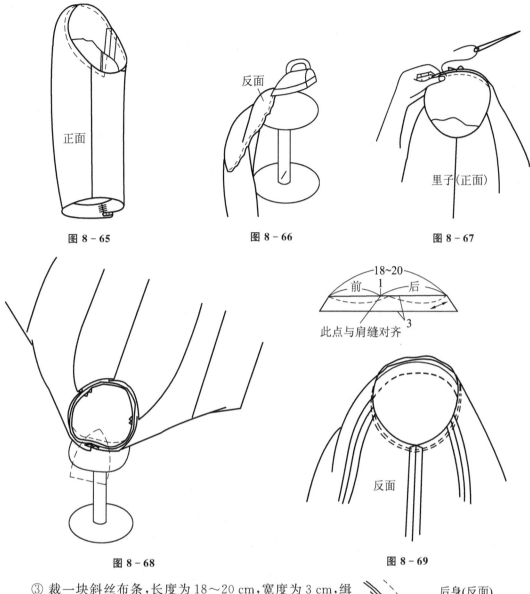

图 8 - 65   图 8 - 66   图 8 - 67

图 8 - 68   图 8 - 69

③ 裁一块斜丝布条,长度为 18～20 cm,宽度为 3 cm,缉在袖山部位,缉线与绱袖线要重合(见图 8 - 69)。

(4)装垫肩

① 掀开里子,将垫肩装在袖山缝份上,肩缝处也用手针固定(见图 8 - 70)。

② 里子的肩缝固定在垫肩上(见图 8 - 70)。

(5)缝袖里子

① 将袖窿里子与衣身缝在一起(见图 8 - 71)。

② 袖里子用手针撬好(见图 8 - 72)。

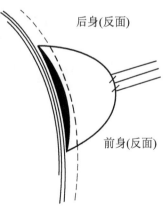

图 8 - 70

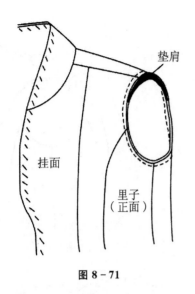
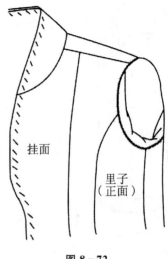

图 8 - 71　　　　　　　　　　　　　　图 8 - 72

8）整理

　　将制作完毕的青果领女装检查一遍，清剪所有的线头，弄皱的部位烫平。前右侧锁扣眼，左侧钉扣子。挂面下端的毛茬处锁缝（见图 8 - 73）。

图 8 - 73

8.3 连身袖外套结构制图

8.3.1 制图依据

1) 款式图与外形概述

款式特征：领型为香蕉领，前后片均设有 T 形分割线，前片左右各设一装饰袋盖，连身袖，平袖口，全夹里(图 8－74)。

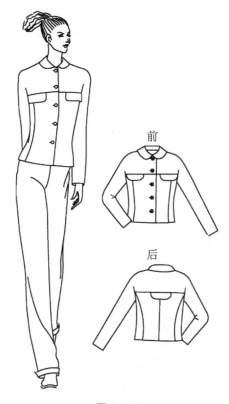

图 8－74

2) 主要部位规格控制要点

(1) 衣长 因款式要求，衣长应比一般服装偏短。

(2) 胸围 此款因其造型较宽松，服装胸围加放量一般在 12～14 cm，本款胸围放松量选择 14 cm。

(3) 肩宽 结合造型因素在净肩宽的基础上略放宽 0～1 cm。

(4) 领围 领围在基本型领圈的基础上，根据款式要求做相应变化。

(5) 腰围 此款腰围较合身，腰围加放松量为 8 cm。

(6) 臀围 此款因其造型合身，臀围放松量一般为 7～10 cm，本款选择 7 cm。

3）制图规格

单位：cm

号　型	部　位	衣　长	胸　围	腰　围	臀　围	肩　宽	基型领围	袖　长	袖　口
160/84A	规　格	52	98	76	97	40	36	56	12.5

8.3.2　结构制图

1）前后衣片制图

前后衣片框架制图见图 8－75，前后衣片结构制图见图 8－76。

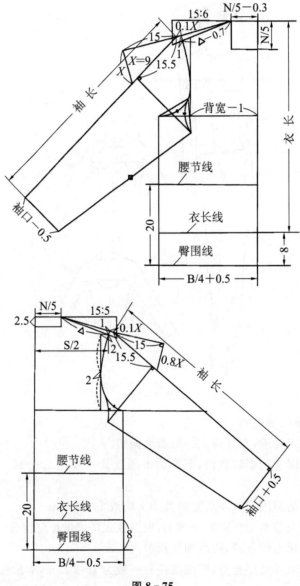

图 8－75

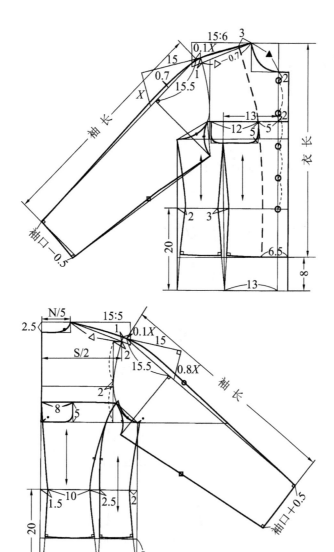

图 8-76

2）衣领制图（见图8-77）

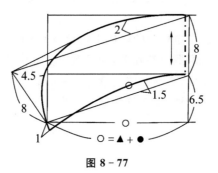

$\bigcirc = \blacktriangle + \bullet$

图 8-77

8.4　西装领外套结构制图

8.4.1　制图依据

1）款式图与外形概述

款式特征:领型为西装领,前后片均设有袖窿分割线,前片左右各设一装饰袋盖,圆装袖,平袖口,全夹里(见图8-78)。

图 8 - 78

2）主要部位规格控制要点

（1）衣长　　因款式要求,衣长应比一般服装偏长。

（2）胸围　　此款因其造型较宽松,服装胸围加放量一般在 12～14 cm,本款胸围放松量选择 12 cm。

（3）肩宽　　结合造型因素在净肩宽的基础上略放宽 0～1 cm。

（4）领围　　领围在基本型领圈的基础上,根据款式要求做相应变化。

（5）腰围　　此款腰围较合身,腰围加放松量为 7～8 cm。

（6）臀围　　此款因其造型合身,臀围放松量一般为 7～10 cm,本款选择 10 cm。

3）制图规格

单位:cm

号 型	部 位	衣 长	胸 围	肩 宽	基型领围	臀 围	胸高位	袖 长	袖 口
160/84A	规 格	72	96	40	36	100	25	56	14

8.4.2 结构制图

1）前后衣片制图

前后衣片框架制图见图8-79,前后衣片结构制图见图8-80。

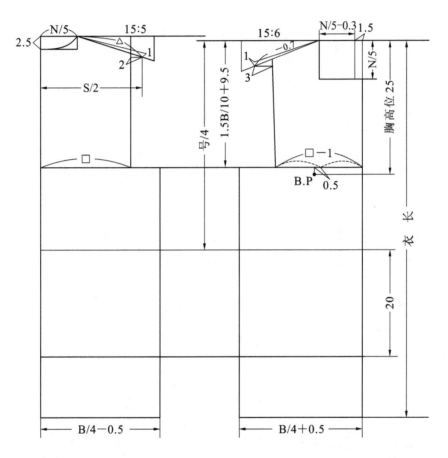

图 8-79

2）衣领制图

衣领制图见图8-80。

3）衣袖制图

衣袖制图见图8-81。

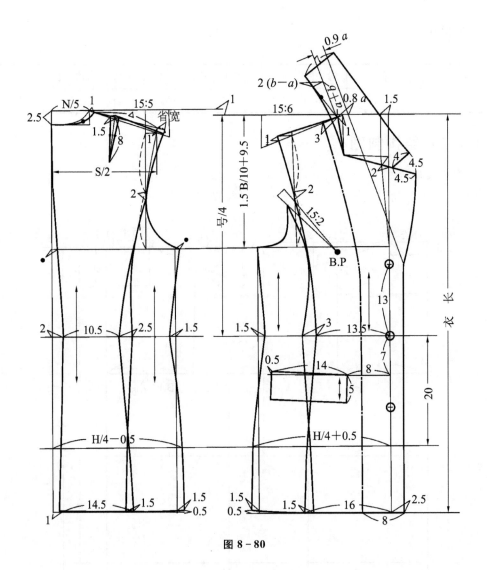

图 8-80

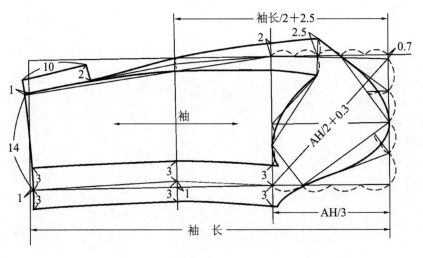

图 8-81

8.5 休闲外套结构制图

8.5.1 制图依据

1) 款式图与外形概述

款式特征：领型为普通翻领，前后片各设有两个省道，前片装有四个贴袋，圆装袖，平袖口（见图 8-82）。

图 8-82

2) 主要部位规格控制要点

（1）衣长　因款式要求，衣长为一般服装衣长。

（2）胸围　此款因其造型较宽松，服装胸围加放量一般在 14～18 cm，本款胸围放松量选择 16 cm。

（3）肩宽　结合造型因素在净肩宽的基础上略放宽 0～1 cm。

（4）领围　领围在基本型领圈的基础上，根据款式要求做相应变化。

（5）腰围　此款腰围较宽松，胸腰差量为 12 cm。

3) 制图规格

单位:cm

号　型	部　位	衣　长	胸　围	肩　宽	基型领围	胸高位	袖　长	袖　口
160/84A	规　格	63	100	40	36	25	47	14

8.5.2 结构制图

1) 前后衣片制图

前后衣片结构制图(见图 8-83)。

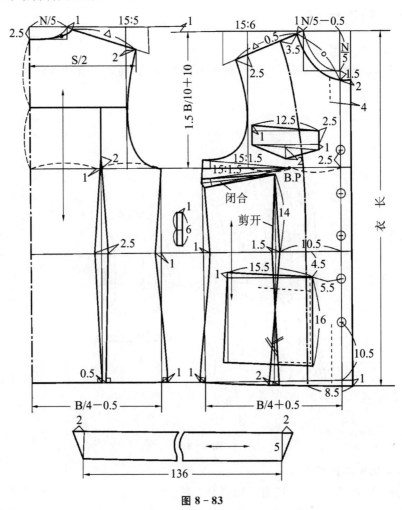

图 8-83

2) 衣领制图

衣领制图(见图 8-84)。

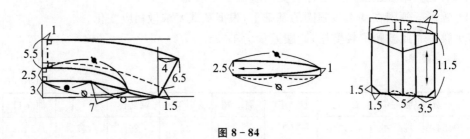

图 8-84

3）衣袖制图

衣袖制图见图 8-85。

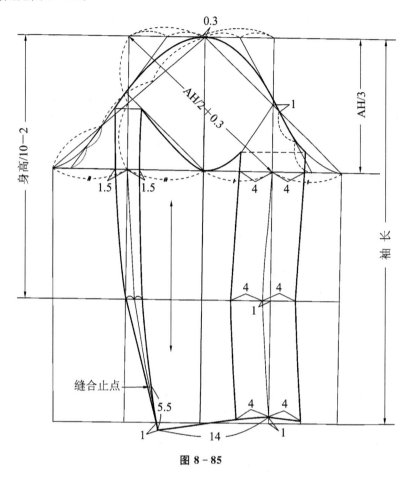

图 8-85

9 男外套结构制图与缝制工艺

9.1 分割立领男茄克衫的结构制图与缝制工艺

9.1.1 外型概述

装立领,袖身有横纵向分割,装袖、袖口设有克夫,前后衣身均有横纵向分割,分割线上均压有 0.1 cm 和 0.6 cm 明线,左右前衣片各设一单嵌线口袋,衣身装下摆,门襟装拉链(见图 9 - 1)。

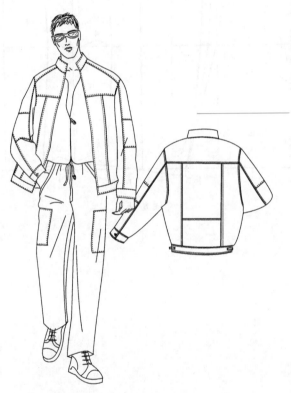

图 9 - 1

9.1.2 规格设计

1) 选号型
175/92A

2）主要控制部位及规格

（1）衣长　视款式而定。定衣长为 70 cm。

（2）胸围　茄克衫一般采用宽松造型。根据款式的不同，放松量一般取 20～30 cm不等。该款放松量设定为 28 cm，成品胸围尺寸为 120 cm。

（3）肩宽　成品肩宽规格为 51 cm。

（4）袖长　成品袖长规格为 62 cm。

（5）下摆　成品下摆规格为 106 cm。

3）制图规格表

单位：cm

号　型	部　位	衣　长	胸　围	肩　宽	袖　长	基型领围	下　摆
175/92A	尺　寸	70	120	51	62	46	106

单位：cm

部　位	上表袋	插　袋	领　宽	克　夫	腰　宽	里袋嵌线
尺　寸	12×14	16×2.5	8	5.5×28	5.5	13×1.5

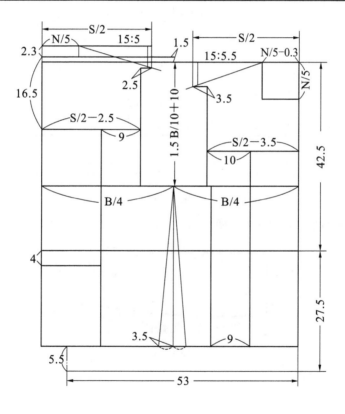

图 9－2

9.1.3 结构制图

（1）前后衣身框架制图见图 9-2。

（2）前后衣身轮廓线制图见图 9-3。

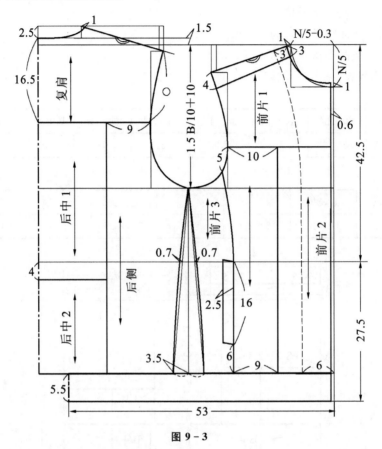

图 9-3

（3）领子及袖身制图见图 9-4、图 9-5。

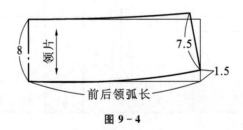

图 9-4

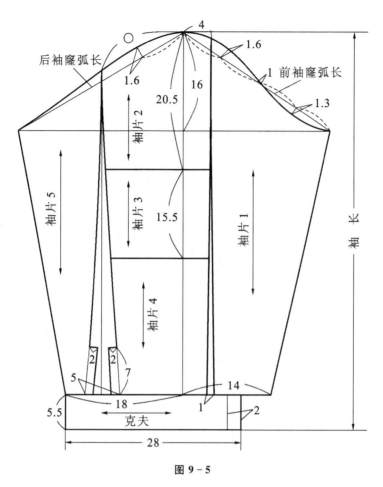

图 9－5

（4）制图说明

① 领圈的确定：规格表中给出的领围尺寸叫基型领围，是指加有一定放松量且满足正常颈部活动需要的一般茄克衫的常规尺寸，基型领围的前领深计算公式为 N/5，领宽为 N/5－0.3。后领宽计算公式为 N/5，领深为 2.3～2.5 cm 定数。根据款式造型和穿着需要的不同，在基型领围的框架上可灵活变化领深和领宽的比例和大小。立领茄克衫为满足内穿衣物在颈部的活动量，前后领宽同时增大 1 cm，同时抬高领深线 1 cm，以增强立领效果。

② 侧缝线的确定：该款式茄克衫下摆围比胸围小 14 cm，前后片的一半下摆各要收进 3.5 cm，故侧缝线在胸围线的基础上撇进 3.5 cm，侧缝线在腰部再略撇进 0.7 cm。腰节高可取总身高的 1/4，采用 42.5 cm 腰节高。

③ 背宽与胸宽的确定方法：上装制图中，背宽与胸宽的确定方法有好几种，其中公式法采用 1.5B/10＋X 或 B/6＋X（X 为调节量）。本书采用在肩端点的基础上进去冲肩量确定背宽与胸宽线。该款茄克衫前后冲肩分别为 3.5 cm 和 2.5 cm，背宽比胸宽大 1 cm。

④ 前后胸背差：男性的体型特征决定了后腰节长大于前腰节长，所以衣片的背长一般要比胸长大，该款茄克衫后领窝点比前侧颈点高出 1.5 cm。

9.1.4 样板放缝及排料

样板放缝及排料见图9-6。

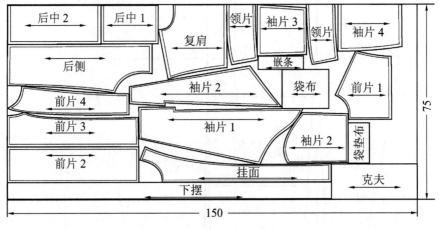

图9-6

该款茄克衫除衣身门襟放1.5 cm、挂面门襟放0.5 cm,其余拼合部位缝份均为1 cm。排料图中的面料门幅为150 cm,用料长为150 cm。

9.1.5 缝制工艺

1) 做缝制标记

前片:衣身胸袋位、插袋位、分割线对位。

后片:分割线对位刀眼。

袖片:分割线对位刀眼。

2) 拼合前、后分割衣片并做前衣身胸袋及插袋

(1) 拼合后衣片和部分前衣片

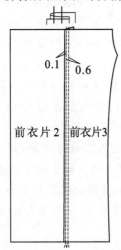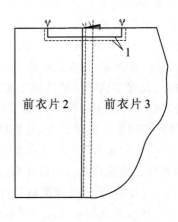

图9-7

如图 9-7 拼合前衣片 2 和前衣片 3，缉好后按图所示做倒压缝 0.1 cm 和 0.6 cm 明线，倒向前衣片 3。按图 9-9 所示拼合后衣片各片，注意缝份的倒向。

（2）烫口袋嵌线

① 先用熨斗沿对折线烫平，然后对一边进行拷边。

② 做插袋嵌线。如图 9-8，首先画出嵌条净线，并用熨斗对折烫平。在对折线的两端剪三角，要注意三角的尖点离嵌条净线 0.2 cm，以防止面料脱散。剪好嵌条两端三角后，按图 9-8(b)所示，折烫嵌条两端缝份。再按图 9-8(c)，在嵌条表面缉明线，并和袋布拼合。

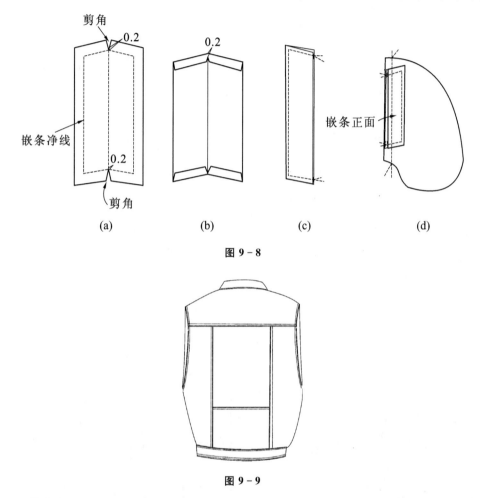

图 9-8

图 9-9

（3）做胸袋

首先根据样片口袋位刀眼标记，按图 9-7 所示剪去开袋多余部分，注意三边要留出 1 cm 缝份。

按图 9-10 所示，将做好的胸袋嵌线的缝边与衣身开袋缝边相对齐，注意两边留出的缝份要一致，然后沿口袋净线从一个端点起针，并倒回针，缝至另外一个端点时也需倒回针。对衣身袋角剪三角，然后翻转嵌条，并用熨斗烫平服。按袋位刀眼，固定胸袋布与前衣片，注意胸袋布在袋位两端的缝份一致。最后，将做好胸袋的前衣片 2 和前衣片 3 与前衣片 1 缉合，并倒压 0.1 cm 和 0.6 cm 明线，倒向上方。

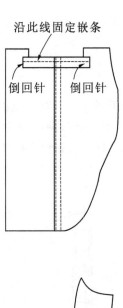
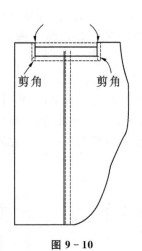
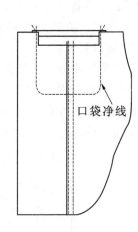

沿此线固定嵌条

倒回针　倒回针

剪角　　剪角

口袋净线

图 9－10

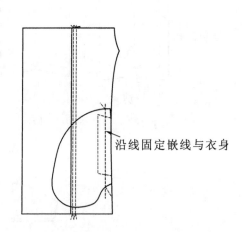

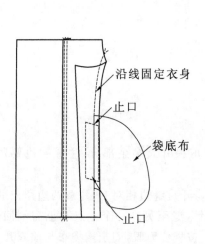

前衣片 3 正面

固定袋底布　袋底布反面

沿线固定嵌线与衣身

图 9－11

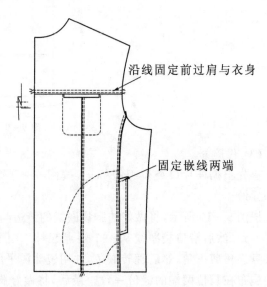

沿线固定衣身

止口

袋底布

止口

沿线固定前过肩与衣身

固定嵌线两端

图 9－12

（4）做前插袋

按图 9-11、9-12 所示，固定嵌线与袋布，然后按袋位刀眼与衣片缉合。固定下袋布与前衣片 4，注意对齐装袋位线，然后折烫袋布。嵌线放在衣片上面拼合，拼合时沿嵌线与袋布的固定线跑针缉合。

3）做里袋并拼合里子与挂面

见图 9-13、图 9-14。

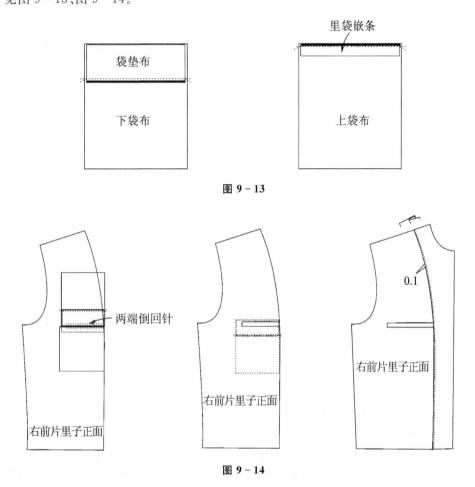

图 9-13

图 9-14

按图 9-14 所示，首先做好里袋，方法参照单嵌线袋的做法。然后拼合挂面与里子，缝份倒向挂面，并压 0.1 cm 明线。

4）拼合里子与面子的前后肩缝

见图 9-15。

5）上领、装下摆

拼合好里子与面子的前后肩缝后，可先固定领子与衣身，缝份如图 9-15 所示，要分开烫倒，以减少缝份厚度，便于下一步装拉链。下摆的缝份处理和领子的方法一样，要分开烫倒，减少缝份厚度。

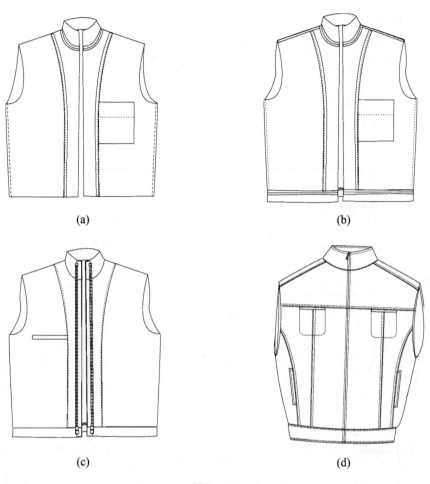

(a)

(b)

(c)

(d)

图 9-15

6）做袖、装袖

如图 9-16，首先分别做好袖面子与袖里子。袖面子拼接缝的倒向可按图示倒压，压 0.1 cm 和 0.6 cm 明线。要注意袖面子与袖里子的叉口位要留出。将做好的袖面子与袖里子按图进行缝合，做好袖叉后再缝合袖子内缝线。按圆装袖的装袖方法，先固定里子的衣身与袖子，然后再固定面子的衣身与袖子。装袖前袖克夫先不要装，因为要从袖口出掏缝袖面子与衣身。

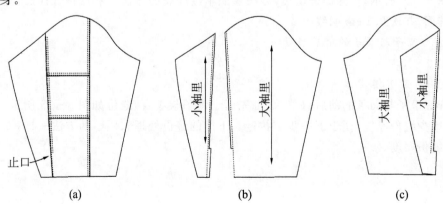

止口

小袖里　大袖里　　　　大袖里　小袖里

(a)　　　　　　　(b)　　　　　　　(c)

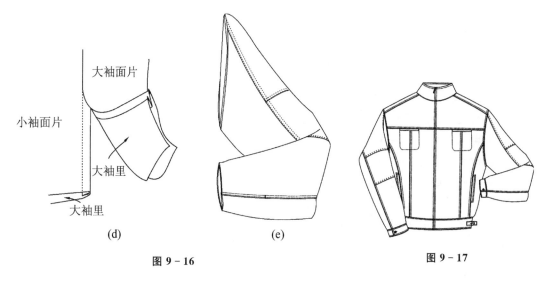

图 9 - 16

图 9 - 17

7）装克夫，完成茄克衫制作

见图 9 - 17。

9.2 分割企领男茄克衫结构制图

9.2.1 外型概述

连体企领；前后衣身均有横纵向分割，分割线上均压有 0.1 cm 和 0.6 cm 明线，左右前衣片各设一单嵌线口袋和有袋盖的明压线袋；衣身装下摆；门襟钉六粒纽扣；腰口左右各设一腰祥；袖身为分割两片袖；装袖克夫；袖口设有折裥。见图 9 - 18。

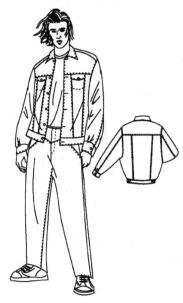

图 9 - 18

9.2.2　规格设计

1）选号型

175/92A

2）主要控制部位及规格

（1）衣长　视款式而定。该款为短茄克,定衣长为60 cm。

（2）胸围　茄克衫一般采用宽松造型。根据款式的不同,放松量一般取20～30 cm 不等。该款放松量设定为28 cm,成品胸围尺寸为120 cm。

（3）肩宽　成品肩宽规格为50 cm。

（4）袖长　成品袖长规格为60 cm。

（5）下摆　成品下摆规格为100 cm。

3）制图规格表

单位:cm

号　型	部　位	衣　长	胸　围	肩　宽	基型领围	袖　长	袖　口	下　摆
175/92A	尺　寸	60	120	50	46	60	28	100

9.2.3　结构制图

1）前后衣身框架制图（见图 9-19）

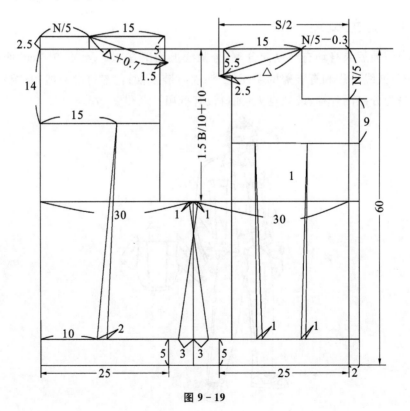

图 9-19

2）前后衣身轮廓线制图（见图 9 - 20）

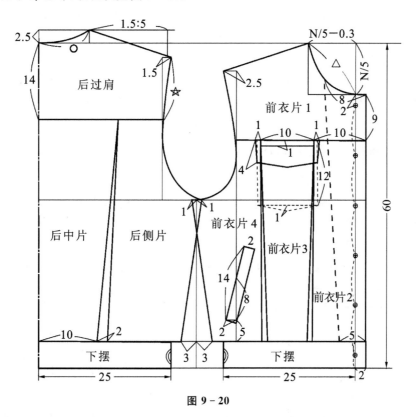

图 9 - 20

3）袖身及领子制图（见图 9 - 21）

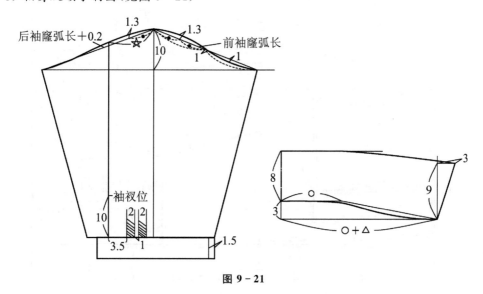

图 9 - 21

4）制图要领与说明

（1）胸围与下摆围的差是 20 cm，由于下摆未装松紧带，所以只能通过分割线收省和侧缝撇量来处理胸围与下摆围的差。前片有两条分割线，各收 1 cm 省量，后片收 2 cm 省量。前后侧缝各撇 3 cm。

（2）由于分割线收省，前后胸围大会减少，为保证胸围大小不变，前后胸围大各增加 1 cm。

（3）袖子分割线要与后过肩分割线对齐，先量取后过肩袖窿的长度，再确定袖山弧线上分割点的位置。

9.2.4 样板放缝及排料

（1）面料门幅为 144 cm，用料长 145 cm。

（2）所有样板的缝份都为 1 cm。要注意袖衩的放缝方法，首先在衩长部位放出 1.5 cm 的叠量，再按图示四周放出缝份。

（3）下摆、克夫、嵌条为连折式。

（4）除嵌条的丝缕为横丝缕外，其他样板均为直丝缕（见图 9-22）。

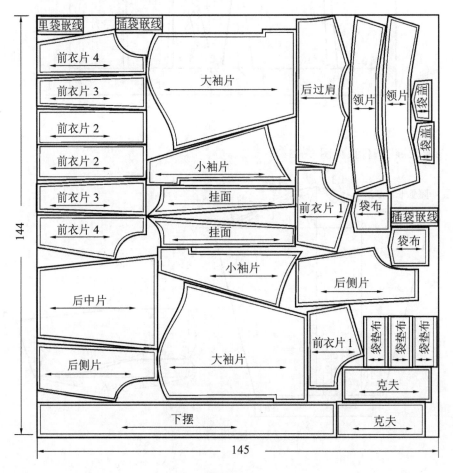

图 9-22

9.3 防风门襟男茄克衫结构制图

9.3.1 外型概述

连体企领,前中装拉链,并外压装防风门襟,左右前衣片各设一个单嵌线口袋、后中剖、缝,衣身装下摆并收松紧带,袖身为插肩两片袖、装袖克夫、袖口设有碎褶(见图9-23)。

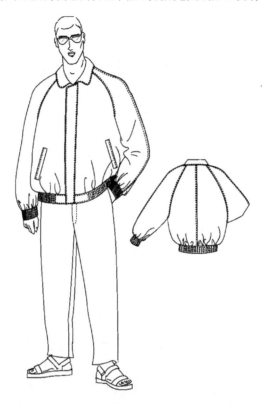

图9-23

9.3.2 规格设计

1) 选号型

175/92A

2) 主要控制部位及规格

(1) 衣长 该款式为缩腰短茄克衫,定衣长为62 cm。

(2) 胸围 该款式夹克衫为宽松造型,放松量设定为28 cm,成品胸围尺寸为120 cm。

(3) 肩宽 成品肩宽规格为52 cm。

(4) 袖长 成品袖长规格为60 cm。

(5) 下摆 下摆装松紧带,收松紧前规格为112 cm,收松紧后规格为90 cm。

3）制图规格

单位：cm

号　型	部　位	衣　长	胸　围	肩　宽	基型领围	袖　长	袖　口	下　摆
175/92A	尺　寸	62	120	51	46	60	25/35	90/112

9.3.3　结构制图

1）前后衣身框架制图（见图 9－24）

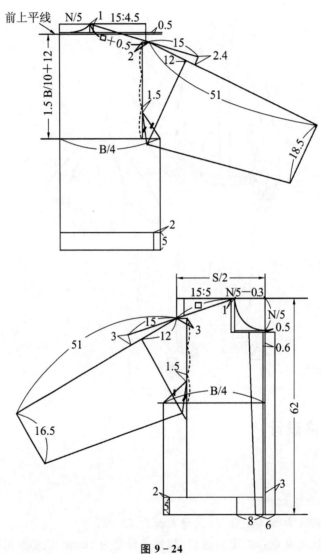

图 9－24

2）前后衣身、袖身轮廓线制图（见图 9－25）

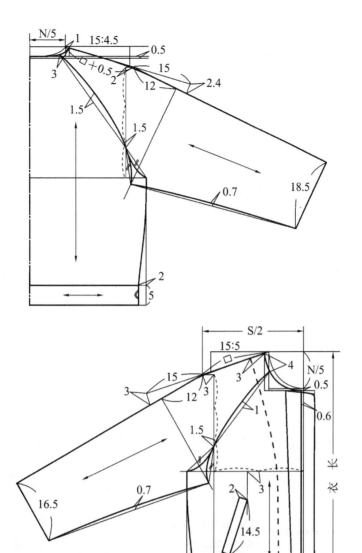

图 9 - 25

3）领子制图（见图 9 - 26）

4）制图要领与说明

（1）该款茄克衫为收下摆宽松造型，因此衣身无需收腰，为直筒造型。下摆因为装松紧，制图尺寸应采用松紧收缩前的尺寸制图。下摆未收松紧的尺寸为 112 cm，而胸围尺寸为 120 cm，胸围与下摆围的差为 8 cm，用四开身的制图方法平均分配在每一衣片，每一衣片下摆各收进 2 cm。

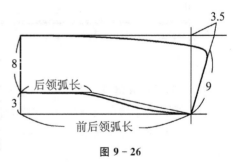

图 9 - 26

（2）宽松式茄克衫插肩袖的宽松程度也应与衣身相适应，采用宽松袖的制图方法。前袖斜度采用 15∶3,后袖斜度采用 15∶2.4。若前袖斜度公式为 15∶X,则后袖斜度采用 15∶0.8X。

（3）前袖口大为袖口大/2－1,后袖口大为袖口大/2＋1。前后袖的袖山高均为 12 cm。袖窿弧线与袖山弧线的分开点取袖窿深的三等份点向下 1.5 cm。通过量取等长袖山与袖窿线的方法确定袖子的袖肥大。因为袖口装克夫,因此袖身长为总袖长减克夫宽 5 cm,为 51 cm。衣身前门襟采用装拉链结构,由于成品服装拉链宽一般为 1.2 cm 左右,所以制图中前衣片门襟左右各收进 0.6 cm。

9.3.4　样板放缝及排料

样板放缝及排料见图 9－27。

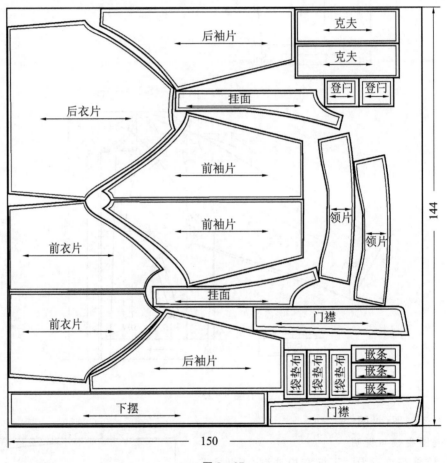

图 9－27

1）面子样板放缝及排料

（1）下摆、登闩、克夫、嵌条的丝缕方向为横丝缕,其他衣片丝缕方向均为直丝缕。

（2）该款茄克衫所有衣片缝份均为 1.2 cm,注意下摆、克夫为连折式,单片克夫净宽为 10 cm。

2）里子样板放缝及排料（见图 9-28）

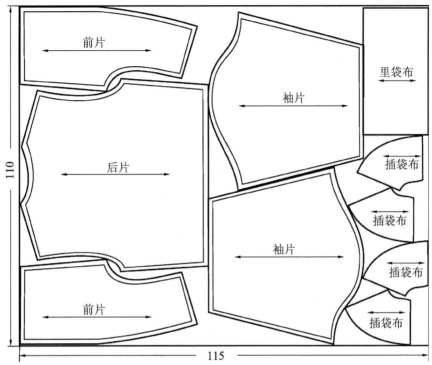

图 9-28

（1）在单件衣服的制作过程中为节约用料，里袋布在排料图中的丝绺为横丝绺。

（2）里子样板的缝份要略大于面子样板，如在袖窿弧线、袖山弧线、袖肥等处。

9.4 中长休闲男外套结构制图

9.4.1 外型概述

连体企领，左右前片从肩线至底摆各有一斜向分割线，左右各设一个有袋盖的双嵌线袋，四粒纽扣，后中断开压明线，袖子为分割两片袖（见图 9-29）。

9.4.2 规格设计

1）选号型

175/92A

图 9-29

2）主要控制部位及规格

（1）衣长　视款式而定。该款衣长至中指尖左右，一般取总身高的 48%～49%，定衣长为 85 cm。

（2）胸围　中长男外套胸围放松量一般取 25～28.5 cm 不等。该款放松量设定为 25 cm，成品胸围尺寸为 117 cm。

（3）肩宽　成品肩宽规格为 52 cm。

（4）袖长　成品袖长规格为 61 cm。

3）制图规格表

单位：cm

号　型	部　位	衣　长	胸　围	肩　宽	基型领围	袖　长	袖　口
175/92A	尺　寸	85	117	52	46	61	16

9.4.3　结构制图

1）前后衣身制图（见图 9-30）

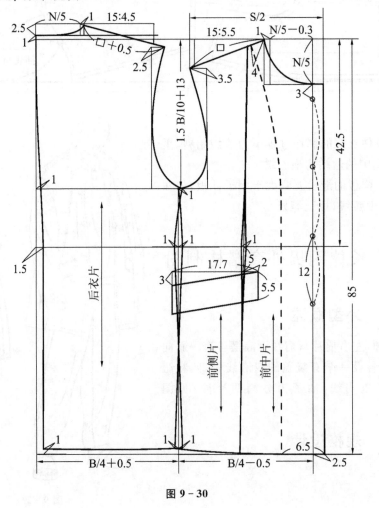

图 9-30

2）领子及袖身制图（见图9-31、图9-32）

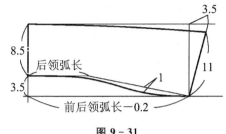

图 9 - 31

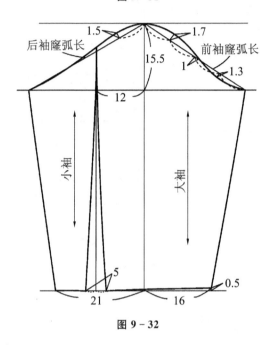

图 9 - 32

3）制图要领与说明

（1）前衣片胸围大为 B/4－0.5，为保证整个胸围大小不变，则后衣片的胸围大为 B/4＋0.5。

（2）前衣身分割线的确定：首先由侧颈点量取出 4 cm，确定肩部分割点，然后把前胸宽进行二等分，向袖窿方向 3 cm 定点，将确定的两点连接并延长至底摆画出分割线的辅助线。

（3）由于后中撇进，因此胸围尺寸会少 1 cm 左右的量，要把后袖窿深点向外追加 1 cm 的胸围，确保胸围的尺寸不变。

（4）前肩斜度为 15∶5.5，后肩斜度为 15∶4.5，通过前肩宽与前小肩斜度确定前衣片小肩长肩端点，由肩端点向内进 3.5 cm 的冲肩量确定前胸宽，后小肩长＝前小肩长＋0.5 cm。由后肩端点向内进 2.5 cm 的冲肩量确定后肩宽。

9.4.4 样板放缝及排料

见图 9-33，该排料图的面料门幅设为 144 cm，衣底摆、袖口的放缝均为 3.5 cm，领口缝份 1 cm，其他样板缝份都为 1.2 cm。

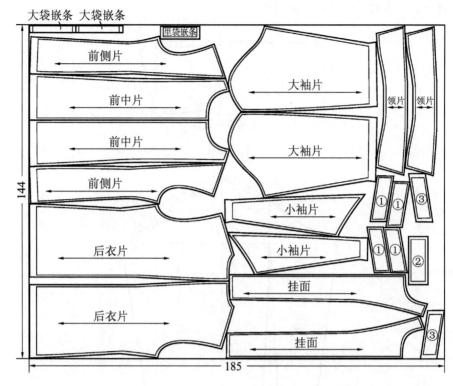

大袋嵌条　大袋嵌条

里袋嵌条

前侧片

前中片

前中片

前侧片

后衣片

后衣片

大袖片

大袖片

领片　领片

小袖片

小袖片

挂面

挂面

① ① ③

① ① ②

③

144

185

① 大袋盖；② 里袋垫布；③ 大袋垫布

图 9 – 33

9.5　男风衣结构制图

9.5.1　外型概述

风衣企领、左右前片各设一个有袋盖的单嵌线袋、双排扣、单排纽扣 5 粒、右前胸设一胸盖布，后中断开、下端开衩、后背设有盖布，腰部系腰带，袖子为插肩袖、袖口有袖祥（见图 9 – 34）。

9.5.2　规格设计

1）选号型

175/92A

2）主要控制部位及规格

（1）衣长　视款式而定。该款衣长至膝盖骨下面 10～17 cm，一般取总身高的 64% ～65%。定衣长为 113 cm。

图 9 – 34

（2）胸围　男风衣胸围放松量一般取 28～31.5 cm 不等。该款放松量设定为 28 cm,成品胸围尺寸为 120 cm。

（3）肩宽　成品肩宽规格为 52 cm。

（4）袖长　成品袖长规格为 63 cm。

3）制图规格

单位:cm

号　型	部　位	衣　长	胸　围	肩　宽	基型领围	袖　长	袖　口	腰　带
175/92A	尺　寸	113	120	52	46	63	17	4.5×120

9.5.3　结构制图

1）前后衣身及领子制图

前后衣身及领子制图见图 9-35、图 9-36、图 9-37。

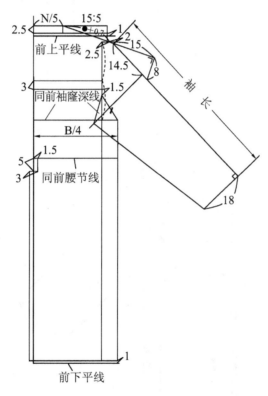

图 9-35(a)

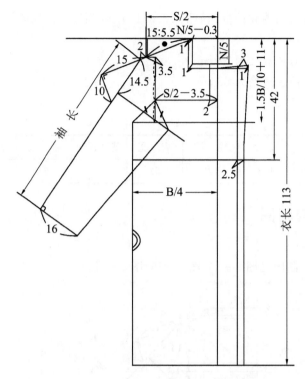

图 9-35(b)

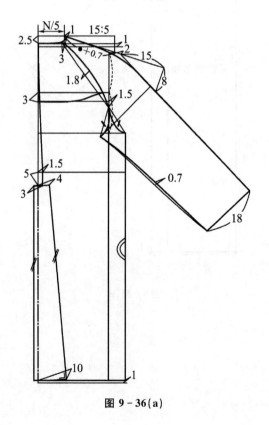

图 9-36(a)

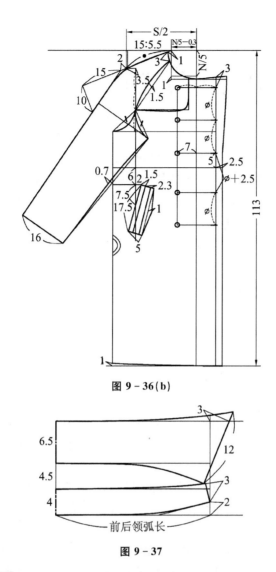

图 9 - 36(b)

前后领弧长

图 9 - 37

2）制图要领与说明

（1）插肩袖的制图方法

插肩袖制图的关键是袖斜度、袖山高和袖肥的确定。袖斜度可包括两方面,一是肩端点与侧颈点的小肩斜度,二是袖中线与小肩线的斜度。一般可以根据袖子的宽松程度来确定袖斜度的大小。从合体程度上分,插肩袖大致可分为合体插肩袖、中性插肩袖、宽松插肩袖。该款风衣袖子采用中型插肩袖的袖斜度。前袖袖斜采用 15：10 确定袖中线与肩线的斜度,后袖则采用 15：8 确定其斜度。前袖口为袖口减 1 cm,后袖口为袖口加 1 cm。

（2）门襟

该款双排扣门襟搭门宽为 9.5 cm,纽扣叠门宽 2.5 cm。

（3）衣身后中开衩

开衩位由腰节位向下量取 5 cm,下衩口向外张开。衩布为另外缝接部分,后中心线不断开,拼接部位在图中用对位拼接符号标出。

10 西服结构制图与缝制工艺

男西服从生成到现在已有两百年的历史,在这个演变过程中已经形成了很强的城市化特点,既严肃又带有男子的气势还表现自身的身份地位。它的款式、结构比较稳定,它的裁剪方法一般可用原型法、基型法或比例法,这几种方法都是以平面比例分配的形式体现,对标准体型来说是较简便、准确的计算方法,实用性较强。对特体的结构制图只要在此基础上经过修正就能确定。

10.1 西服基本知识

10.1.1 西服用面料

用于西服的面料,无论是春夏装还是秋冬装,毛织物占多数,用于西服的毛织物主要有精纺呢绒和粗纺呢绒。此外,也使用纯棉、麻和丝绸。代表性面料如下:

(1) 精纺呢绒 所用原料纤维较长而细,纤维在纱线中排列整齐,纱线结构紧密,经纬纱多为股线,织物表面纹路清晰、光洁。常见品种有凡立丁、派力司、啥味呢、哔叽、华达呢、贡呢、花呢、女衣呢等。

凡立丁、派力司均为平纹组织织成的轻薄毛织物。所不同的是派力司经线纬纱,而凡立丁经纬纱均为线,派力司纱线的捻度比凡立丁小,故轻薄柔软,派力司表面有雨丝花纹,凡立丁都为单色。

哔叽、啥味呢都是 2/2 斜纹中厚型毛织物,斜纹角度为 50°,斜纹纹道的距离较宽,它们的主要区别在于哔叽为单色,啥味呢为混色;哔叽多为光面,纹路清晰,而啥味呢多为毛面,表面有少量绒毛。

华达呢是一种紧密的 2/2 斜纹织物,斜纹纹路较细、角度为 63°,呢面光洁平整、手感滑挺。

贡呢是紧密型中厚缎纹毛织物,有直贡呢和横贡呢之分。呢面平整、手感糯滑、光泽极好。

花呢是利用各种不同色彩的纱线及各种不同的嵌条线,并用各种不同的组织变化,织成丰富多彩的花色。有嵌条、隐条、隐格,也有条格、印花。表面有光面、呢面和绒面,织物组织也有平纹、斜纹、变化组织多种多样。

女衣呢多为复杂提花、松结构、长浮点组织,构成各种细致的图案或凹凸的纹样,织物重量轻、结构松、手感柔软、色彩艳丽,多用于女式西服套装面料。

(2) 粗纺呢绒 由粗梳毛纱织制而成,纤维在纱线中排列不是很整齐,结构蓬松,外观多茸毛,粗毛呢绒,所用经纬纱多为单股毛纱,织物表面有一层绒毛覆盖。用于西服的粗纺呢绒主要有制服呢、海军呢、麦尔登、法兰绒、粗花呢、女式呢等。

制服呢、海军呢、麦尔登都为斜纹组织。所用原料及织物的外观与手感是麦尔登最好，海军呢次之，制服呢最差。

法兰绒是以细支羊毛织成的毛染混色产品。重缩绒不露底。织物组织为平纹组织。呢面有绒，绒面细腻、丰满、舒适，色彩多为混色，如黑白混色、蓝白混色、红白混色等。

粗花呢是利用单色纱、混色纱、合股线、花式纱等与各种花纹组织配合织成的花色织物。包括人字、条格、圈点、小花纹及提花织物。分为纹面花呢、呢面花呢及绒面花呢三种风格。

女式呢以匹染为主，手感柔软、质地轻薄、色彩鲜艳、多为浅色，采用组织变换、色纱排列、印花提花等方法，做出各种花型。

（3）棉、麻、丝织物　棉纤维细而柔软，吸湿性好，所制成的棉织物舒适、经济实惠，常用于休闲西装；麻织物具有透气、凉爽、舒适、出汗不沾身、防霉性好等优点，是良好的夏季服装衣料。丝织物具有明亮、悦目、柔和的光泽，布面光滑细洁，高雅华丽，吸湿性好、轻盈、柔滑，穿着舒适，可用于高档西服。

10.1.2　西服用辅料

要制作一件满意的、质量好的西服，除了需用高质量的面料外，还必须配以合适的辅料。西服常用辅料如下：

（1）里子　选用里子布时，要考虑面料的吸湿性以及易于缝制和穿脱。

原料普遍采用100％涤纶。高档的使用100％涤纶经纱，100％铜氨纤维纬纱。最高档的使用100％涤纶经纱或真丝纬纱。

（2）袖里　普通西服使用与大身里子同样的材料，高档西服必须使用专用袖里。袖里的经纬纱都使用100％铜氨纤维的双纱。盛夏季节的西服大身里子、袖里均使用超细纱支。

（3）粘合衬　前身、过面等部分要使用永久性粘合衬。永久性粘合衬有针织物、机织物、无纺布。从西服的穿着舒适角度考虑，可按针织物、机织物的顺序选用。

（4）毛衬　是一种用较硬兽毛织成的混纺毛织物辅料，主要用于前身衬，保证肩、胸、修蘁部分的服用功能，适应各种织物的组织。经纱使用柔软的棉纱，纬纱使用弹性强的粗纱。

（5）口袋布　要求轻薄结实，一般使用纯棉或与人造丝混纺的平纹、斜纹布。

（6）领衬　用于领子部分，是用麻或棉纱织成的一种较厚的起绒粗布衬，为适合领部的运动，要斜向排料。

（7）纤条衬　为了防止西服面料的伸缩，某些部位要使用机织或针织物切成的纤条粘合衬，也有两者复合而成的纤条衬，根据不同部位，使用方法各异。

（8）垫肩　根据西服的肩型而改变厚度、形状。垫肩应有弹性，不能因加工熨烫而变薄，也不能因长期穿着而变形，通常由棉花、合纤及平纹布组合而成。

（9）拉链　西裤用拉链为金属（多为铝制）及合成树脂（多为尼龙）。拉链基布一般为合纤。

（10）扣子　普通的为塑料制品，高档西服套装类扣子材料选用水牛角、各种贝壳类、椰木等天然材料；休闲上衣类可选用金属、景泰蓝、皮革等。

（11）腰里衬　裤腰一周要使用的衬，通常为树脂粘合衬。

（12）腰里　腰里布应注意有粘附衬性，以防止衬衫从裤腰滑出。另外，从合体的角度考虑,应采用斜向用料。

（13）膝里　高档西裤应使用膝里布,材质为粘胶与涤纶,均为特殊加工的专用里布。目的是加强吸湿性与步行的运动功能。

10.1.3　西服的种类

1）西服的基本形式和变化

西服的三件套和两件套构成了它的基本形式;两粒扣和三粒扣是其结构上的基本形式。所谓变化就是将这些基本因素和局部因素进行重新组合。

三件套的基本结构形式是:上衣为两粒扣,八字领,圆摆,左胸有手巾袋,下边两侧设有夹袋盖的双嵌线衣袋,袖衩有三粒装饰扣,后身设开衩;背心的前襟有五粒或六粒纽扣,四个口袋对称设计;裤子口袋为侧斜插袋,后身臀部左右各有一袋,单嵌线或双嵌线（见图10-1）。

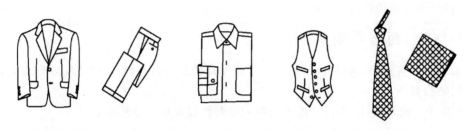

图 10-1

在这个基础上,可以根据礼仪规格、习惯、流行、爱好进行组合和结构形式上的变化。两件套上下同色同面料的组合,单排两粒或三粒扣八字领,双排四粒或六粒扣戗驳领或半戗驳领;夹袋盖或双嵌线衣袋;袖衩的装饰扣从一粒到四粒;后开衩可选择中开衩、明衩、侧开衩和无开衩的设计。

2）运动西装

运动西装其整体结构采用单排三粒扣套装形式,颜色多用深蓝色,但纯度较高,配浅色细条格裤子,面料采用较疏松的毛织物。为增加运动气氛,纽扣多用金属扣,袖衩装饰扣以两粒为准。明贴袋、明线是其工艺的基本特点。局部变化和普通西装相同,但在风格上强调亲切、愉快、自然的趣味。

运动西装的另一个突出特点是它的社团性。它经常作为体育团体、俱乐部、职业公关人员、学校和公司职员的制服。它的形式基本是在军服基础上确立的。其象征性主要是,不同的社团采用不同标志的徽章,通常设在左胸部或左臂上。徽章的设计和配置是很有讲究的,一般不得滥用,如对称、大面积使用都会破坏它的功能。徽章的图案主要采用桂树叶作衬托纹,这是根据古希腊在竞技中用桂树叶编制的王冠奖励胜利者,以象征胜利者举世无双而来。社团的标志或文字作为主纹样,格调高雅,要有一种团结奋进的精神,文字以拉丁文为主。徽章的造型分为象形型和几何型两类。象形型有甲胄、盾牌、马首等造型;几何型有长方形、圆形和组合形（见图10-2）。徽章造型的选择要根据社团性质和特点而确定,一般竞技、对抗性强的采用象形型徽章较多,职业性、公关性强的多用几何型徽章,同时,金属扣的图案也要和徽章统一起来。

象形型　　　　　　　　　　　　　几何型

甲胄(标准型)　　盾牌　　马首　　长方形　圆形　组合形

图 10 - 2

3）休闲西装

休闲西装的基本造型和运动西装相仿,但从面料到款式,从色彩到搭配,完全可以根据目的性要求设计。它是作为打高尔夫球、钓鱼、射击、骑马、郊游、打网球等运动适宜的着装。面料通常根据季节有所改变,冬天用粗纺呢,春秋季多用薄型条格法兰绒、灯芯绒,夏季则用棉麻织物。在男士经典服装中,休闲西装是表情最为丰富的一种,它有很强的辐射力,在未来男装的发展中,它所占有的空间将越来越大。因此它今天不仅可以作为办公室中的实用性着装,还可以作为表现个性的一种休闲品味的装束,因为它不仅可以上下自由组合,内外配饰几乎完全可以脱离正统西装的搭配格式而无限延伸。

休闲西装往往被认为肩宽阔些、松度大些、袖子长些,总之是大尺寸的,款式也超出常规的变化。

10.1.4　西服穿着的基本要点

西服上衣袖子应比衬衫袖短 1～3 cm,穿着时应摘除袖口的商标。西服的上衣、裤子袋内不能鼓鼓囊囊。双排扣西装一定要全部扣上,单排双扣扣上面一颗或全部不扣,单排三扣扣中间一颗或全部不扣,单排四扣中间两颗。

领带颜色应和谐不可刺目,一般领带长度应是领带尖盖住皮带扣。领带夹的位置放在衬衫从上往下数的第四粒纽扣处,西服扣上扣子后应看不到领带夹。

衬衫领子不能太大,佩戴领带一定要扣好衬衫扣,领脖间不能存在空隙。衬衫的下摆要放入裤子里;整装后,衬衣领要比外衣领高出 2 cm 左右(从后中心测量);衬衫袖口比外衣袖口要长出 2 cm 左右,这主要基于礼节和保护外衣的考虑。背心的前身长度以不暴露腰带为宜。

标准的西裤长度为裤管盖住皮鞋,手不能插在裤袋内。皮鞋和鞋带、袜子颜色应协调,袜子的颜色应比西服深。

在颜色的使用上,除礼服及配饰的特别规定外,还可以掌握以下的原则。以白色为主的浅色系衬衫,可采用如下搭配:第一,可以选择任何颜色的外衣;第二,领带的颜色可选择与外衣在同一色系而偏鲜明的色彩,装饰巾和领带的颜色相同;第三,领带与外衣使用对比色时,如暗蓝色外衣、红色领带,领带颜色应降低纯度,像胭脂红、砖红、棕等;第四,灰色系领带高雅、华丽、庄重,几乎适合与所有颜色的外衣搭配;第五,高纯度、高明度等极色间的搭配组合,多用在娱乐场合,如运动队服、参加聚会的服装等。另外,黑色或深色衬衣和浅色外衣、领带的搭配要慎用,因为这种搭配是一种不讲究或是一种癖好,采用这种装束往往是作为一种便装形式,衫衣也可以用 T 恤衫,如休闲西装的组合。请注意,在任何情况下,切忌使用鲜红和朱红色领带。由此可见,男装的配服和配饰是不容忽视的。

10.1.5 西服上衣各部位名称

西服上衣各部位名称见图 10-3、图 10-4。

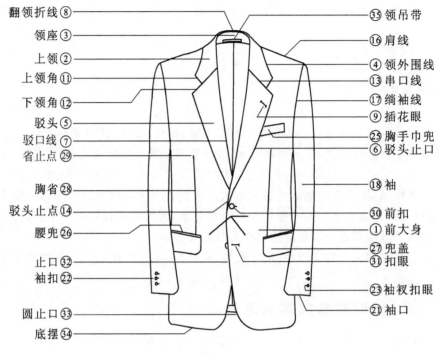

翻领折线⑧ ㉟领吊带
领座③ ⑯肩线
上领② ④领外围线
上领角⑪ ⑬串口线
下领角⑫ ⑰缲袖线
驳头⑤ ⑨插花眼
驳口线⑦ ㉕胸手巾兜
省止点㉙ ⑥驳头止口
胸省㉘ ⑱袖
驳头止点⑭ ㉚前扣
腰兜㉖ ①前大身
止口㉜ ㉗兜盖
袖扣㉒ ㉛扣眼
圆止口㉝ ㉓袖衩扣眼
底摆㉞ ㉑袖口

图 10-3

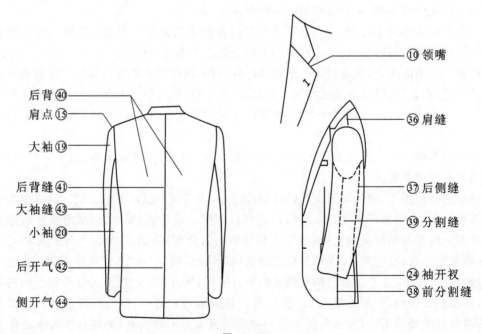

⑩领嘴
后背㊵ ㊱肩缝
肩点⑮
大袖⑲
后背缝㊶ ㊲后侧缝
大袖缝㊸
小袖⑳ ㊴分割缝
后开气㊷ ㉔袖开衩
侧开气㊹ ㊳前分割缝

图 10-4

10.2 平驳头男西服结构制图与缝制工艺

10.2.1 外型概述

平驳头,门襟止口圆角,单排两粒纽,左右双嵌线大袋,装袋盖,左右两侧设胸腰省、腋下省,左胸手巾袋一个,后身做背缝,圆装袖,袖口处做衩,并有三粒装饰纽,见图 10-5 所示。

图 10-5

10.2.2 规格设计

1)号型

170/88A

2)主要控制部位及规格

(1)衣长 一般取身高的 40%加上 6~8 cm,主要与款式变化有关。本款式取 76 cm。

(2)腰节高 与人体的身高有关。本款式取号/4,即 42.5 cm。

(3)胸围 净体围度加放 18~22 cm,主要与合体程度有关,本款式取加放量为 20 cm,成品胸围尺寸为 108 cm。

(4)肩宽 净肩宽加上 0~3 cm,本款式成品肩宽规格取 46 cm。

(5)领围 在净颈围的基础上加放 4 cm,本款式取 40 cm。

(6)腰围 腰围控制量与合体程度有关。本款式属较合体款式,控制胸围与腰围的差在 13 cm 左右。

(7)袖长 西服的袖长应比常规服装稍短,穿戴时,西服袖口就比衬衫袖口短约 2 cm 左右。本款式成品袖长规格取 60 cm。

3）控制部位规格和细部规格尺寸

控制部位规格和细部规格尺寸如下表所示。

控制部位规格 单位:cm

号 型	部 位	衣 长	腰 节	胸 围	领 围	肩 宽	袖 长
170/88A	尺 寸	76	42.5	108	40	46	60

细部规格 单位:cm

部位名称	大袋盖 长×宽	手巾袋 长×宽	翻领宽	领座宽	驳头宽	驳角宽	领角宽
尺 寸	16×5.5	10.5×2.3	3.5	2.5	8	4	3.5

10.2.3 结构制图

1）前后衣身制图

前后衣身框架制图见图 10-6,前后衣身轮廓线制图见图 10-7。

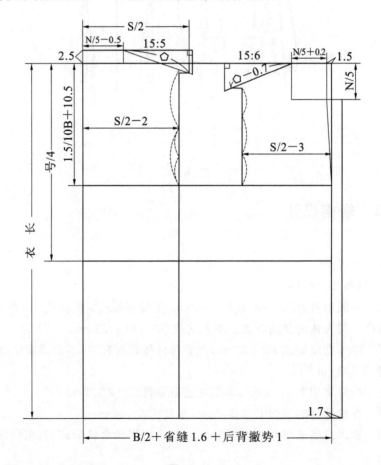

图 10-6

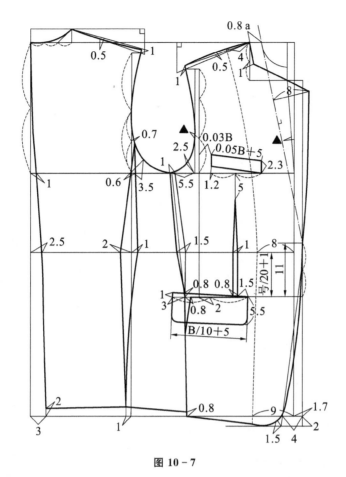

图 10 - 7

2）衣领制图

衣领框架图见图 10-8，衣领轮廓线结构制图见图 10-9，挖领脚线的领子裁剪见图 10-12。

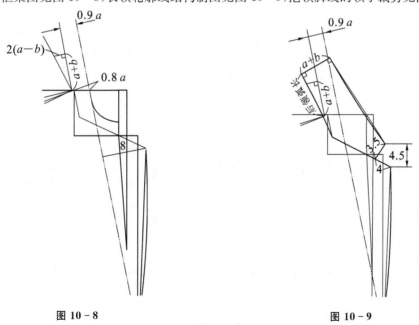

图 10 - 8   图 10 - 9

图中 a 为底领宽，b 为翻领宽。

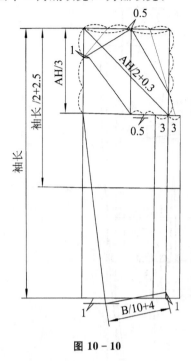

图 10 - 10

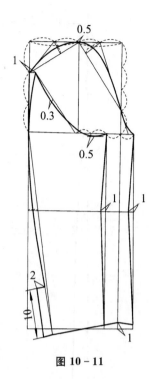

图 10 - 11

3）衣袖制图

袖子框架图见图 10 - 10，轮廓线结构制图见图 10 - 11。

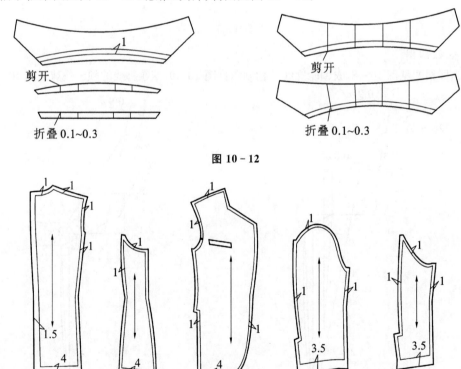

图 10 - 12

图 10 - 13

10.2.4　西服放缝及排料

1）衣片、袖子放缝

衣片、袖子放缝见图 10－13。

2）领子放缝

领子放缝见图 10－14。

3）挂面、里子的配置

在毛缝的基础上配置挂面和里子，见图 10－15。

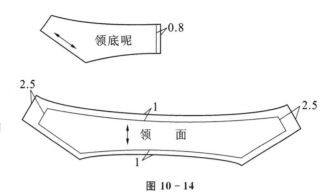

图 10－14

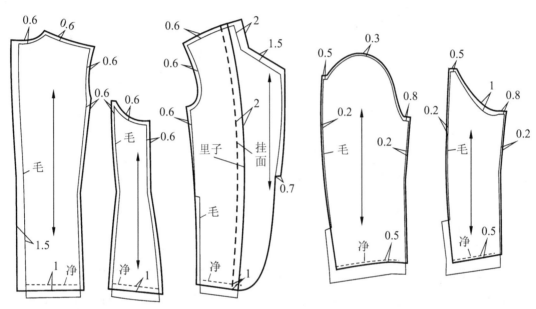

图 10－15

4）零部件

（1）大袋零部件，见图 10－16。

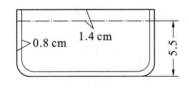
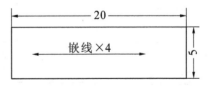

图 10－16

（2）手巾袋零部件，见图 10－17。

（3）里袋零部件，见图 10－18。

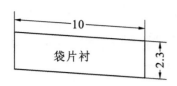

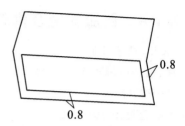

图 10 - 17

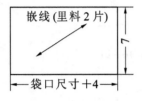

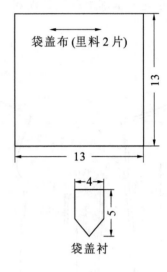

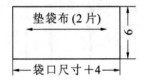

图 10 - 18

5）西服面料排料

西服面料排料见图 10 - 19。

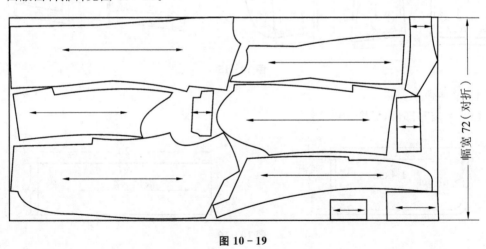

图 10 - 19

6）里子排料

里子排料见图 10 - 20。

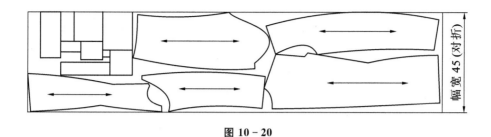

图 10 - 20

10.2.5　缝制工艺

1）做缝制标记

（1）将左右衣片下面朝里平铺，边沿对齐，打线钉作出各部位缝制标记。

（2）前衣片　驳口线、领嘴线、领圈线、肩缝线、止口线、手巾袋位、前袖窿眼刀位、腰节线、大袋位、纽位、胸省线、衣摆缝线、底边线，见图 10 - 21。

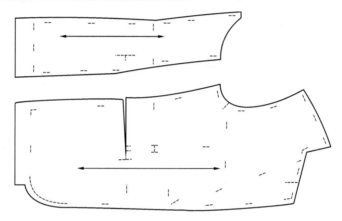

图 10 - 21

（3）后衣片　后领线、背缝线、腰节线、底边线，见图 10 - 22。

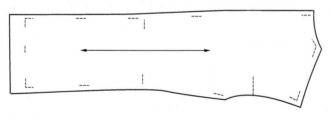

图 10 - 22

（4）大小袖片　袖山对刀位、袖肘线、袖衩线、袖口线，见图 10 - 23。

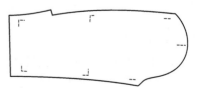

图 10 - 23

2）配置衬布

在衣片上粘一层粘合。一般粘衬要经过粘合机热溶定型。如果用熨斗热压会产生面、衬脱壳现象。

（1）中厚型有纺衬　前衣片,侧片袖窿处。

（2）薄型有纺衬　挂面,后领弧,领面,袋盖面,手巾袋片,嵌线,底边,见图10-24。

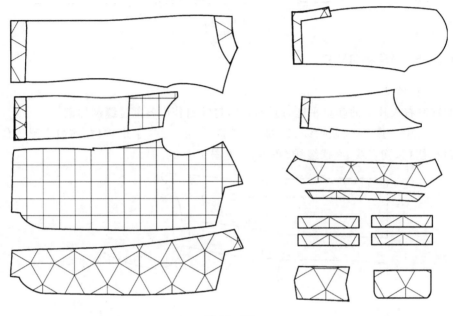

图 10-24

3）收省

（1）剪胸省

① 一般以单片剪为好,可保证两片条格对称。

② 根据线丁位剪去肚省,剪到腰省省根。

③ 沿胸省中间剪开,剪至距省尖 3.5～4 cm(注意衣片的条格对称),见图 10-25。

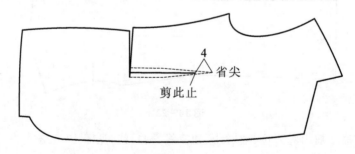

图 10-25

（2）缉胸省

方法一：将衣片正面朝里,按照省中线对折。在省尖未剪开的部位垫一块长约 8 cm,宽约 4 cm 的斜丝里料布条,然后沿省道线车缝,缉省时不能缉成胖形或平尖形,见图 10-26。

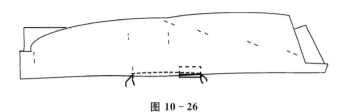

图 10-26

将省道未剪开的部位横向打剪口,并分缝烫平,并将斜丝布条倒向一侧,未剪开的省尖倒向另一侧,使省尖部位厚度相同,见图 10-27。

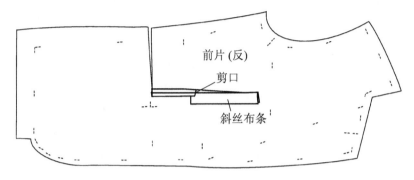

前片(反)

剪口

斜丝布条

图 10-27

方法二:将衣片正面朝里,按照省中线对折,沿省道线车缝,不能缉成胖形或平尖形。然后分烫省缝,省尖处用手工针插入分烫,以防省头偏向一边,影响外观。分烫时,在腰节处丝绺向止口边弹出 0.6～0.8 cm,把省尖烫圆,见图 10-28。

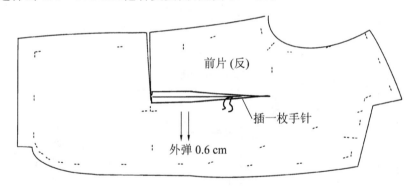

前片(反)

插一枚手针

外弹 0.6 cm

图 10-28

4)缉腋省

将袋口省的两省线对齐,在袋口省边用针绷缝固定。缝合前片与侧片并分缝烫平。注意,大身衣处在袖窿深线下 10 cm 处吃 0.3～0.5 cm,见图 10-29。

5)推门

粘合衬西服的推门方法要比传统西服工艺简单,一般只要在腰吸、胸部及肩头部位进行归拔处理即可,见图 10-30。

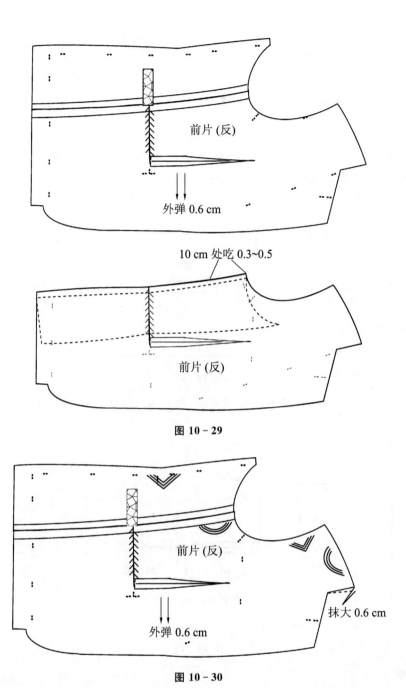

外弹 0.6 cm

10 cm 处吃 0.3~0.5

前片 (反)

图 10 - 29

前片 (反)

抹大 0.6 cm

外弹 0.6 cm

图 10 - 30

6）做大袋

（1）做袋盖

① 袋盖布料的条格与大身的条格相符，上口放缝 1.4 cm，周围放缝 0.8 cm，把多余的缝头修净。袋盖里布按面再修去 0.3 cm，作为袋盖的里外匀层势。

② 把袋盖面和袋盖夹里正面相对车缉，缝头 0.8 cm。车缉圆角时，袋盖夹里要拉紧，以防袋盖翻出后袋盖角外翘。

③ 将缝合好的袋盖缝头修剪到 0.3 cm。注意圆角处缝头略微窄些，使袋盖圆角圆顺，

不出棱角,然后烫平。要求夹里止口不可外露,止口顺直。

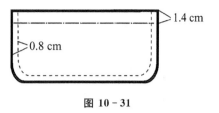

图 10-31

④ 袋盖做好后要将两块袋盖复合在一起。检查袋盖的规格大小及丝缕,前后圆角要对称,见图 10-31。

(2) 开袋口

① 在袋口的上端涂少许糨糊,将袋布平铺于衣片的反面,袋布盖过袋口线 2 cm,用熨斗烫干粘牢,见图 10-32。

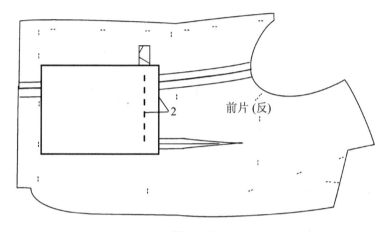

图 10-32

② 将两片袋口布条的正面与衣片的正面相对,并置于衣片正面的袋口线上,分别在上、下袋口布条上缉明线 0.4 cm,两明线间距 0.8 cm,明线长度一般少于袋盖 0.2 cm,左右两端齐平,见图 10-33。

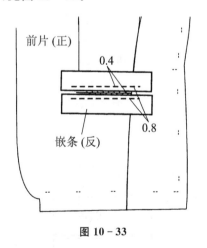

图 10-33

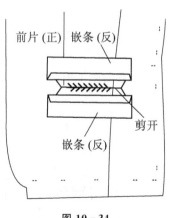

图 10-34

③ 沿缝线中间平行剪开,在距左右两端 0.8 cm 处打三角剪口。注意:剪口既要剪深剪透,又不能剪断缝线,见图 10-34。

④ 将袋口两端的三角向衣片反面扣折,并用糨糊粘住,见图 10-35。

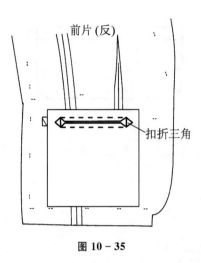

图 10 - 35

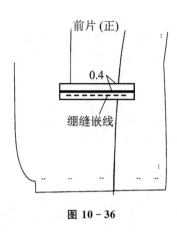

图 10 - 36

⑤ 将上、下袋口布条折向衣片的反面,袋口布条与衣片的缝份分开烫平。再分别将上、下袋口布条折成 0.4 cm 宽,用手针绷缝固定,见图 10 - 36。

⑥ 将下袋口嵌条与袋布车缝固定,见图 10 - 37。

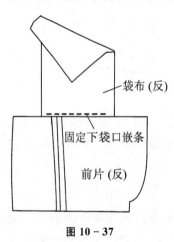

图 10 - 37

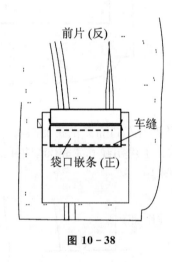

图 10 - 38

⑦ 在袋口嵌条的下沿缉明线固定,见图 10 - 38。

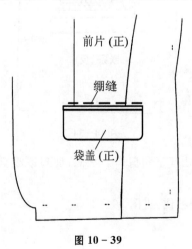

图 10 - 39

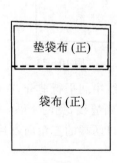

图 10 - 40

（3）装袋盖、兜绲袋布

① 嵌线做好后，将袋盖插进双嵌线袋口内，并绷缝固定，见图 10-39。

② 在底层袋布的上端缝垫袋布，见图 10-40。

③ 掀起衣片在先靠近袋口线的位置绲明线，固定袋盖与袋布。然后将袋口两端折向衣片反面的三角，在靠近袋口的位置打倒回针固定，见图 10-41。

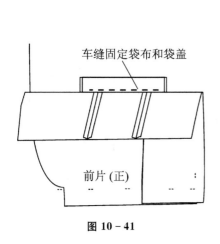

图 10-41

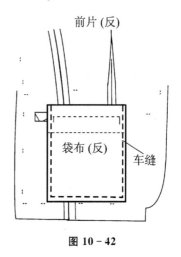

图 10-42

④ 缝合两层袋布，见图 10-42。

⑤ 在袋布缝线外留出 1 cm 缝份，将多余部分剪掉。

7）做手巾袋

（1）袋爿

① 用硬衬裁剪制袋子板衬。袋板衬宽一般为 2.3 cm，长度为 10 cm，见图 10-43(1)。

② 将袋板衬放大袋口布的反面，对齐布丝用糨糊粘牢。在左右两端打剪口，按照袋板衬的斜度扣折缝份，见图 10-43(2)、(3)。

③ 将左、右两端的剪口并拢，使袋口布里层两侧的止口各缩进约 0.2 cm，见图 10-43(4)、(5)。

④ 按照袋口斜度裁制两片袋布与垫袋布，将袋口布里与袋布缝合，垫袋布缝合在另一片袋布上，见图 10-43(6)、(7)、(8)。

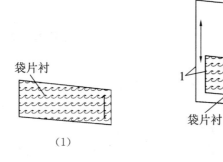

（1）   （2）

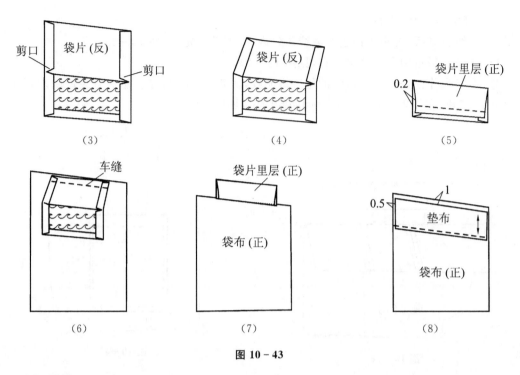

图 10-43

（2）开袋

① 分别将袋口布和垫袋布按照袋口位置绲缝在衣片上，见图 10-44。

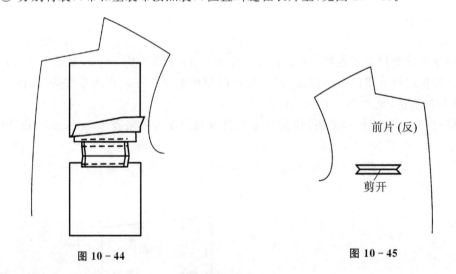

图 10-44

图 10-45

② 剪开袋口，两端打三角剪口，见图 10-45。

③ 将上下缝份分开烫平，在垫袋布拼缝两边各绲 0.1 cm 明线。然后将袋口布拉下去，在靠近袋缝合线的位置，将缝份和袋布车缝固定。

④ 将袋布翻向衣片的反面，分缝烫平袋口下边的缝份。

⑤ 掀起下层袋布的上端，将垫袋布与衣片的缝份分开烫平。在缝份上刮少许浆，用熨斗烫粘牢袋布，见图 10-46。

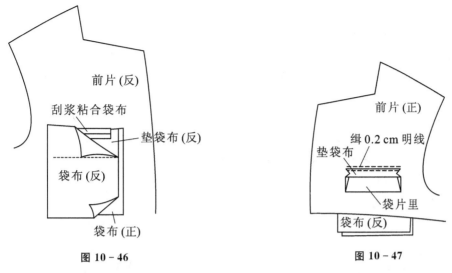

图 10 - 46

图 10 - 47

⑥ 掀起袋板衬,沿垫袋布与衣片和夹缝上下各缉 0.2 cm 明线,见图 10 - 47。

⑦ 缝合两层袋布,线迹外留出 1 cm 的缝份,将多余部分剪掉,见图 10 - 48。

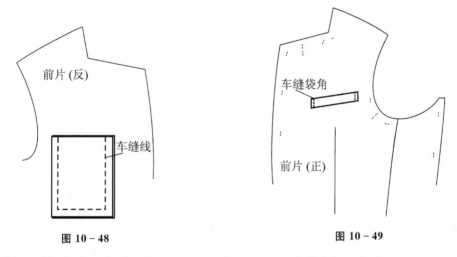

图 10 - 48

图 10 - 49

⑧ 将袋口铺平,在左右两边缉 0.1 cm 明线,袋口上角打结加固,见图 10 - 49。

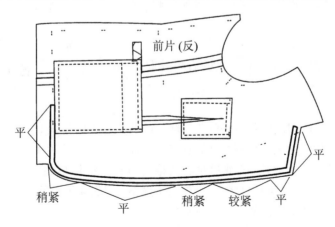

图 10 - 50

8）粘牵条

（1）牵条：在前门里襟止口和驳领止口处，用宽度为 1 cm 的直丝有纺衬，做牵条。

（2）粘牵条：门里襟及驳领处。先用门里襟样板将门、里襟及驳领止口画顺，然后再烫牵带。粘烫牵条时，串口处平敷，驳头胖势（中段）敷紧，腰节处平敷，圆角处略紧，底边牵带略紧，见图 10－50。

9）做胸衬

胸衬是西服的主要支撑架之一，好的西服衬能使西服挺拔、饱满。反之，将直接影响西服的外观质量。胸衬一般由黑炭衬、绒衬两种衬头组成。

（1）缉衬（缉胸衬）

① 按纸样把衬裁好。

② 在炭衬肩线处剪开 9 cm，将肩线拉开 3 cm，下面垫三角衬布，万能机绷缝固定，见图 10－51。

图 10－51

图 10－52

③ 将炭衬的胸省重合，用万能机绷缝固定，见图10－52。

（2）烫衬

烫衬是西服衬定型的关键工艺。将衬头用水喷湿喷匀，使用水分能完全渗透衬布，胸部烫出胖势，肩部有翘势。

（3）复绒衬

复绒衬在炭衬的上需敷一层绒衬，用大针脚车缝固定，见图 10－53。

（4）熨烫定型

注意胸部胖势保持左右对称。熨烫后要挂起，冷却定型。

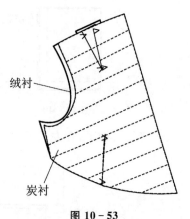

图 10－53

10）敷胸衬

（1）将胸衬平铺在衣片反面，对好位置。胸衬的前斜线距驳领线 2 cm。用 1 cm 宽的直丝有纺衬做牵条，在驳领线位置压住衣片和胸衬各 0.5 cm 粘牵条，并用手针缲缝固定。注意：面要略紧于胸衬，胸部饱满有弹性，丝绺和左右两格的对称。粘拉帮胸衬（驳口牵条）（有纺衬）时，中段拉紧，两端平。胸衬距驳口线 1～1.5 cm 的距离，用熨斗把有纺牵条粘上，见图 10－54。

（2）绷缝胸衬：在胸部隆起部位垫一弧形物体，绷缝三道线。第一道，从距肩缝 10 cm 左右开始,通过胸部最高处至腰节线,针距 1 cm、3 cm。第二道,距驳口线 2 cm。第三道,距袖窿 2 cm左右,沿袖窿、胸衬边沿走一道。注意在绷缝时要将衣余量向两侧推出。见图 10 - 55。

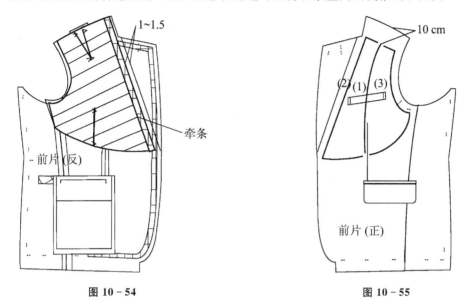

图 10 - 54　　　　　　　　　　　　　　图 10 - 55

（3）将衣片正面朝上,将袖窿部位多余的胸衬剪掉。

11）开里袋

（1）归拨挂面（见图 10 - 56）

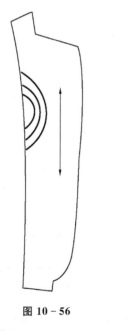

图 10 - 56

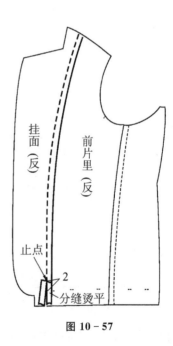

图 10 - 57

（2）拼前身夹里

先把前身夹里的胁省、胸省缝合,再将挂面与夹里相并接。注意:夹里在腰节位处要略有吃势,夹里不可紧于挂面,见图 10 - 57。

（3）做里袋盖（见图 10 - 58）

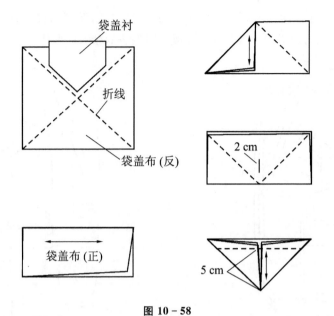

图 10 - 58

（4）开里袋

① 在正面画好袋位，在嵌线布上画好袋口大的位置。里袋口的高度低于袖窿深线 2 cm，外口距缝线 1 cm，袋口长 14 cm，见图 10 - 59。

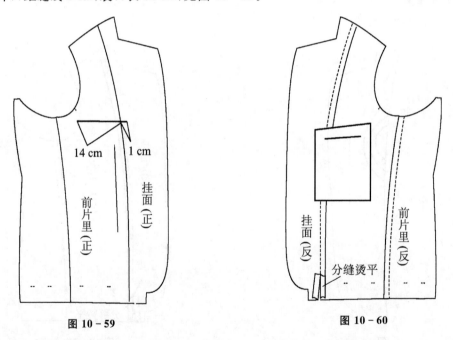

图 10 - 59   图 10 - 60

② 将袋布铺在前片里的反面，对好袋口标记，用糨糊粘住，见图 10 - 60。

③ 缉里袋嵌线。袋口大 14 cm，宽度 0.6 cm。方法同双嵌线大袋口。注意：剪袋口时要先检验袋口大小，缉线宽窄是否一致，见图 10 - 61。

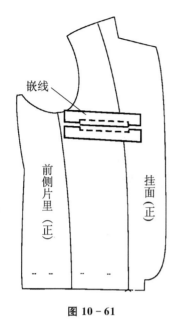

图 10 - 61

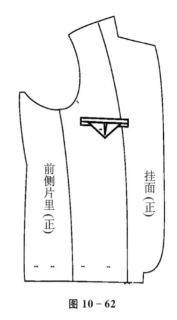

图 10 - 62

④ 在嵌线内插入三角袋盖,掀起衣片,从反面缝合固定袋盖、袋口三角和袋布,见图 10 - 62。

⑤ 整烫里袋口。注意:袋口平挺,不豁口,嵌线宽窄一致,三角对称,袋布有窝势。

12)复挂面

(1)先对左右两格挂面的外口条格进行检验,一般驳口止口应尽量避开明显条纹。这是因为使条纹有些偏差,从视觉上也不会太明显。

(2)挂面正面与衣片正面相对,对齐绱领点,用手针沿前止口线绷缝固定。注意:检验左右两格挂面的外口条格。复挂面的松紧程度分段掌握:驳口线段平,圆角处紧,前止口处平(见图 10 - 63);在上眼位处挂面要有吃势,驳头外口中段平,驳头领嘴处横丝要放吃势(见图 10 - 64)。

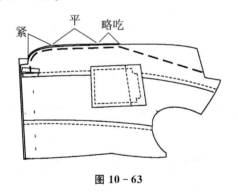

图 10 - 63

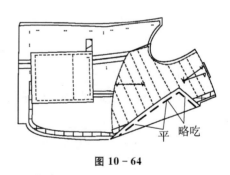

图 10 - 64

13)缉、翻止口

(1)缉止口

① 大身放在上面缉线,驳头离开净粉线 0.1 cm 缉线,眼位以下至底边离开净粉线 0.2 cm,见图 10 - 65。

② 检查:两边驳头对称,领嘴大小一致,左右两片相同,吃势符合要求。

(2)修止口,分烫止口

先修大身,留缝头 0.4 cm,挂面 0.7 cm。

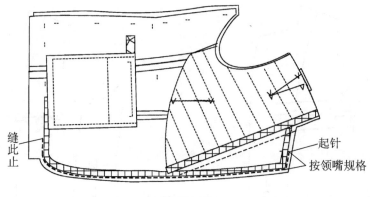

缝此止

起针

按领嘴规格

图 10-65

（3）翻止口

驳角及圆角要左右对称，止口要翻足、翻平。驳头挂面虚出大身 0.1 cm，眼位以下至底边大身面虚出挂面 0.1～0.2 cm。

（4）止口定型

用湿布盖烫定型。要求止口烫薄、烫煞，防止止口倒吐及大身、驳头丝绺变形。整烫时将驳角窝势烘烫，使驳角窝服、平挺，见图 10-66。

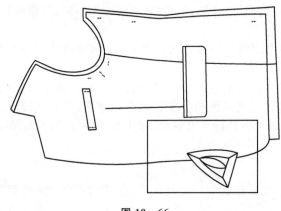

图 10-66

（5）定挂面

① 绷缝驳口线。注意：驳头上丝绺的平服、驳口线挂面的折转余量及驳口线的弧势，见图 10-67。

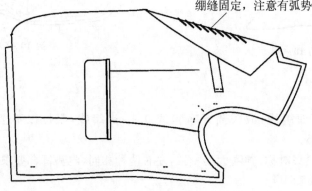

绷缝固定，注意有弧势

图 10-67

② 定挂面。把前身放平,再将夹里撩起,沿拼接线撩针缝线一道,针脚约为 2 cm 左右,从上口离下 15 cm 处至下口上 10 cm 止。注意:串口不要起涟;驳头里外匀层势,见图10-68。

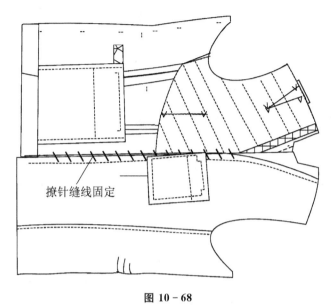

撩针缝线固定

图 10-68

③ 修夹里。把前身翻转成正面,夹里丝绺要摆正、放平。将多余的夹里按面料修剪,底边放 1 cm,肩缝、领圈与衣片齐,摆缝抬高 1 cm,袖窿外放 0.5 cm,见图10-69。

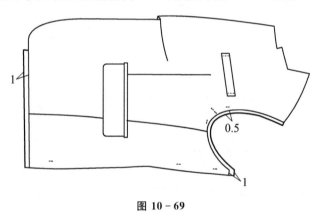

图 10-69

14) 缝合后衣片

归拔后背:注意归拔位置,见图10-70。

(1) 合面后背并归拔。将两后背片对齐,缝合背缝,进行归拔,见图10-70。

(2) 后背缝分缝烫平,并在袖窿及领口处粘斜丝牵条,见图10-71。

(3) 缝合后背夹里,并烫倒缝,见图10-72。

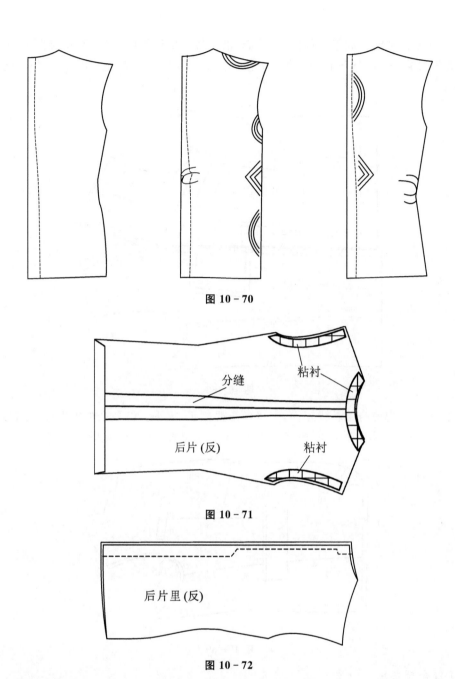

图 10 - 70

图 10 - 71

分缝

粘衬

后片(反)

粘衬

图 10 - 72

后片里(反)

15）缝合侧缝线

（1）合摆缝

① 定、缉摆缝:前身在下,后身在上,以腰节线丁为准。分别缝合衣片面和衣片里的侧缝线,见图 10 - 73。

② 分烫摆缝:衣片面烫分缝;衣片里子朝后身烫倒缝。注意分烫摆缝时将缝头摆直。腰节处分烫时略微拨开,但不能把前后身摆缝归的丝道烫坏。

（2）兜缉底边

按照前身底边与夹里的刀眼,将夹里翻转,夹里在上,离开挂面1cm处起针,兜缉。兜缉时注意夹里要略紧,夹里摆缝与面要上下对齐。然后将底边同大身用三角针(可以用斜针)绷好。

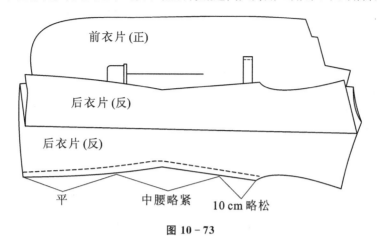

图 10-73

（3）滴摆缝

将底边夹里坐势定好,烫平。离底边 10 cm 开始滴摆缝,到后袖窿高离下 10 cm 止,滴线一般为 3 cm 一针。夹里要放吃势约 0.5~0.8 cm 左右,滴线放松,使面料平挺,有一定伸缩性,见图 10-74。

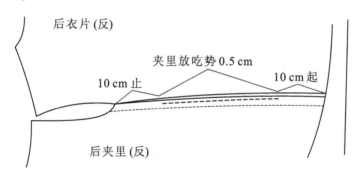

图 10-74

16）缝合肩线

（1）合肩缝

肩缝在西服工艺中要求是很高的,它涉及西服袖子造型、领子造型、后背戤势和肩头的平服。

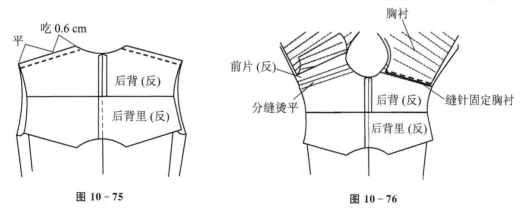

图 10-75　　　　　　　　　　　图 10-76

① 检查前后肩缝的长短、领圈弧线、袖窿高低及丝缕。

② 缉肩缝。将胸衬肩部掀起不缉,只缉前衣片和后衣片的肩缝。缉线时前肩在上面,要求在领圈点肩缝长 1/3 处放吃势 0.6 cm 左右。注意不可将肩缝横丝、斜丝缉还。要求缉线顺直,缝头大小一致,见图 10-75。

③ 烫分缝(放在铁凳上),注意不可将肩缝烫还。

(2) 定胸衬肩部

将肩缝放平,胸衬肩缝与后片肩缝对齐,用棉线环针固定,使面略紧于衬,见图 10-76。

17) 做领子

西服领子工艺在西服工艺操作中占有相当重要的地位。领子的造型将直接影响整件西服的外观效果,在工艺操作中具有一定难度。要注意西服领子的条格左右对称,线条是否优美和驳头是否窝服。

(1) 校对领样

校对领样与领口大小是否一致,不一致则在后领中心处调整。

(2) 做领里

① 拼接领里中缝,留 0.5 cm 缝头,并分缝烫平。

② 在领底呢反面画好领座线,在领座线上拉宽 1 cm 牵条一道,弧度中间部分略吃,后领中缝带过,归拔领底,并扣烫领座,见图 10-77。

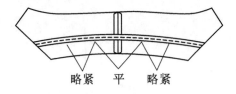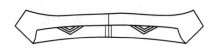

略紧　平　略紧

图 10-77

(3) 做领面

将底领与翻领缝合并压分缉缝 0.1 cm 明线,同时把领下外口拨开一些,在领面外口肩胛转弯处略微归拢一些,使翻折松量更为合适,见图 10-78。

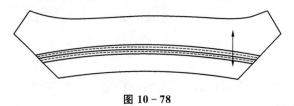

图 10-78

(4) 合领里与领面

① 领底呢上口与领面外口用三角针缝合。领底呢外口虚进 0.3 cm 扣烫,绷三角针固定,烫整好,见图 10-79。

绷三角针

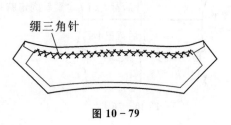

图 10-79

绷缝

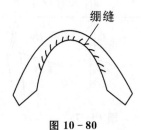

图 10-80

② 扣烫领角。按领底净样扣烫领角。要求方正,两侧条格要对称。

③ 定领折线。将面外口朝向身体一侧,用手捋平领面,沿领折线用棉线绷环针,见图10-80。

④ 按领样净粉线修剪领面缝头 0.8 cm,并做好对档标记(肩点、领中点)。

18)绱领子

(1)将领面下口与挂面夹里领嘴对准。缝合领面下口与串口线及后领口。从里襟起针装领。将领面与挂面的串口缝合在一起,缝头 0.8 cm,在领角转弯处挂面打一眼刀,以便车缲。领面与挂面、后夹里兜缲一周,见图10-81(1)。

(2)分烫串口 将串口线处领面与挂面分缝、后片倒缝,见图10-81(2)。

(3)将分缝的领面与大身衣片用棉线撬一周,1 cm 一针。注意:大身与挂面串口丝绺放平放正,串口线顺直、松紧适度。

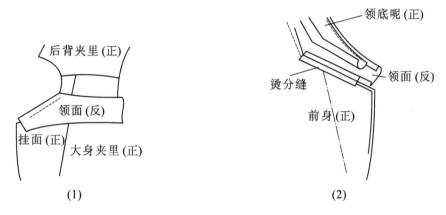

(1) (2)

图 10-81

(4)将领里同衣片撬好。注意:领里后中缝同领面后中缝相对,驳口线刀眼一定要对准,以免影响领驳头外观效果。然后用三角针固定一周,见图10-82。

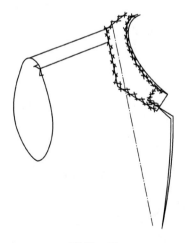

图 10-82

(5)扣烫两领角 两领角留缝头 3 cm,把缝头包转撬牢。注意:外口一定要包实,两领角大小一致,条格对称,上下缺嘴协调,见图10-82。

19)做袖子

西服袖子的外观造型不仅同裁剪有关,而且同做、装袖子工艺有着直接关联。

（1）归拔大、小袖片

归拔时上、下两层可放在一起归拔。

① 大袖片。将前袖缝朝自己，喷水后把前袖缝、袖肘处凹势拔烫。在拔烫的同时把袖肘线处的吸势归向偏袖线，见图10-83。

② 小袖片。将袖片略加拔弯一些即可，见图10-83。

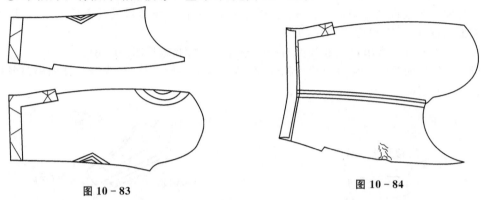

图 10-83　　　　　　　　　　　　　　图 10-84

（2）缝合

缝合大小袖片的前袖线，并烫分缝，见图10-84。

（3）做袖衩

缝合大小袖的后袖线，在小袖一侧的开衩处打剪口，并烫分缝。注意将袖开衩向大袖一侧扣折，见图10-85。

（4）做袖里

缉缝合大小袖里子，前后袖缝，并烫倒缝，倒向大袖片，见图10-87。

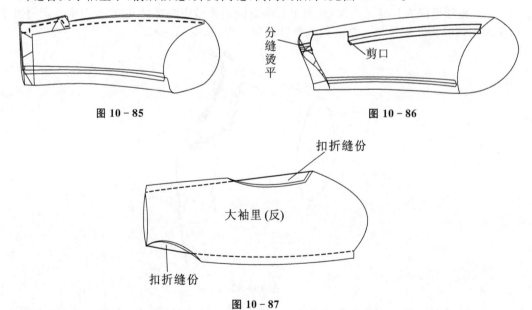

图 10-87

（5）装袖里

袖口处前后袖缝对齐，兜缉一周。要求袖子与夹里相对，前袖缝与后袖缝相对，然后将袖里兜缉到袖子贴边上去，缉缝0.8 cm，见图10-88(1)。缉好之后，将袖贴边用缲针缲牢，拉线要松,以防袖口正面露出针迹,见图 10-88(2)。

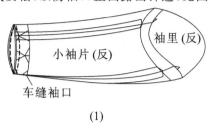

车缝袖口

(1)

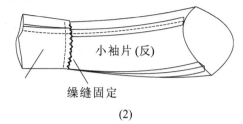

小袖片(反)

缲缝固定

(2)

图 10-88

（6）定袖夹里

袖夹里缉上之后将袖夹里翻出,大袖口处的袖夹里要预留 1 cm 坐势,绷线一圈,再将袖夹里坐势均匀烫平服。然后把袖子前、后袖缝同夹里前、后袖缝相对,用棉线绷缝,针脚 2 cm 一针,针脚要松,见图 10-89。

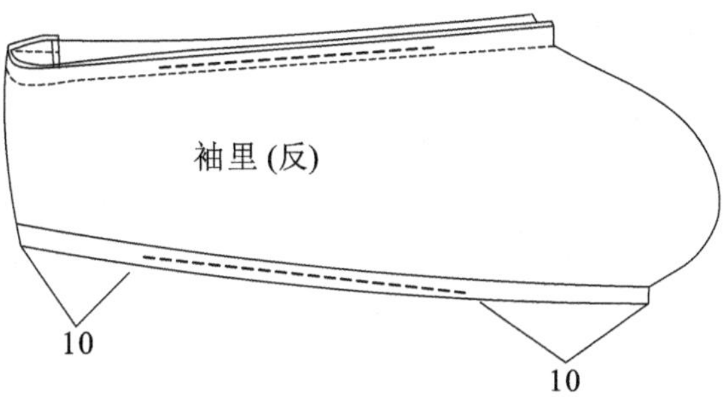

（7）修袖山夹里、烫袖子及抽袖山吃势

① 修袖山夹里。修剪袖山夹里时把袖子翻出,袖面朝外,袖子山头部位的夹里按裁剪时的要求用画粉将夹里画圆顺,然后修剪,见图 10-90。

② 整烫袖子。因西服做好之后再进行袖子整烫,操作不方便。所以在装袖之前先将袖子烫好。夹里袖山头一圈扣烫 0.8 cm 缝头。

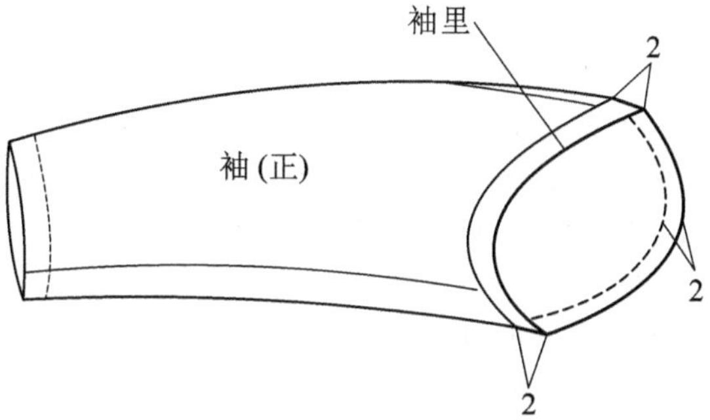

（8）抽袖山吃势

① 手纳。用棉纱线离进袖山缝头 0.6 cm,从前袖缝处起针,纳针至小袖片横丝片止,针脚为 0.3 cm 一针。

一般西服袖山头的层势大小是根据不同的面料而定的,厚花呢、粗花呢之类的面料一般吃势均在 4.5～5 cm 之间;薄料华达呢、花呢之类的面料,一般吃势均在 3～4.5 cm 之间,见图 10-91。

图 10-89

图 10-90

图 10-91

图 10-92

② 为防止袖山吃势走动,可将袖山吃势放在铁凳上用熨斗归烫,归烫之后按原针脚线再纳一道线。这样,装袖时袖山吃势均匀就不会走动了,见图 10-92。

20）绱袖子

装袖工艺是西服工艺中的重要环节之一。装袖工艺是否符合要求将直接影响整件西服的外观质量。

装袖工艺要求做到袖子丝缕顺直,弯势自然,袖山头饱满,前圆后登,袖子不搅不涟,左右对称。

（1）绷缝、车缝

将做好的袖子套在袖窿里面,对齐绱袖对位点,用手针绷缝固定。然后车缝袖窿一周,见图 10-93。

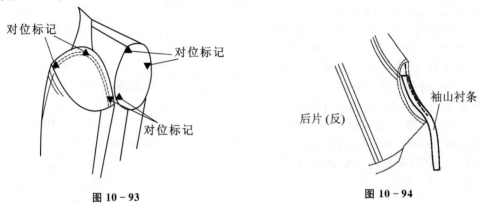

图 10-93　　　　　　　　　　　　图 10-94

（2）敷垫条

在袖山弧线上敷垫条。垫条一般用胸绒和炭衬制成,长度为袖窿长的 1/2,宽度为 3～4 cm,装上垫肩,见图 10-94。

（3）缲缝

将袖里的袖山与夹里袖窿缝合,用细而密的针迹缲缝,见图 10-95。

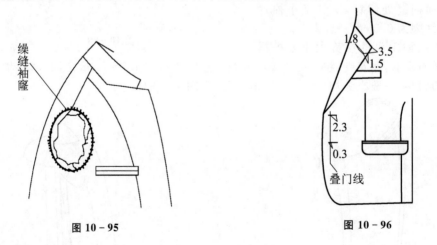

图 10-95　　　　　　　　　　　　图 10-96

（4）定眼位

定眼位见图 10-96。

21）整烫

拆除所有制作过程中的手绷缝针线,将西服置于整烫机专用机中进行部位的塑型压烫。

先胸部、肩头、前底摆,然后再后背,最后将西服置于立体整烫机上进行立体整烫处理。

10.3　女西服结构制图

女西服和男西服的总体造型基本一致,只是女西服的线条较柔和,吸腰量与下摆均大于男西服,还有一些局部上的区别。本节绍介三开身的女西服的结构制图。

10.3.1　款式分析

平驳头,前片单排纽,两粒扣,左右各开袋,装袋盖,领口处收领胸省,腰节处收腰省、胁省,后中开背缝。圆装袖,袖口开衩,钉装饰纽两粒,见图10-97。

图 10-97

10.3.2　规格设计

1) 设计要点

(1) 衣长的设计　由于款式的要求,衣长适中,本款式取64 cm。

(2) 胸围加放量　因西服是较合体型,加放量不宜过大,一般在12～14 cm之间,本款式取12 cm。

2) 规格尺寸

单位:cm

号　型	部　位	衣　长	胸　围	肩　宽	前腰节	领　围	袖　长	胸高位
160/84A	规　格	64	96	40	40	36.5	54	25

10.3.3　结构制图

女西服前后衣片框架制图见图10-98;女西服前后衣片结构制图见图10-99;女西服袖子框架图见图10-100;女西服袖子结构图见图10-101;女西服领片框架制图见图10-102;女西服领片结构制图见图10-103。

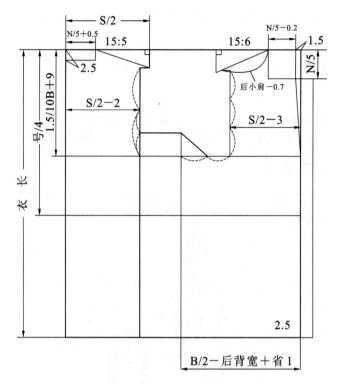

图 10 - 98

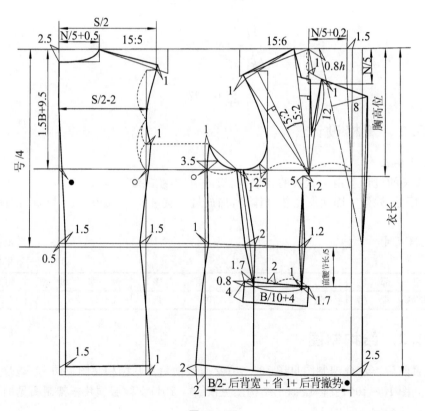

图 10 - 99

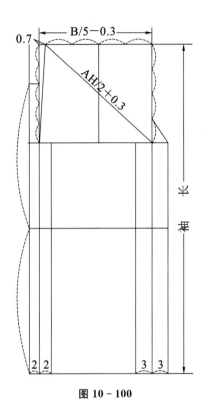

图 10 - 100

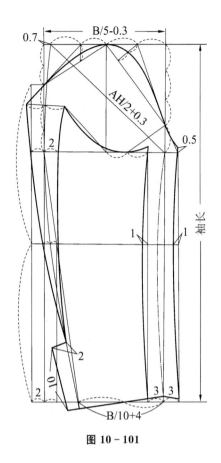

图 10 - 101

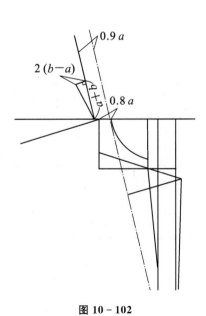

图 10 - 102

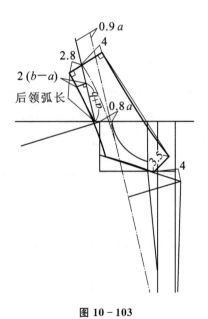

图 10 - 103

10.4　男西服款式变化

10.4.1　单排三粒扣摆衩男西服

1）外形概述

平驳头，圆下摆，三粒扣，三开袋，大袋双嵌线装袋盖，前身胁省收到底，背做背缝，摆缝定摆衩，袖口做真衩，钉装饰纽四粒。该款式为近年来西服的流行款式之一，见图10-104。

图 10-104

2）成品规格

控制部位　　　　　　　　　　　单位:cm

号　型	部　位	衣　长	胸　围	肩　宽	袖　长	袖　口	领　围
170/88A	规　格	76	108	46	60	15	40

细部规格　　　　　　　　　　　单位:cm

部位名称	大袋盖长×宽	手巾袋长×宽	翻领宽	领座宽	驳头宽	驳角宽	领角宽
尺　寸	16×5.5	10×2.3	3.5	2.5	8	4	3.5

3）结构制图

前后衣身框架图及袖子、领子结构制图同平驳头两粒扣男西服。前后衣身结构制图，见图10-105。

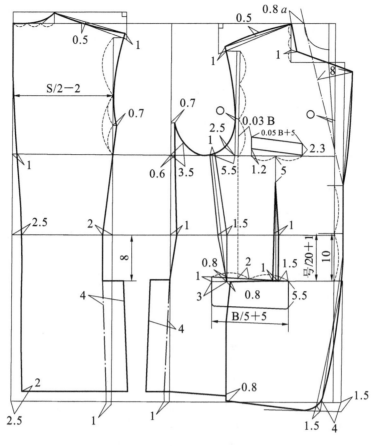

图 10 - 105

10.4.2　轻便装男西服

1）外形概述

平驳头,圆下摆,三粒扣,三个明贴袋,前身胁省收到袋口,背做背缝,袖口做真衩,钉装饰

图 10 - 106

纽三粒。该款式是一种除了正式场合以外,在任何场合都可以穿着轻松、便捷的男西服,下装可以由不同的面料及式样来组合穿着,为近年来西服的流行款式之一,见图 10-106。

2)规格设计

控制部位规格及细部规格如下表:

控制部位规格 单位:cm

号　型	部　位	衣　长	胸　围	肩　宽	袖　长	袖　口	领　围
170/88A	尺　寸	76	108	46	60	15	40

细部规格 单位:cm

部位名称	大袋长宽	小袋长宽	领面宽	领座宽	驳头宽	驳角宽	领角宽
尺　寸	17×20	10×12	3.5	2.5	9	4	3.5

3)结构制图

前后衣身框架图及袖子、领子结构制图同平驳头二粒扣男西服。前后衣身结构制图,见图 10-107。

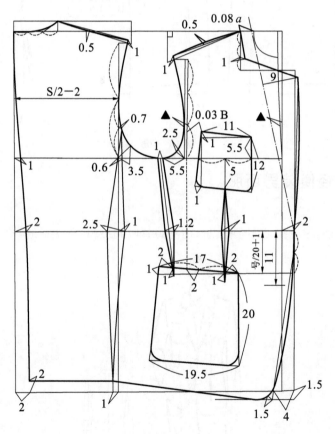

图 10-107

10.4.3 双排扣枪驳领男西服

1) 外形概述

枪驳头,双排扣,圆下摆,前中钉纽六粒,前片左右开袋各一个,双嵌线,装袋盖。左前片胸袋一个,前身胁省收到底摆,后片中缝开背缝,袖口做真衩,钉装饰纽三粒,见图10-108。

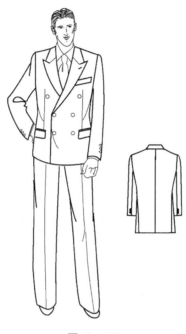

图 10-108

2) 规格设计

主要控制部位规格及细部规格如下表。

控制部位规格

单位:cm

号 型	部 位	衣 长	腰 节	胸 围	领 围	肩 宽	袖 长
170/88A	尺 寸	76	42.5	108	40	46	60

细部规格

单位:cm

部位名称	大袋盖 长×宽	手巾袋 长×宽	翻领宽	领座宽	驳头宽	驳角宽	领角宽
尺 寸	16×5.5	10.5×2.3	3.5	2.5	8	4	3.5

3) 结构制图

领子制图见图10-109,大身制图见图10-110,袖子制图同平驳头男西服。

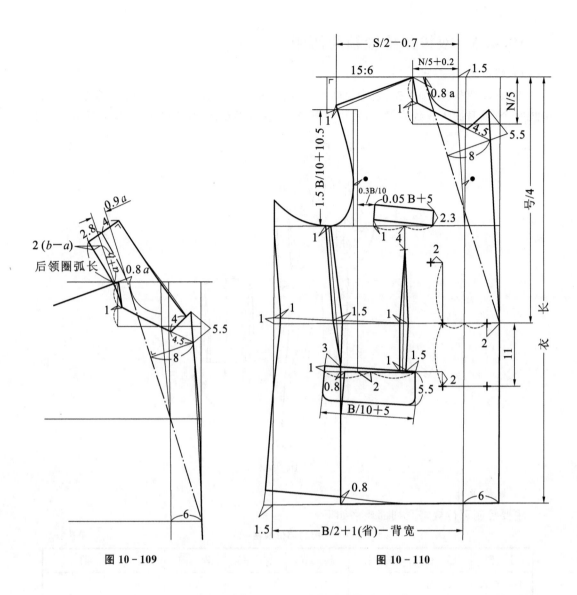

图 10-109

图 10-110

11 大衣结构制图与缝制工艺

从传统意义上讲,提到大衣,我们总是把它和冬季联系在一起,它是穿在春秋装、套装以外的、厚重的、保暖性极强的外套。今天,随着人们着装观念的变化,虽然大衣的功能性还被一部分人所看重,但是更多的人认为大衣已经是装饰性或体现某种气质的着装文化了。从款式上来讲,合体型大衣可以体现女性"亭亭玉立"、娇媚的身材;休闲型大衣体现一种自信的生活态度;粗犷型大衣则能体现"阳刚之气"。因此,大衣的结构制图训练,不应该停留在强调宽松,或者一定要保暖的层面上来考虑,而应该通过面料的选择、色彩的匹配、结构的分配、尺寸的调度、配件的装饰,在整体上烘托出大衣所体现的一种新的内涵。

11.1 插肩袖女式大衣

11.1.1 款式图与外形概述

款式特征是"A"字型、小翻领、暗缉线圆底贴袋休闲式大衣。休闲并不意味着宽大,还包括简洁的外形、流畅的线条,能体现自信和干练的精神面貌(见图 11-1)。

适用面料:羊绒、羊驼绒等轻软面料。

11.1.2 规格设计

1) 选号型

160/84A

2) 主要部位规格控制要点

(1) 衣长 为充分展示 A 字型和女性挺拔、修长的效果。衣长可适当加长,至小腿中部或以下。

(2) 胸围 本款不收省,属于休闲型。由于是 A 字型,胸围不宜太大,可加放 20~24 cm,如果面料较厚可适当增加。

(3) 肩宽 插肩袖本质上是展示肩部,但是考虑到是 A 字型款式,肩不可加放太大,一般在 3 cm 左右。

(4) 领围 考虑到颈部可能系丝巾,领围不要太小,可加放 8 cm 左右。

(5) 袖长 冬季穿着,袖长可适当加长,加放 4~6 cm。

图 11-1

3）制图规格

单位:cm

部 位	衣 长	胸 围	肩 宽	领 围	袖 长	袖 口
尺 寸	116	108	43	42	58	16

11.1.3 结构制图

1）前后衣片框架制图（见图 11-2）。

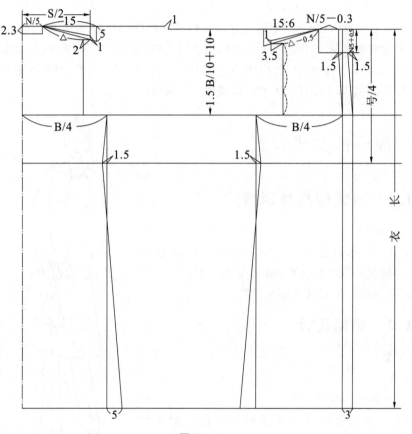

图 11-2

2）前后衣片结构制图

领子结构制图（见图 11-3），前后衣片、袖子结构制图（见图 11-4）。

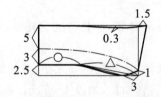

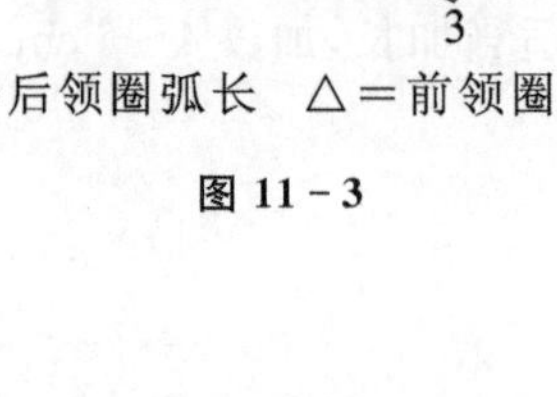

○=后领圈弧长　△=前领圈弧长

图 11-3

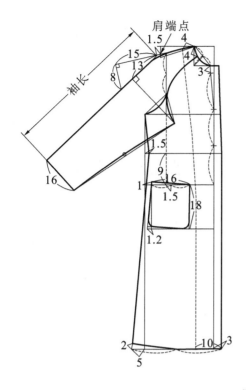
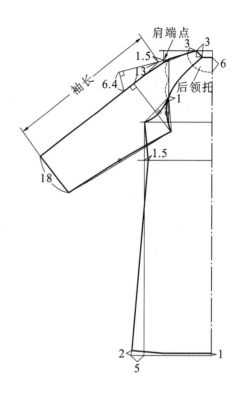

图 11 - 4

11.1.4 制图说明

（1）叠门的确定 大衣的衣长较长，纽扣与衣服必须匹配，所选纽扣一般较大。因此，叠门可以适当增大。

（2）撇门的确定 本款是休闲型大衣，可以不加撇门。加了撇门后会使胸部至颈部更平服（条格面料除外），能增强服装的品质。

（3）肩斜的确定 可以按正常角度确定，也可以控制在 5 cm 左右。如果肩部装垫肩则需提高肩斜 1 cm 左右。

（4）袖窿深的确定 休闲型大衣袖窿深略深于常规套装袖窿深，如果太深会使袖肥变大，影响服装的美感。

（5）袖底线的确定 袖口在缝制时直接折叠，所以袖口线不能有弧度。为了保证袖口线与袖底线垂直，必须将袖底线画成弧线。另外还要将前后袖底线调整至相等。

11.1.5 面料、里料放缝、配衬及排料

面料、里料放缝：前后衣身底边、袖口、袋口放 4 cm；门襟止口、挂面止口、领面、领里放 1.5 cm；领圈、袖窿弧线处放 0.8 cm，其他部位放 1 cm（见图 11-5、11-6）。门襟止口、挂面止口、领面、领里放 1.5 cm，主要是因为这些部位要粘贴有纺衬，粘衬后容易变形，为了方便修剪，缝头需要适当放大。里料放缝与面料基本相同。不同之处是：挂面不需配里；摆缝、袖窿、后领圈多放 1 cm；底边、袖口缩进 2 cm。

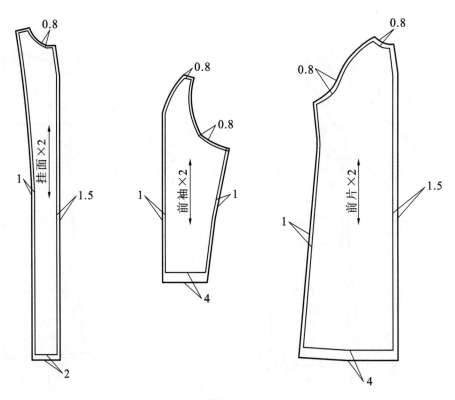

图 11 - 5

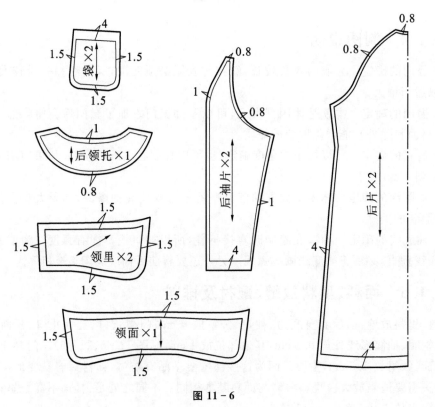

图 11 - 6

配衬：挂面全部粘衬、门襟衬比挂面略大；衣身与袖子拼接处、前后肩拼接处配1 cm直丝绺有纺衬；袖口、前后底边、袋口配4 cm有纺衬；领托、领面、领里全部粘衬（见图11－7、图11－8）。

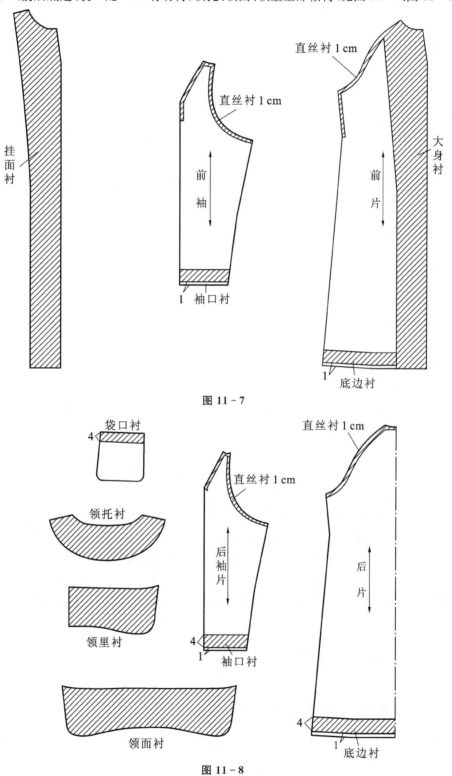

图 11－7

图 11－8

排料：按"齐边平靠、弯弧互套、斜边相交、先大后小"的基本原则进行。领面、领托用横丝缕；领里用斜丝缕，其余的均用直丝缕。如果面料有"倒顺"，需按一个方向排料。"条格"面料需对条对格(见图 11-9)。

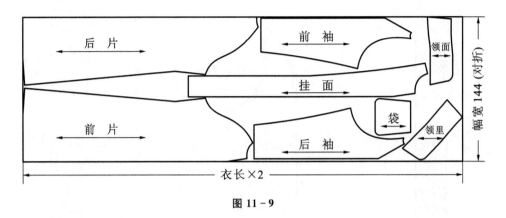

图 11-9

11.1.6 缝制工艺

1) 缝制程序

粘衬→画线、修剪、作标记→烫、钉口袋→前后衣片(面)与袖子缝合→前后衣片(里)与袖子缝合→挂面与里子缝合→领托与后衣片里子缝合→挂面与前衣片止口缝合(止口三烫)→清刀 →前后袖子缝合(面、里)→做领→装领→合摆缝→缝合袖口→缝合底边→锁、钉扣→整烫。

2) 工艺分解

(1) 粘衬　挂面全部粘衬、门襟衬比挂面略大；衣身与袖子拼接处、前后肩拼接处配1 cm直丝缕有纺衬；袖口、前后底边、袋口配 4 cm 有纺衬；领托、领面、领里全部粘衬(见图11-7、图 11-8)。

(2) 画线、修剪、作标记　粘好衬后，用净纸样在门襟、挂面、领里上画出净缝线，然后将缝头修剪成 1 cm，并在装领、装口袋位置上作出标记。

(3) 挂面与前衣片止口缝合(止口三烫)　将挂面放在上面，从装领位置起针缝至底边净线处，起落针打来回针。在门襟上部和底部分别将挂面拉紧，烫分缝，并将衣片止口缝头修至 0.5 cm(一烫)；将挂面缝头包烫(二烫)；翻至正面"吐止口"烫平(三烫)。

(4) 清刀　将衣片底边、袖口按净线折叠烫平，再将面子与里子放平，查看它们匹配情况。里子底边、袖口比面子净缝长 1 cm，摆缝、袖窿、后领圈大 0.5 cm，其他部位全部修齐。

11.2　立翻领男式大衣

11.2.1　款式图与外形概述

宽松式双排扣企领大衣；斜插袋，两片袖，腰间系腰带。整体造型凸现出男子潇洒、阳刚之气(见图 11-10)。

图 11 - 10

11.2.2 规格设计

1）选号型

175/92A

2）主要控制部位规格控制要点

（1）衣长 较长的衣长，更显男子洒脱之气。衣长定为 130 cm。

（2）胸围 本款是宽松式大衣，胸围加放 30～40 cm。

（3）袖长 男式大衣经常穿着在套装外面，因此，袖长要长于套装，可加放 6～8 cm 左右。

（4）腰节 国家服装号型标准规定 175 cm 身高的男子腰节长为 44 cm。本款是长大衣，腰节可以适当下移，定为 46 cm。

（5）肩宽 与胸围要协调，可定为 52 cm 左右。

（6）领围 由于是企领的领型，领子不宜太大，定为 48 cm。

3）制图规格

单位：cm

部 位	衣 长	胸 围	肩 宽	领 围	袖 长	袖 口
尺 寸	130	132	52	48	64	19

11.2.3 结构制图

（1）前后衣片框架图见图 11 - 11。

（2）前后衣片结构图见图 11 - 12。

（3）衣袖框架图见图 11 - 13。

（4）领、袖结构图见图 11 - 14。

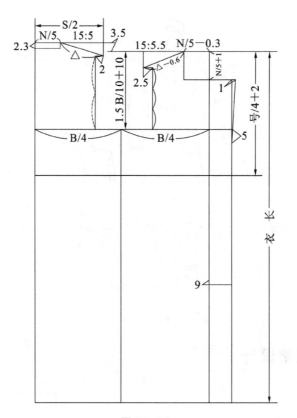

图 11 – 11

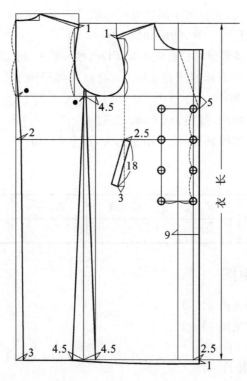

图 11 – 12

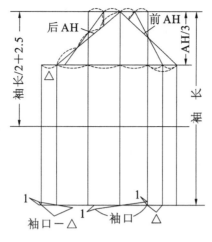

图 11 - 13

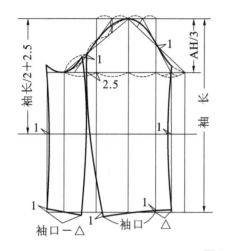

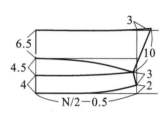

图 11 - 14

11.2.4　制图说明

（1）叠门　本件大衣胸围较大,为了与服装协调,叠门适当加宽,定为 9 cm。

（2）肩斜　常规情况下宽松型服装肩斜较小,由于本件大衣配置了两片袖,肩斜需适当加大,保持与袖型协调。

（3）袖笼深　宽松型服装,袖笼需要加深。

（4）后衣长　由于男子的背部较厚,且又是宽松型。因此,后衣长提高较多,是 3.5 cm。

（5）袖子结构　采用两片袖结构可减少皱折量,保持袖型美观。

11.2.5　放缝、配里说明

放缝:前后衣片、大小袖口放 4 cm;后中缝放 1.5 cm(后中缝缝制时倒缝并缉明线,缝头要适当加大);上下领、挂面止口、袋片缝头 1.5 cm(这些部位烫衬后需要修正),见图11 - 15、图11 - 16。

配里:挂面、领不需配里;底边、袖口边缩进 2 cm;后领圈、肩缝、袖笼放出 1 cm。

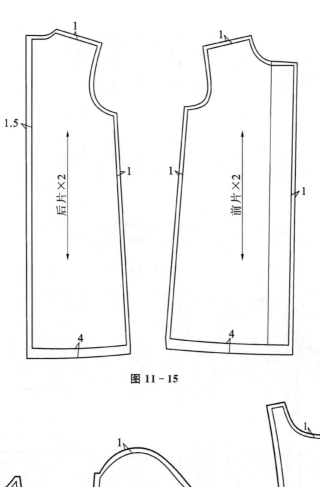

图 11－15

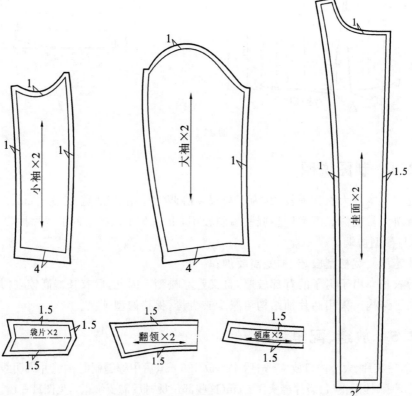

图 11－16

11.3 女式羽绒大衣

羽绒服具有极强的保暖性,轻柔舒适,是寒冷季节必不可少的御寒服装。近年来羽绒服日趋时尚化,已成为冬季一道靓丽的风景线。羽绒服对面料要求较高,经纬纱密度要高,纱支也不能太粗。具有防绒作用的丝绸、棉布及化纤等都可作为羽绒服的面料。

11.3.1 外形概述

公主线开刀、立领、A字型合体羽绒大衣;门襟装拉链(距离底边10 cm);摆缝前后连口;外领装拉链(距离领口8 cm),内装帽子;袖口装罗纹口。款式简洁大方(见图11-17)。

面料:高密度尼龙丝或真丝;90/10白鸭绒。

图 11-17

11.3.2 规格设计

1) 选号型

160/84A

2) 主要控制部位规格控制说明

(1) 衣长 既要考虑保暖又要活动方便,最佳衣长可设定在膝盖下10 cm。

(2) 胸围 合体型女装胸围加放一般在12 cm左右,由于充绒后,厚度增加的部分会占据一定的胸围空间,所以,胸围的加放量是18~20 cm左右。

(3) 肩宽 由于充绒后,厚度增加的部分会占据一定的肩宽空间,所以,肩也要适当加宽。

(4) 袖长 由于羽绒大衣穿着在寒冷的天气里,袖长需加长,至少能盖住手背,肩部充绒后也会占据一定的袖长空间,因此,袖长需要加长。

（5）领围　领子也要充绒,厚度增加了,也会影响领围,所以领子要加大。

3）制图规格表

单位:cm

部　位	衣　长	胸　围	肩　宽	领　围	袖　长	袖　口
尺　寸	106	104	43	48	62	17

11.3.3　结构制图

1）前后衣片结构制图（见图 11-18）

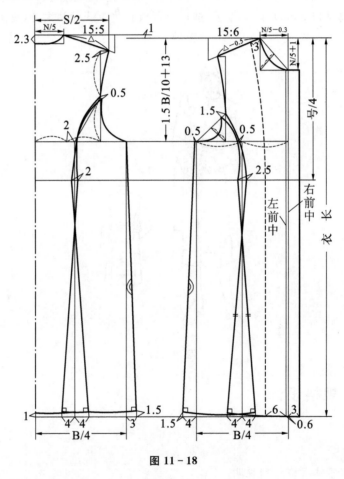

图 11-18

2）领、袖、帽结构制图（见图 11-19、图 11-20）

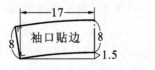 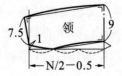

图 11-19

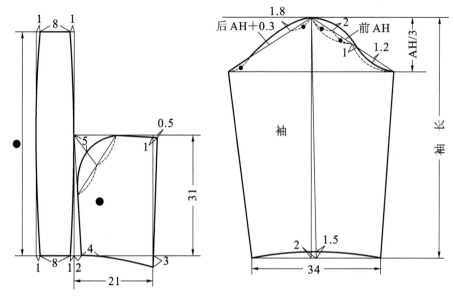

图 11 - 20

11.3.4 制图说明

（1）衣长 由于羽绒服充绒、绗缝后会使衣长缩短，所以制图时衣长加长 2～4 cm。

（2）挡风条 门襟处的挡风条与前片的其中一片连在一起，宽度为 3 cm。挡风条不能宽的原因是：太宽的挡风条会影响本款的美观；另外挡风条背面不装"魔术扣"，也是不能宽的原因。

（3）直开领 充绒后，衣服较厚，胸部以上会自然向上顶托，往往会使领子向后"跑"，所以，立领羽绒服直开领需要略为加深。

（4）袖笼深 充绒后，肩与腋下的厚度会占据一定的空间。因此，袖笼需适当加深。

（5）摆缝 为防止绒向外"跑"，羽绒服上的拼接缝需尽可能少，所以本款将前后摆缝做成连口。

（6）挂面 无"挡风条"前片的挂面正常裁剪，有"挡风条"前片的挂面与拉链拼接处，需断开并加缝头。

（7）底边贴边 底边另装贴边，宽度是 6 cm，形状与底边一致。

（8）帽子底边 由于帽子是装在领子里面的，受拉链开口大小的影响，帽子与领子连接处不宜太宽。

（9）帽子中片长度 长度与帽子顶部弧线长度相等，帽沿处预留 3 cm 折边。

11.3.5 夹层、里子及放缝

夹层：它是用来装填充物的，一般用纱支密度比较高、透气性好的"塔夫绸"等里料来制作。各裁片形状与面子一致，各部位缩进 0.5 cm。

里子：挂面、底边贴边、袖口贴边不需配里，其他地方与面子一致；帽子是用单层面料制作的，不需配里子。

面子放缝头：除了帽子前沿放 3 cm 外，衣片、袖子等其他部位都是放 1 cm（图 11 - 21、图 11 - 22）。

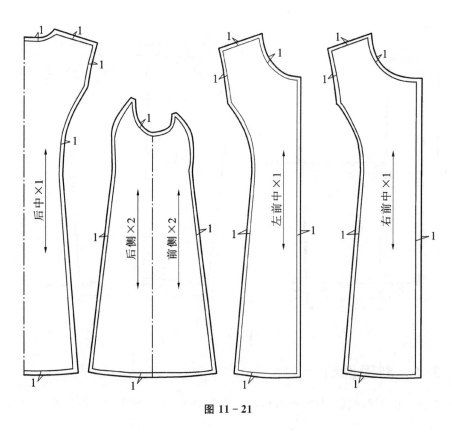

图 11 - 21

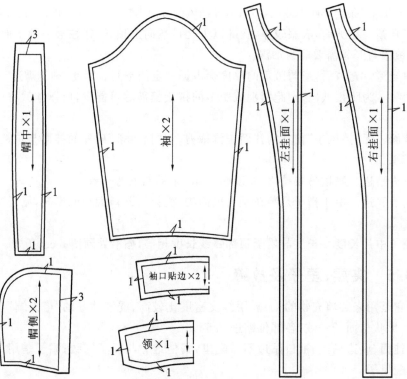

图 11 - 22

11.4 女式中长风衣

11.4.1 款式说明

这是一款具有粗犷效果的风衣。脱卸帽、小翻领、立体口袋;腰间装3~4 cm宽松紧带;明缉线、男子化风格(图11-23)。

图 11-23

面料:纱支较粗的棉质面料或者是具有透气性的防雨布。

11.4.2 规格设计

1)选号型

160/84A

2)主要控制部位规格控制说明

(1)衣长 按黄金分割原理设定衣长。160 cm身高的女子颈椎点高是136 cm乘以0.618,得到衣长是82 cm。

(2)胸围 宽松型服装,胸围可以适当加放大一些,但是本款又是收腰型,另外,为了达到粗犷效果,所采用的面料比较硬。因此,胸围加放需要适中,加放20~24 cm。

(3)肩宽 为了充分展示女子型体美,肩不需要加放得太多,放4 cm左右。

(4)袖长 袖长根据需要加放。

(5)领围 粗犷型服装,领子不宜太小,可以控制在46 cm左右。

3)制图规格

单位:cm

部　位	衣　长	胸　围	肩　宽	领　围	袖　长	袖　口
尺　寸	82	104	43	46	58	16

11.4.3 结构制图

前后衣片框架图见图11-24;前后衣片结构图见图11-25;领、袖、帽结构图见图11-26。

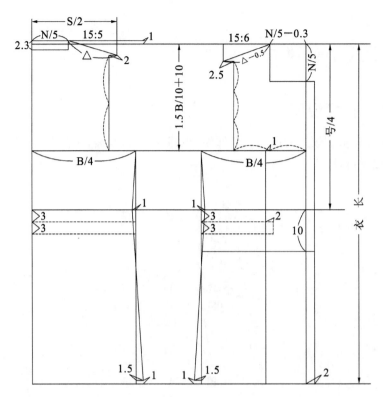

图 11 - 24

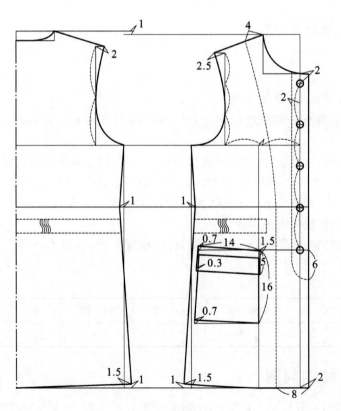

图 11 - 25

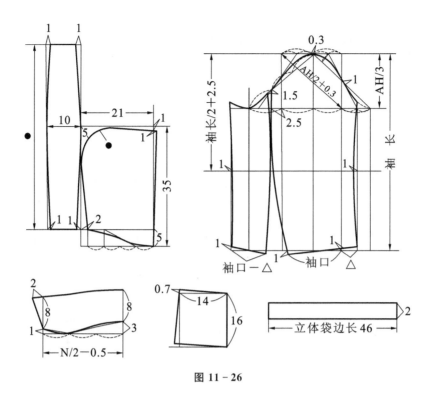

图 11-26

11.4.4 制图说明

(1) 松紧带位置 松紧带装好后,由于人体的自然运动会使腰节部位向上"爬"。因此,制图时将松紧带位置从腰节向下移 3 cm。

(2) 袖笼深 袖笼深要适当,但不宜太深。因为本件衣服所配袖子是两片合体袖,袖笼太深会直接影响袖肥。

(3) 口袋位置 由于腰部松紧带所形成的皱折,会使口袋不平整,所以需要将口袋适当下移。

(4) 胸宽 由于本款配置两片较合体的袖子,胸宽不宜太宽,所以胸宽从肩宽位置缩进 2.5 cm。

11.4.5 放缝及里子配置

放缝:底边、袖口、帽子前沿放 3 cm;挂面、领面、领里放 1.5 cm;袋口放 2 cm(图 11-27、图 11-28)。

配里:挂面、领子、帽子不需配里;暗门襟配双层里子,需配至门襟缝制标记下 5 cm 处;前后衣片、袖子、底边按净线缩进 1 cm;后领圈、袖笼、袖山弧线、肩缝按净线放 1.5 cm。

暗门襟配双层里子(图 11-29)。

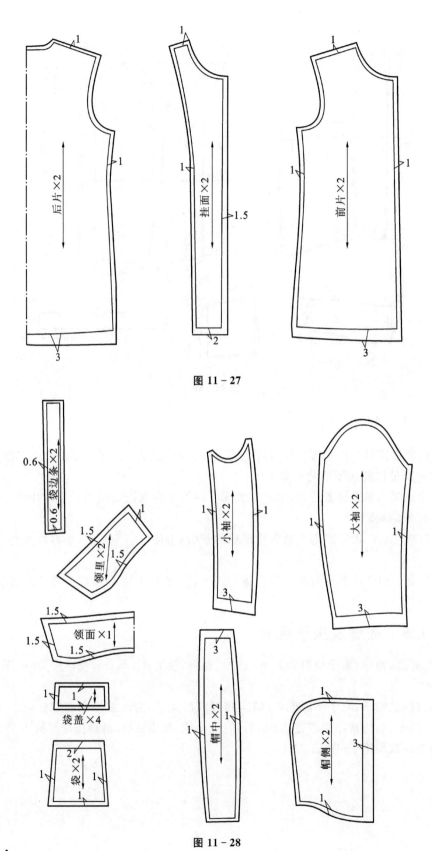

后片×2

挂面×2

1.5

前片×2

3

图 11 – 27

0.6 0.6 袋边条×2

1.5 1.5 领里×2

1.5

1.5 1.5 领面×1 1.5

1 1 袋盖×4

2 袋×2 1 1

小袖×2

3

大袖×2

3

帽中×2 3

帽侧×2 3

图 11 – 28

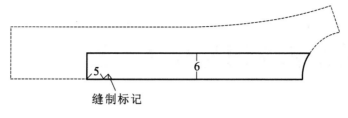

缝制标记

图 11 - 29

12 童装结构制图与缝制工艺

童装是指儿童时期的各个不同年龄段的孩子所穿着的服装的总称。儿童时期是指从出生起一直到小学毕业的一段时期。也有些国家将中学时期孩子们穿着的服装纳入童装范畴。但一般均将 12 周岁以下的孩子划归为儿童期。

儿童体型与成人体型的不同之点主要在于,儿童是不断成长发育着的,孩子们的体型或机能方面不是成人体的缩小,而是随着发育成长,体型特征也随之变化,故在对童装进行结构制图时,绝不是将成人服装的尺码规格的简单缩小,而是应该根据不同年龄层次儿童的体型特征和生理要求,予以专门的设计和制图。

儿童服装依其成长过程可分成婴儿期、幼儿期、学童期。应根据各个不同时期的体型特征,制出适合穿着要求和符合实际需要的服装。

12.1 童装的一般知识

幼儿形体比大人小是显而易见的,但是,即使把大人的形体轮廓按其比例缩小,也不会成为很像幼儿体型的形状。幼儿有其自身特点的体型,更准确地说,是具有与各个年龄期相应的体型、姿势和比例。

12.1.1 儿童的体型特征

把儿童的体型与大人做一般比较,差别最大的地方有以下几处:

(1) 下肢与身长比,越年幼的腿越短,1～2 岁的孩子,下肢大约是身长的 32%。

(2) 和小腿比,越年幼的孩子大腿越短。随着成长,下肢与身长的比例逐渐接近 1：2,其中大腿的增长很显著,1 岁儿的内侧尺寸只有 10 cm,而 3 岁是 15 cm,8 岁是 25 cm,10 岁是 30 cm,与身长的增长率比其他部位大(见图 12-1)。

(3) 在 8 岁以前的孩子,男女没有体型上的差异,是几乎完全相同的小儿体型。

(4) 从侧面看胴体,腹部向前突出,乍一看就像肥胖型的大人一样,但是大人的后背是平的,而儿童由于腰部最凹,因此身体向前弯曲,形成弧状。

(5) 乳儿的颈长只有身长的 2%左右,但一到 2 岁就达到 3.5%,6 岁时就达到 4.8%,接近了大人的比例,到了 8～10 岁,一部分与大人同比例(5.15%),有时会达到 5.3%。这就是有一个时期看起来颈又细又长的原因。但实测值大人有 9 cm,而儿童只有 6.5 cm 左右。体型中要采用比例的原因就在这里,因为尽管儿童的实测值小,但颈长与身的比例进行对比时,却是儿童的比例大。

(6) 腿形,大人并脚跟站立,能很长时间,而 6 岁以下儿童,如果不分开两脚,就很难站起来,特别是 3 岁以下的儿童,从膝关节以下,小脚向外弯曲(向外张开)。因此并脚站的直立姿势是很勉强的（见图 12-2）。

比例比较（1~10岁同一身高）

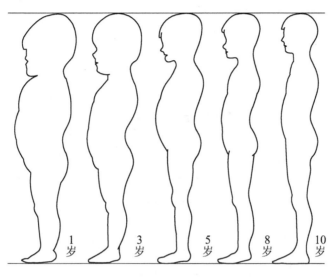

图 12-1

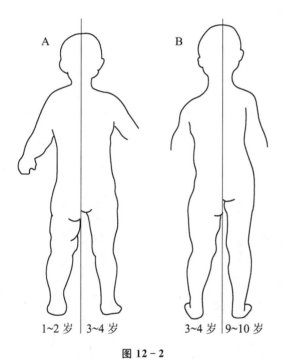

A 1 岁与 3 岁同一身高
B 3 岁与 10 岁同一身高

图 12-2

12.1.2 童装的基本型制图

　　婴幼儿一般肩狭而薄，肩头前倾度、肩膀弓形状及肩部双曲面状均明显弱于成年人；胸部的球面状程度与成年人相仿，但肩胛骨的隆起却明显弱于成年人；背部平直且略带后倾成为幼儿体型的一个显著特征；腹部呈球面状突起，致使腰节不显，凹陷模糊；臀窄且外凸不明显,臀腰差几乎不存在。由于婴幼儿的体型特征,使得服装结构制图时,童装的后腰节长只要等于甚至小于前腰节长即可;幼儿的胸腰围相近,使得他们的服装以直腰身结构较为多见,即使是曲腰身的,其胸腰差也是相当小的;幼儿不存在臀腰差使得幼童裤的腰部一般不常收省打褶,而都以收橡筋或装背带为主。

1）婴幼儿裤基本型制图

对应身高 60～100 cm,选用身高 70 cm 制图。身高 60～100 cm 婴幼儿净体尺寸如下表所示:

婴幼儿裤参考尺寸表(净体)　　　　单位:cm

1	身　　高	60	70	80	90	100
2	腰　　围	40	42	45	47	50
3	臀　　围	41	44	47	52	58
4	直　　裆	13	14	15	16	17
5	下　　裆	17	22	27	32	38
6	大腿根围	25	26	27	30	32

选用身高 70 cm 净体尺寸,臀围加放松量 16 cm,上裆为了活动方便加放松量 2 cm,得出制图规格尺寸如下表:

单位:cm

身　　高	臀　　围	直　　裆	裤　　长
70	60	16	38

婴幼儿长裤基本型制图如图 12－3 所示,婴幼儿灯笼短裤基本型制图如图 12－4 所示。

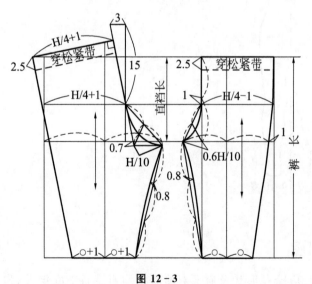

图 12－3

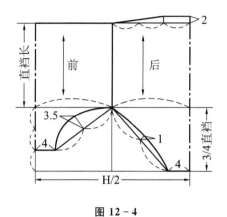

图 12 - 4

2）儿童上衣基本型制图

对应身高 60～160 cm，选用身高 120 cm 为例进行制图。身高 60～160 cm 儿童净体尺寸如下表所示：

儿童上衣基本型制图参考尺寸表（净体） 单位：cm

1	身高		60	70	80	90	100	110	120	130	140	150	160
2	颈根围	女	23	24	25	26	28	29	30	32	33	35	37
		男								33	35	37	39
3	胸围		42	45	48	50	54	56	60	64	68	74	80
4	肩宽		17	20	22	24	27	29	30	32	35	37	40
5	背长	女	16	18	20	22	24	26	28	30	32	34	37
		男				23	25	28	30	32	34	37	42

选用身高 120 cm 净体尺寸，胸围加放松量 16 cm，领大即颈根围尺寸，肩宽加放松量 2 cm，得出制图规格尺寸如下表：

单位：cm

身 高	胸 围	领 围	肩 宽	背 长
120	76	30	32	28

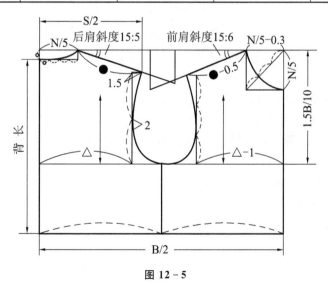

图 12 - 5

身高120 cm的儿童上衣基本型制图如图12-5所示,衣袖基本型制图如图12-6所示。

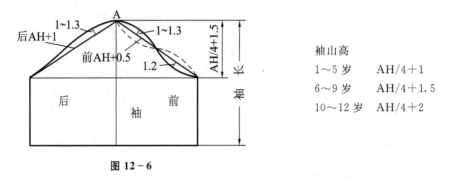

袖山高

1～5 岁　　AH/4+1

6～9 岁　　AH/4+1.5

10～12 岁　 AH/4+2

图 12-6

12.2　娃娃服的结构制图与缝制工艺

12.2.1　制图依据

1）款式图与外形概述

款式特征是无领无袖,领口、袖窿滚边,裤口装松紧,门襟裆底钉纽扣(见图12-7)。

图 12-7

适用原料:带伸缩性的面料,如纯棉针织面料。

2）主要部位规格控制要点

(1)胸围　为了使婴儿穿着舒适,适应其运动,胸围放松量一般控制在12～16 cm,本款选择14 cm。

(2)肩宽　在净肩宽的基础上加放1～2 cm。

(3)领围　在颈围的基础上加放3～4 cm。

(4)直裆　加放松量2 cm。

3）制图规格

选择身高为70 cm婴儿,在净体尺寸上加放松量,得出如下成品规格尺寸。

単位:cm

胸　　围	领　　围	肩　　宽	背　　长	直　　裆	大腿根围
59	24	24	18	16	26

12.2.2　结构制图

娃娃服的结构制图见图 12-8 所示。

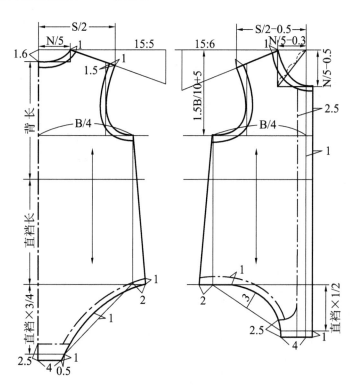

图 12-8

12.2.3　制图要领

娃娃连身裤为了活动方便,也为了避免上裆不足,所以上裆要多加 2 cm 余量。

12.2.4　放缝和裁剪要领

由于面料采用伸缩性好的材料,容易脱散,放缝时肩和侧缝加放 1.5 cm,脚口加放 3 cm,放缝如图 12-9 所示。

裁剪领圈滚边布时,使用 45 度斜料。挂面与大身连在一起裁剪。裤口贴边布与裤口连在一起裁剪,裤口弯曲形状用熨斗拉伸而成。

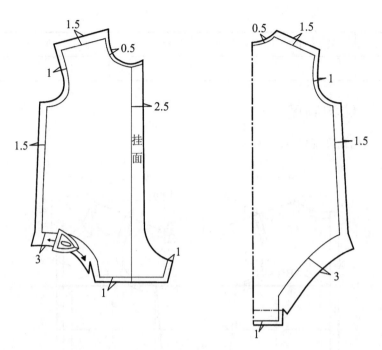

图 12 - 9

12.2.5 缝制工艺

1）缝合肩缝

缝合前后片肩缝，缝合后肩缝拷边。

2）缝合侧缝

缝合前后片侧缝，缝合后侧缝拷边（见图 12 - 10）。

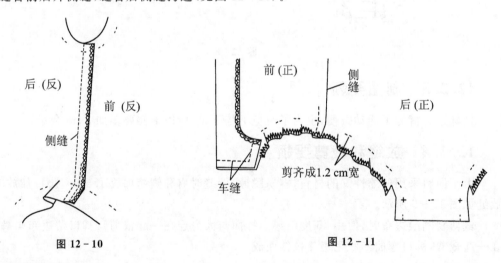

图 12 - 10

图 12 - 11

3）缝合前下裆开口

将挂面折向正面，在前下裆开口的底部车缝，然后将裤口缝头剪成 1.2 cm 宽，拷边，翻向反面，将挂面翻向反面（见图 12 - 11）。

4）缝合裤口

穿上松紧带,并把松紧带抽到大腿根围+2 cm,对前后片松紧带进行固定(见图12-12)。

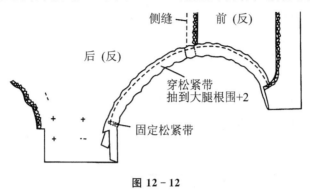

图 12-12

5）缝合后下裆开口

将后片下裆的里襟部分翻向反面,车缝。贴边边缘缝合固定在大身上(见图 12-13)。

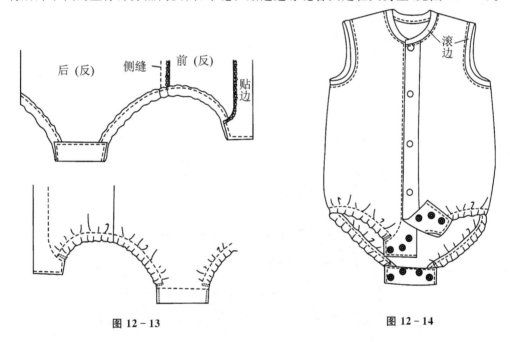

图 12-13　　　　　　　　　　　　　　　　**图 12-14**

6）领圈袖窿滚边

在领圈及袖窿处滚边 1 cm 宽,在叠门及下裆处钉上圆扣(见图 12-14)。

12.3　背带裤的结构制图

12.3.1　制图依据

1）款式图与外形概述

后腰围绱松紧带,前片绱挡胸,脚口收小碎褶;带子在后背交叉,长度可以调节;开口是在侧缝处，使其穿脱方便（见图 12 - 15）。

2）主要部位规格控制要点

（1）臀围　为了使儿童穿着舒适，适应其运动，臀围加放松量 24 cm。

（2）直裆　为了使动作灵活方便，直裆加放松量 2 cm。

（3）脚口　小腿一周加放松量 3～4 cm。

3）制图规格

选择身高为 100 cm（4 岁）儿童，在净体尺寸上加放松量，得出如下成品规格尺寸。

单位：cm

裤　长	臀　围	直　裆	脚　口
52	82	19	20

12.3.2　结构制图

背带裤的结构制图见图 12 - 16 所示。

图 12 - 15

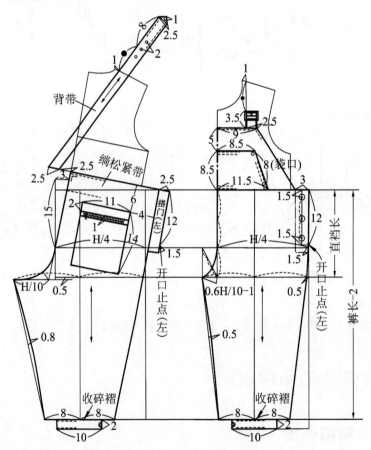

图 12 - 16

302

12.4 连衣裤的结构制图

12.4.1 绱袖子的连衣裤

1）款式图与外形概述

连衣裤开口从前门襟直至下裆；领子、肩头口袋上边、袖口、脚口边都使用罗纹针织面料；在腰围的侧面加松紧带（见图 12-17）。

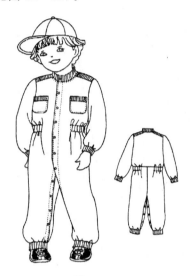

图 12-17

适用原料：如纯棉针织面料。

2）主要部位规格控制要点

（1）胸围　胸围加放松量 16 cm。

（2）臀围　臀围加放松量 16 cm。

（3）直裆　直裆加放松量 2 cm。

（4）肩宽　肩宽加放松量 2 cm。

3）制图规格

选择身高为 100 cm（4 岁）儿童，在净体尺寸上加放松量，得出如下成品规格尺寸。

单位：cm

衣　长	胸　围	肩　宽	基型领围	背　长	臀　围	直　裆	脚　口	袖　长	袖　口
73	68	26	26	21	68	22	14	27	12

4）结构制图

连衣裤的结构制图见图 12-18 所示。

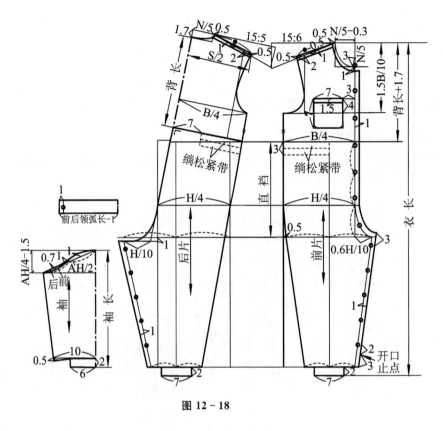

图 12－18

12.4.2 插肩式的连衣裤

1) 款式图与外形概述

前片有装饰带、双层贴袋,后身有覆加片;后身腰围装松紧带;袖口和裤口向外翻边(见图12-19)。

图 12－19

适用原料:选用较厚的棉布或化纤。

2）主要部位规格控制要点

（1）胸围　衣身很宽松,胸围加放松量 32 cm。

（2）臀围　臀围加放松量 29 cm。

（3）直裆　直裆加放松量 2 cm。

（4）肩宽　肩宽加放松量 2 cm。

3）制图规格

选择身高为 100 cm（4 岁）儿童,在净体尺寸上加放松量,得出如下成品规格尺寸。

单位:cm

胸　围	肩　宽	基型领围	背　长	裤　长	臀　围	直　裆	脚　口	袖　长	袖　口
86	28	28	24	58	86	19	14	32	19

4）结构制图

（1）前片见图 12 – 20。

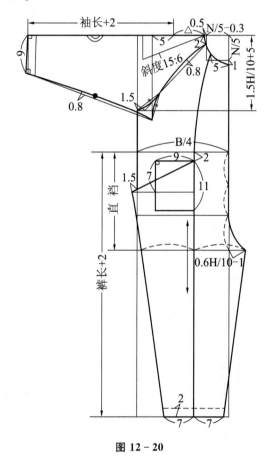

图 12 – 20

（2）后片见图 12 – 21。

（3）领、袖见图 12 – 22。

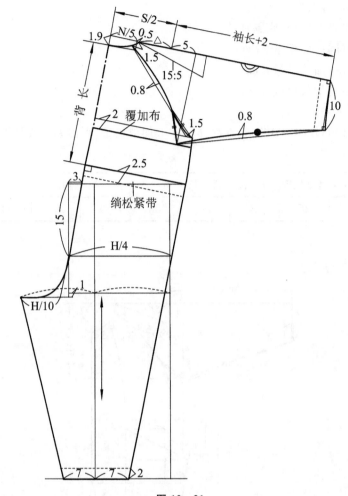

图 12 – 21

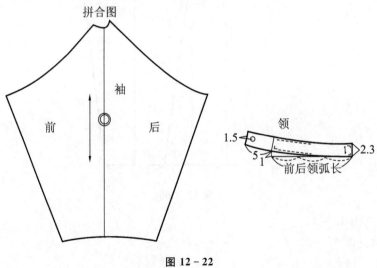

图 12 – 22

12.5 夹克衫的结构制图

12.5.1 款式图与外形概述

宽松的衣身与插肩式的袖子,下摆与袖口使用罗纹针织,立体贴袋,明线装饰(见图12-23)。

适用面料:选用较厚的棉布、牛仔布或薄的皮革材料等。

12.5.2 主要部位规格控制要点

(1)胸围 衣身很宽松,胸围加放松量26 cm。

(2)肩宽 肩宽加放松量2 cm。

12.5.3 制图规格

选择身高为150 cm(12岁)少女,在净体尺寸上加放松量,得出如下成品规格尺寸。

图 12-23

单位:cm

衣 长	胸 围	肩 宽	基型领围	背 长	袖 长	袖 口
57	100	39	35	34	48	13.5

12.5.4 结构制图

前片见图12-24。

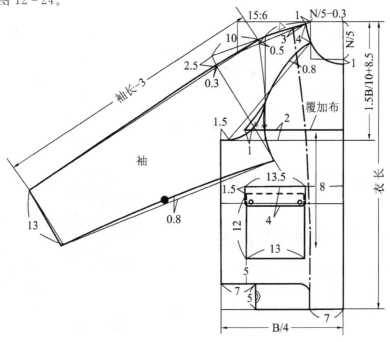

图 12-24

后片见图 12-25。

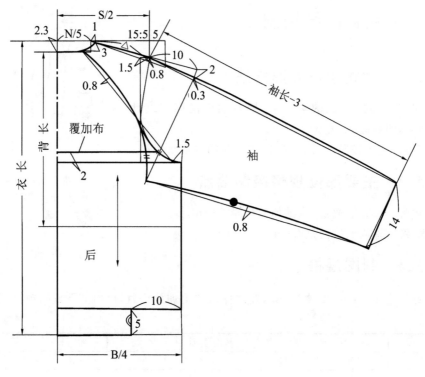

图 12-25

领、袖见图 12-26。

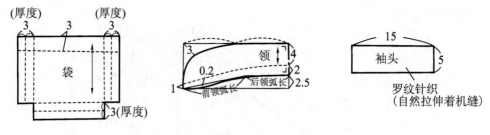

图 12-26

12.6 海滨服的结构制图

12.6.1 款式图与外形概述

宽松的衣身与落肩式的袖子,带帽,散下摆,翻袖口,大贴袋,明线装饰(见图 12-27)。

适用原料:泳衣选用有伸缩性的面料,外套选用毛巾布等。

图 12-27

12.6.2　主要部位规格控制要点

(1) 胸围　衣身很宽松,胸围加放松量 22 cm。

(2) 肩宽　因款式为落肩式,肩宽加放松量 12 cm。

12.6.3　制图规格

选择身高为 110 cm(6 岁)儿童,在净体尺寸上加放松量,得出如下成品规格尺寸。

单位:cm

衣　长	胸　围	肩　宽	基型领围	背　长	袖　长	袖　口
64	78	41	29	28	28	12

12.6.4　结构制图

(1) 帽制图见图 12-28。

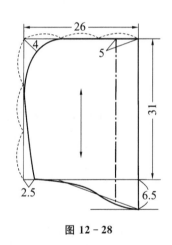

图 12-28

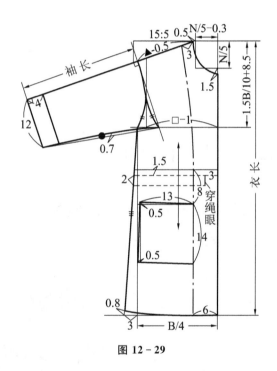

图 12-29

(2) 前衣身制图见图 12-29。

(3) 后衣身制图见图 12-30。

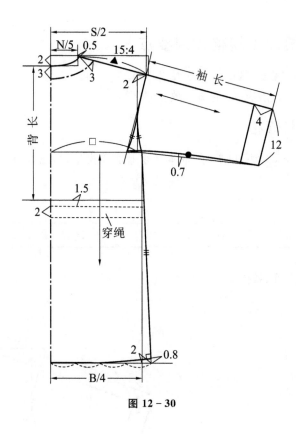

图 12-30

12.7 大衣的结构制图

12.7.1 款式图与外形概述

宽松的衣身与插肩式的袖子,带披肩,双排扣,斜插袋,明线装饰,肩上有肩袢装饰(见图12-31)。

图 12-31

适用面料:选择法兰绒、薄呢、中厚呢子、混纺毛呢或厚棉布等。

12.7.2 主要部位规格控制要点

(1) 胸围 衣身很宽松,胸围加放松量 22 cm。

(2) 肩宽 肩宽加放松量 2 cm。

12.7.3 制图规格

选择身高为 120 cm(8 岁)的儿童,在净体尺寸上加放松量,得出如下成品规格尺寸。

单位:cm

衣 长	胸 围	肩 宽	基型领围	背 长	袖 长	袖 口
71	82	32	30	30	38	14.5

12.7.4 结构制图

前衣身及领子制图见图 12-32,披肩制图见图 12-33,后衣身制图见图 12-34。

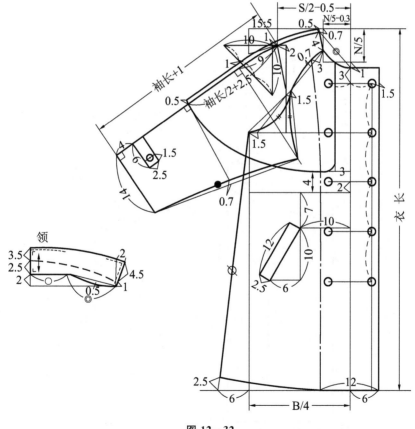

图 12-32

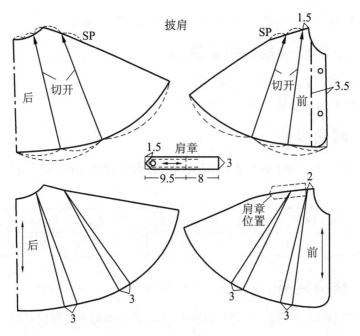

图 12-33

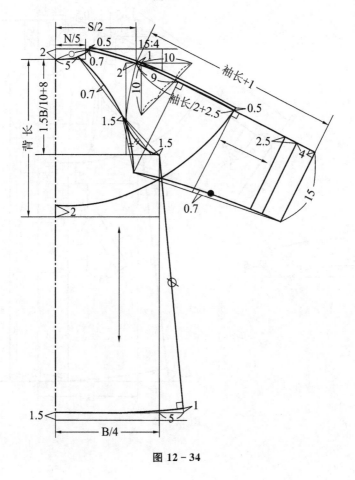

图 12-34

12.8 带帽子的披风

12.8.1 款式图与外形概述

从肩缝至侧缝上,外翻贴边作装饰,翻门襟,明线装饰,帽子为两片式(见图12-35)。

图 12-35

适用原料:选择长毛绒等轻而保暖的面料为适宜。

12.8.2 主要部位规格控制要点

(1)肩斜度 前片肩斜度采用15:5两直角边比值,后片肩斜度采用15:4两直角边比值。

(2)头围 头围加放松量2 cm。

12.8.3 制图规格

选择身高为80 cm(2岁)的儿童,在净体尺寸上加放松量,得出如下成品规格尺寸。

单位:cm

衣 长	肩 宽	基型领围	袖 长	头 围
32	22	25	25	49

12.8.4 结构制图

披风前后片及帽子结构制图见图12-36。

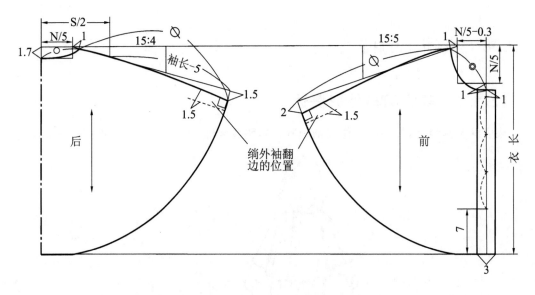

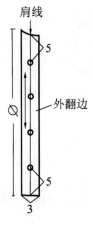

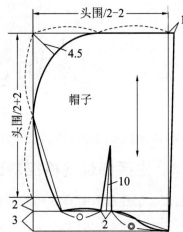

图 12-36

13 工艺单的编制

服装工业化生产中,一件服装是由多人共同合作完成,大家分工明确,责任到人。为了在生产过程中有据可依,不至于发生差错,因此工艺设计部门要制定服装生产工艺单。工艺单编制具体明确,能使操作者对服装各部位的要求一目了然,同时也方便各部门之间的沟通。

13.1 工艺单的编制方法

工艺单是一项最重要、最基本的技术文件,它反映了产品工艺过程的全部技术要求,是指导产品加工与工人操作的技术法规,是贯彻和执行生产工艺的重要手段,是产品质量检查及验收的主要依据。

13.1.1 编制工艺单的依据

(1) 根据客户提供样品及有关文字说明或者本企业试制的确认样。
(2) 依据合约单指定的规格、款式、型号、数量、客号及出货日期等。
(3) 依据客户提供的补充及修改意见。
(4) 样品试制(确认样、船样)记录及改进意见。
(5) 原辅材料的确认样卡。
(6) 原材料的缩率。

13.1.2 编制工艺单的具体要求

工艺,可以简单地理解为生产加工的方法。作为服装生产的工艺文件必须具备完整性、准确性、适应性及可操作性,四者缺一不可。

1)工艺单的完整性

主要是指工艺单内容的完整,它必须是全面的和全过程的,主要有裁剪工艺、缝制工艺、后整理工艺、包装工艺等的全部规定。

2)工艺单的准确性

作为工艺单必须准确无误,不可含糊不清。主要内容包括:

(1) 在文字难以表达的部位,可以配图解,并标以数据(见图 13-1)。

(2) 用词准确,紧紧围绕工艺要求撰写,字句既没有多余也没有不足。在说明工艺方法时,必须说明工

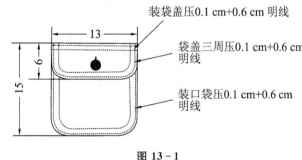

装袋盖压0.1 cm+0.6 cm 明线

袋盖三周压0.1 cm+0.6 cm 明线

装口袋压0.1 cm+0.6 cm 明线

图 13-1

艺部位,如:装袋盖及装口袋缉压 0.1 cm＋0.6 cm 双线(见图 13-1)。

(3) 术语统一。工艺单所用的全部术语必须规范,执行服装术语标准规定是统一用语。为了照顾方言可以配注解同时使用,但是在同一份工艺单中对同一内容不可以有不同的术语称呼,以免产生误会,导致发生产品质量事故。

3) 工艺单的适应性

制作工艺单必须符合本企业的实际的生产情况,要与本产品的繁简程度、批量大小、交货日期、工人的技术熟练程度及生产能力等相适应。

4) 工艺单的可操作性

工艺单的制定必须以确认样的生产工艺及最后的鉴定意见为生产工艺的依据。

13.1.3 编制工艺单的内容与方法

服装工艺单,根据其必须具备的完整性、准确性、适应性及可操作性的要求,主要内容及编制方法如下:

1) 工艺单的适应范围

为了防止工艺单出错,工艺文本必须详细地说明本工艺单适用于产品款式的全称、型号、色号、规格、合约号、出货日期、订单数量及编号等。

2) 产品效果图

产品效果图是指导各车间制作的样本,因此要求求实,不仅比例要求协调合理,而且要求各部位的标志也准确无误。所以,效果图不宜用时装画稿代替,以免由于在认识上的差异而造成差错。

3) 产品规格、测量方法及允许误差

(1) 产品规格及测量方法　客户提供规格的,应严格按照客户提供的规格编制工艺单。如果成衣要求水洗,必须用大货生产的原料测量出缩率,然后计算出洗前尺寸规格;客户没有提供规格或是自产经营的产品的规格可以自己设计。

(2) 测量方法　不同的客户会有不同测量方法的要求,例如裤子的后浪的测量方法就有直量、弯量以及是否包括裤腰宽。

(3) 产品规格的允许误差　可以根据客户的要求,客户没有要求的可以根据国家标准掌握。例如衬衫的允许误差:衣长、胸围、下摆可以正负 1 cm,袖口、袖笼等可以正负 0.5 cm。

4) 原辅材料的品种、规格、数量、颜色等规定

工艺单中所写的产品的品种、规格、数量、颜色等要与合同单相符,并要与原辅材料的样卡核对,准确无误后才可以投入使用。编写工艺单时,对原辅材料的使用应有详细的说明。

5) 有关裁剪方法

由于产品款式结构、原料花型图案及门幅的不同,技术部门可以在众多的操作工艺中选择省时、省料的比较合理的裁剪操作工艺。在编制工艺单时,技术部门要选择最佳的铺料方式作为本批产品裁剪铺料的技术规定。无论是采用何种方式进行铺料,在铺料之前都必须对原料进行检查,防止原料上有污渍、布疵等情况而影响裁片。

6) 有关部件及缝制方法的规定

工艺单必须提出具体的缝制要求,还可以配图示说明。

7）配件及标志的规定

工艺单应该严格规定本产品采用的商标、号型、尺码、织带、成分及洗涤说明等标志,并要规定缝制方法及钉的位置。

8）明确标出缝制针距密度、针号、缝份等

9）产品折叠及包装方法

工艺单必须写明产品的折叠形状及长度要求。比如:休闲裤内外侧装织带,在折叠时要将大蝴蝶结拉起来,这里就要明确写明拉好后裤长是多少。包装方法要有统一规定,有的是独色独码包装,有的是独色多码包装等多种情况,必须写明,防止出错,影响出货。

13.1.4　工艺单的执行与变更

下达后的工艺单必须严格认真执行,车间工艺员要对车间工人进行技术指导,根据工艺要求严格检查每道工序的操作。工艺单,作为企业技术法规,一经批准发布,不得随意更改,如果遇到特殊情况可以变更:(1)在产品制作过程中,客户提出合理的且可行的变更要求;(2)原辅材料突然中断,或发生了人力所不能挽回的原因;(3)在工艺执行过程中发现影响产品质量的工艺方法,需要及时改进。

下面通过具体实例来说明工艺单的编制内容和编制方法。

例1　男童长裤工艺单

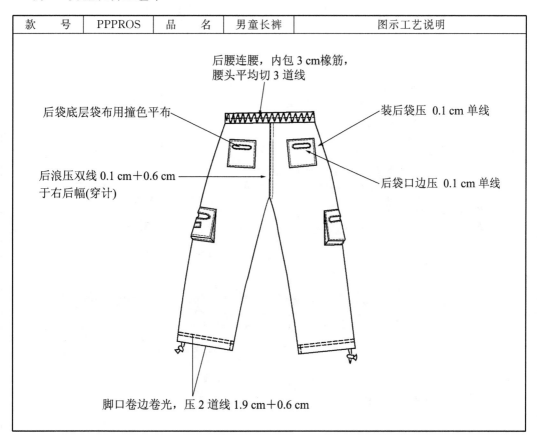

款　　号	PPPROS	品　　名	男童长裤	图示工艺说明

后腰连腰,内包 3 cm橡筋,腰头平均切 3 道线

后袋底层袋布用撞色平布

装后袋压 0.1 cm 单线

后浪压双线 0.1 cm＋0.6 cm 于右后幅(穿计)

后袋口边压 0.1 cm 单线

脚口卷边卷光,压 2 道线 1.9 cm＋0.6 cm

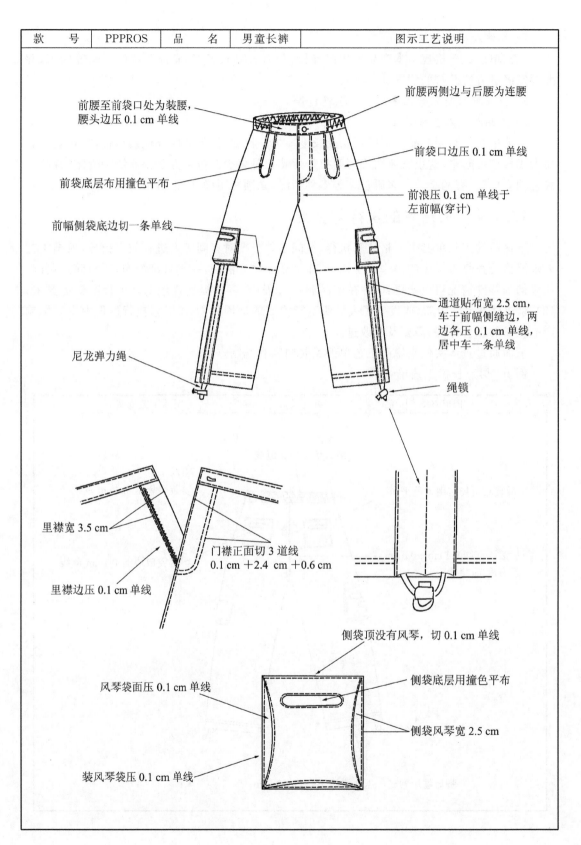

前腰至前袋口处为装腰，腰头边压 0.1 cm 单线

前腰两侧边与后腰为连腰

前袋口边压 0.1 cm 单线

前袋底层布用撞色平布

前浪压 0.1 cm 单线于左前幅(穿计)

前幅侧袋底边切一条单线

通道贴布宽 2.5 cm，车于前幅侧缝边，两边各压 0.1 cm 单线，居中车一条单线

尼龙弹力绳

绳锁

里襟宽 3.5 cm

门襟正面切 3 道线 0.1 cm ＋2.4 cm ＋0.6 cm

里襟边压 0.1 cm 单线

侧袋顶没有风琴，切 0.1 cm 单线

风琴袋面压 0.1 cm 单线

侧袋底层用撞色平布

侧袋风琴宽 2.5 cm

装风琴袋压 0.1 cm 单线

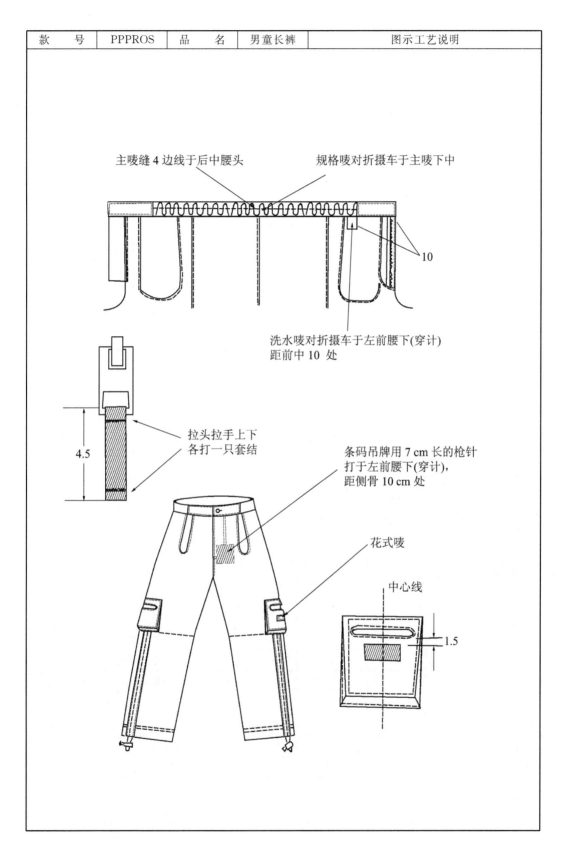

主唛缝 4 边线于后中腰头

规格唛对折摄车于主唛下中

10

洗水唛对折摄车于左前腰下(穿计)
距前中 10 处

4.5

拉头拉手上下
各打一只套结

条码吊牌用 7 cm 长的枪针
打于左前腰下(穿计),
距侧骨 10 cm 处

花式唛

中心线

1.5

款 号	PPPROS	品 名	男童长裤	规格尺寸表(单位:cm)				
部 位	规 格		2	3	4	5	6	8
1/2 腰围(松度)	W		24	24.5	25	25.5	26	27
1/2 腰围(拉度)	W1		32	32.5	33	33.5	34	35
1/2 坐围	H		34	35	36	37	38	40
坐围位置距腰	WH		10	10.5	11	11.5	12	13
1/2 横裆(浪下 6 cm)	LT		21.5	22.25	23	23.75	24.5	26
1/2 脚口宽	LB		15	15.5	16	16.5	17	18
总长(不连腰)	L		50.5	54.75	59	63.25	67.5	76
前浪(不连腰)	TC		17	17.5	18	18.5	19	20
后浪(不连腰)	TC1		18	18.5	19	19.5	20	21
门襟拉链长	O		10	10	10	12	12	12
前袋开口高	P1		9.5	9.75	10	10.25	10.5	11
侧袋高	P2		13	13.5	14	14.5	15	16
侧袋宽	P3		12	12.5	13	13.5	14	15
侧袋距腰下	P2D		21	21.5	22	22.5	23	24
后袋高	P3		12	12.5	13	13.5	14	15
后袋宽	P4		11	11.5	12	12.5	13	14
后袋距腰下	P3D		4	4	5	5	6	6

款 号	PPPROS	品 名	男童长裤	面辅料使用说明
名 称	规 格	单 耗	颜 色	部 位
全棉府绸 133×100/40×40	110 cm	108.25 cm	2 色	用于全体面子
全棉平布	110 cm	32 cm	撞色	用于前袋/侧袋及后袋的内袋布
主唛		1		缝 4 边线于后中腰里,切穿腰面子(腰头拉开钉)
规格唛		1		对折摄车于主唛下中
洗水唛		1		对折摄车于后中腰里边下
花式唛(SGS)		1		缝 4 边线于左侧袋(穿计)左右居中,袋口下 1.5 cm 处
橡筋	3 cm	43 cm	白色	用于后腰及前腰左右两侧
橡筋弹力绳	3 mm	94 cm	撞色	用于左右侧骨通道
绳锁		2	撞色	用于左右脚口绳头
4 孔胶纽	14 mm	1+1	配色	用于前中腰头 1 粒,备纽 1 粒钉于洗水唛上(注:钉纽必须十字钉法)

款 号	PPPROS	品 名	男童长裤	面辅料使用说明
名 称	规 格	单 耗	颜 色	部 位
树脂闭口拉链	3#	1	撞色	用于前中门襟
拉头拉手（帆布面料）		1	撞色	用于拉链头（完成后长 4.5 cm）
条码吊牌		1		用 7 cm 长的枪针打于左前腰下（穿计），侧骨对过 10 cm 处

款 号	PPPROS	品 名	男童长裤	工艺说明

裁剪要求	1. 排料必须注意色差
	2. 必须一顺拖料
	3. 产品每个部位必须编号
用衬要求	腰头不拉橡筋部位面里/门里襟皆用 20G 无纺衬
用线要求	1. 缝纫线：PP403 撞色线。针距：3 cm/13～14 针
	2. 拷边线：PP603 配色线。针距：3 cm/13～14 针
锁钉要求	1. 平头眼：前中腰头一只，（纽眼必须配合纽扣大小）
	2. 钉纽：平行钉法。
缝制工艺说明	1. 腰头：后腰至前腰前袋口处为连腰，腰头内包 3 cm 宽橡筋，腰头顶切 0.1 cm 单线，装腰头切 0.1 cm 单线，腰头居中再切一条单线。前腰为装腰，腰头面里连口，腰头边切 0.1 cm 单线
	2. 前门牌：左边门牌（穿计），装一条 3# 树脂闭口拉链，门牌正面压 3 道线 0.1 cm＋2.4 cm＋0.6 cm，里襟宽 3.5 cm，里襟下口做光
	3. 前袋：袋布上层与袋口夹反，袋口切 0.1 cm 单线，袋布下层用撞色平布
	4. 前浪：压 0.1 cm 单线于左前幅（穿计）
	5. 侧骨袋：风琴贴袋，袋口夹贴布，压 0.1 cm 单线，袋布底层用撞色平布。袋风琴宽 2.5 cm，袋面压 0.1 cm 单线，装袋压 0.1 cm 单线
洗水要求	1. 控制水温，烘箱温度，洗水时间，烘干时间，保准衣服尺寸与尺寸表相符
	2. 每种颜色必须分缸洗水
	3. 注意污渍，油污
	4. 颜色与手感必须跟确认样
整烫要求	1. 产品每个部位必须整烫平整
	2. 所有缝子及压线部位不可起皱
	3. 表面无极光，不可有烫斗印
	4. 衣服整烫后必须放置 12 小时后才可进胶袋

款 号	PPPROS	品 名	男童长裤	包装说明

包装方法	1. 每条裤子中式折法,前片在外面,后片在里面,如长度超过 58 cm,必须折脚口,使长度达到 58 cm,如宽度超过 38 cm,必须折横档,使宽度达到 38 cm
	2. 每条裤子入一个 PE0.04 mm 胶袋,胶袋右下角需印规格,规格字母高 3 cm,外面圆圈高 6 cm
	3. 裤子左前幅(穿计)朝上,吊牌的条码必须朝上

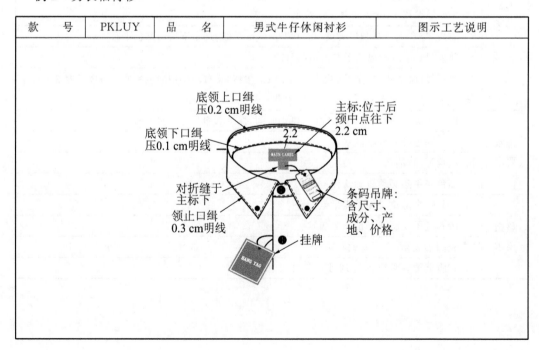

装箱要求	1. 独色独码装一个二坑出口纸箱,每箱毛重不超过 12kgs
	2. 每个纸箱有规定尺寸(长×宽×高)60 cm×40 cm×20(40)cm,高度可调节,在 20 cm 与 40 cm 之间
	3. 打箱带两横一竖共三道,(必须机器打箱),不同颜色的面料必须用不同颜色的打箱带打箱。封箱纸用普通封箱纸
	4. 每个尾箱必须在四个侧角贴上尾箱贴纸
	5. 箱唛必须用印刷体,不能用手写体
	6. 纸箱必须分色分码堆放,必须能够看到每个纸箱的箱号
	7. 纸箱上下各放一块过桥板,尾箱可单色混码装,尾箱数量不超过整箱数量

（图中）④ 开口

例 2 男长袖衬衫

款 号	PKLUY	品 名	男式牛仔休闲衬衫	图示工艺说明

底领上口缉
压0.2 cm明线

主标:位于后
颈中点往下
2.2 cm

底领下口缉
压0.1 cm明线

2.2

对折缝于
主标下

条码吊牌:
含尺寸、
成分、产
地、价格

领止口缉
0.3 cm明线

挂牌

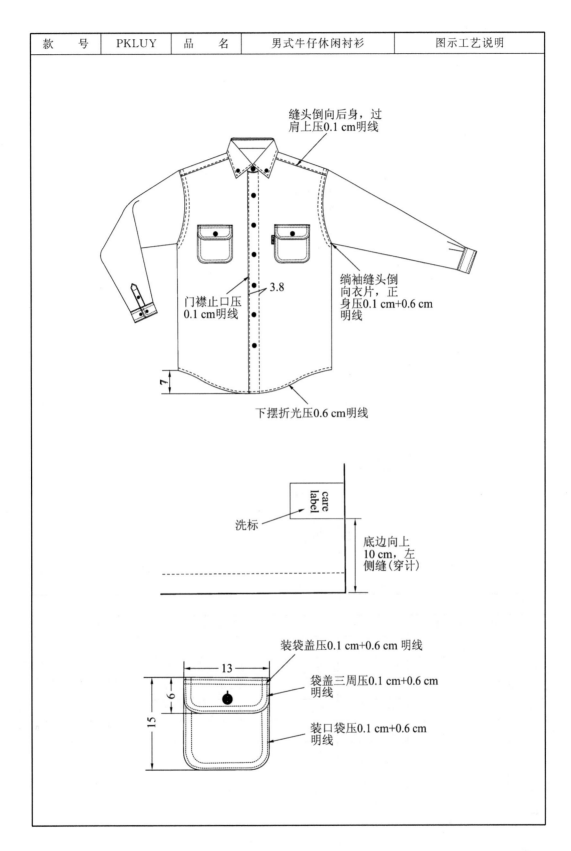

缝头倒向后身，过
肩上压0.1 cm明线

绱袖缝头倒
向衣片，正
身压0.1 cm+0.6 cm
明线

门襟止口压
0.1 cm明线

3.8

7

下摆折光压0.6 cm明线

care label

洗标

底边向上
10 cm，左
侧缝(穿计)

装袋盖压0.1 cm+0.6 cm 明线

13

6

15

袋盖三周压0.1 cm+0.6 cm
明线

装口袋压0.1 cm+0.6 cm
明线

款 号	PKLUY	品 名	男式牛仔休闲衬衫	图示工艺说明

折裥倒向袖窿
方向大小2 cm

缝头倒向过肩
压明线0.1 cm

绱袖衩压
0.1 cm明线

绱袖克夫压
0.1 cm+0.6 cm明线

袖克夫边缘压
0.1 cm+0.6 cm明线

款 号	PKLUY	品 名		男式牛仔休闲衬衫	规格尺寸表(单位:cm)	
部位/规格(cm)	S	M	L	XL	档差
前衣长	74	76	78	80	2
后中长	74	76	78	80	2
肩宽	46	47.2	48.4	49.6	1.2
领大	40	41	42	43	1
胸围大	112	116	120	124	4
下摆大	112	116	120	124	4
袖长	60.5	62	63.5	65	1.5
袖口大	22	23	24	25	1

款　　号	PKLUY	品　　名	男式牛仔休闲衬衫		规格尺寸表(单位:cm)	
袋口高	14.5	14.5	15	15	
袋口宽	12	12	12.5	12.5	
袋盖长	13	13	13.5	13.5	
袋盖宽	6	6	6	6	
袖衩(长＊宽)	15＊2.3	15＊2.3	15＊2.3	15＊2.3	
领座高	3.3	3.3	3.3	3.3	
翻领宽	4.3	4.3	4.3	4.3	
领尖长	7	7	7	7	
袖克夫(长＊宽)	24＊6	25＊6	26＊6	27＊6	

款　　号	PKLUY	品　　名	男式牛仔休闲衬衫	工艺说明
裁剪 要求	1. 拉布平整,布边一边对齐,注意倒顺光及拼接处面料的色差			
	2. 各部位刀眼对齐,丝绺顺直,裆位准确			
用衬 要求	翻领、领座、克夫均用树脂粘合衬,袋盖、左门襟、袖叉贴边均用无纺衬			
用线 要求	1. 缝纫线:涤棉配色线,针距:13～14针/3 cm			
	2. 拷边线:涤棉配色线,针距:14～15针/3 cm			
锁钉 要求	扣眼大1.2 cm,距门襟1.7 cm,锁眼每厘米11～15针,纽扣中心距里襟1.9 cm,纽扣每孔不低于6根线。门条净宽3.8 cm,居中锁竖眼,克夫、胸袋也有扣眼,一共13个扣眼			
缝制 工艺 说明	1. 前片:左右贴袋各一只,袋口三折折光缉线2.3 cm宽,袋盖及口袋三周各缉0.1 cm＋0.6 cm明线,门条净宽3.8 cm,缉0.1 cm＋3.8 cm明线			
	2. 后片:1 cm缝份拼后过肩,缝头向上倒,正面缉0.1 cm明线			
	3. 肩缝:1 cm缝份拼后肩缝,缝头向后倒,缉0.1 cm明线			
	4. 袖衩:袖衩贴边折光,按眼刀开袖衩,衩长按净样做,缉0.1 cm明止口			
	5. 1 cm缝份拼合摆缝,三线拷边			
	6. 上袖:1 cm缝份绱袖,缝头倒向衣片,正身缉0.1 cm＋0.6 cm明线,注意袖山不起皱			
	7. 领:翻领止口缉0.3 cm明线,领座里上口缉0.2 cm明线,领座圆头处缉0.15 cm明线,领座里下口缉0.1 cm＋0.6 cm明线			
	8. 克夫:克夫纽扣眼距克夫边1 cm,上下居克夫中间,纽扣中心距1.2 cm,上下居克夫中间。袖衩封口距剑头3.5 cm,袖衩眼位为袖衩封口至克夫上口的中间。装克夫止口缉0.1 cm＋0.6 cm明线,克夫止口三周缉0.1 cm＋0.6 cm明线。袖口收裥两只,裥大4 cm,裥距2.5 cm			
	9. 左袋口向下4 cm装袋标1枚,后领中下2.2 cm主标一只,左侧缝(穿计)底边向上10 cm装洗标1枚			
	10. 袖裥向袖衩倒伏,后覆势下侧左右裥分别向摆缝处倒伏,卷底边时摆缝倒向后背,摆缝1 cm,袖缝0.8 cm			

款 号	PKLUY	品 名	男式牛仔休闲衬衫	工艺说明
洗水 要求	1. 控制水温,烘箱温度,洗水时间,烘干时间,保准衣服尺寸与尺寸表相符			
	2. 每种颜色必须分缸洗水			
	3. 注意污渍,油污			
	4. 颜色与手感必须跟确认样			
整烫 要求	1. 产品每个部位必须整烫平整			
	2. 所有缝子及压线部位不可起皱			
	3. 表面无极光,不可有烫斗印			
	4. 衣服整烫后必须放置 12 小时后才可进胶袋			

例3 女夹克工艺单

款 号	45638	品 名	女 夹 克	图示工艺说明

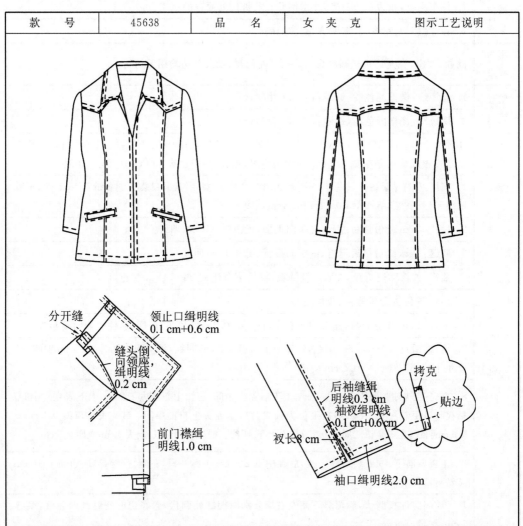

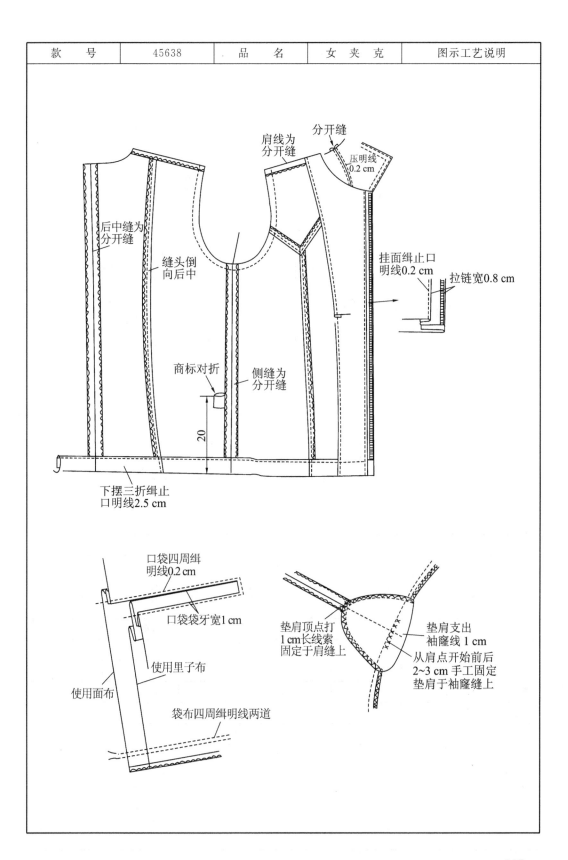

肩线为
分开缝

分开缝

压明线
0.2 cm

后中缝为
分开缝

缝头倒
向后中

挂面缉止口
明线0.2 cm

拉链宽0.8 cm

商标对折

侧缝为
分开缝

20

下摆三折缉止
口明线2.5 cm

口袋四周缉
明线0.2 cm

口袋袋牙宽1 cm

使用里子布

使用面布

袋布四周缉明线两道

垫肩顶点打
1 cm长线索
固定于肩缝上

垫肩支出
袖窿线 1 cm

从肩点开始前后
2~3 cm 手工固定
垫肩于袖窿缝上

款　　号	45638	品　　名	女　夹　克	图示工艺说明

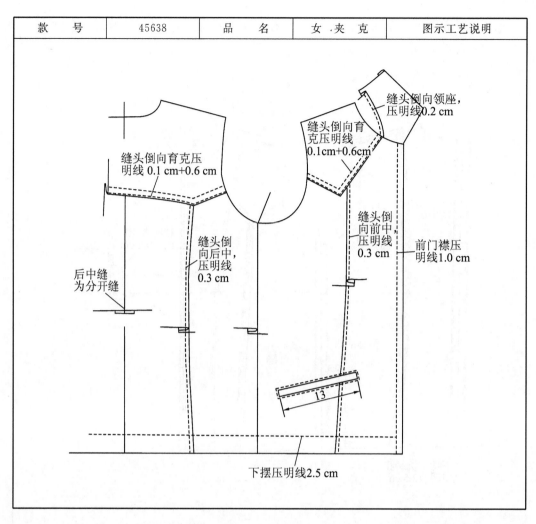

缝头倒向育克压明线 0.1 cm+0.6 cm

缝头倒向育克压明线 0.1cm+0.6 cm

缝头倒向领座，压明线0.2 cm

缝头倒向后中，压明线 0.3 cm

缝头倒向前中，压明线 0.3 cm

前门襟压明线1.0 cm

后中缝为分开缝

13

下摆压明线2.5 cm

款　　号	45638	品　　名		女　夹　克	规格尺寸(单位:cm)	
部位/规格	S	M	L	XL	档差	
后中长	58.5	60.5	62.5	64.5	2.0	
肩宽	39	40.2	41.4	42.6	1.2	
胸围	94.5	97.5	100.5	103.5	3.0	
领大	37	38	39	40	1.0	
腰围	76	79	82	85	3.0	
下摆	98	101	104	107	3.0	
袖长	47	48.5	50	51.5	1.5	
袖口	24	24.5	25	25.5	0.5	
口袋长	13	13.5	14	14.5	0.5	
口袋宽	1.0	1.0	1.0	1.0	0	
领尖长	8.0	8.0	8.0	8.0	0	
后领宽	7.5	7.5	7.5	7.5	0	

款 号	45638	品 名	女 夹 克	工艺说明

裁剪要求	1. 拉布平整,布边一边对齐,注意倒顺光及拼接处面料的色差
	2. 各部位刀眼对齐,丝绺顺直,袋位准确

用衬要求	前身部分、挂面、翻领面里、领座面里、袖克夫贴边均用有纺粘合衬;后领圈、袖窿、前领圈、前肩缝均用防伸衬

用线要求	1. 缝纫线:涤棉配色线,针距:13~14 针/3 cm
	2. 拷边线:涤棉配色线,针距:13~14 针/3 cm

缝头要求	1. 侧缝、肩缝、前后身分割缝为 1.2 cm,前中缝 2 cm,下摆 3.5 cm,其余缝头均为 1 cm
	2. 侧缝、肩缝、袖底缝、后中缝为分开缝;前后身分割缝分别向前后倒;前后育克分割缝向上倒;绱袖缝向袖窿倒;后袖缝向大身倒

明缉线要求	1. 领座、袋四周:0.2 cm
	2. 前后身分割缝、后袖缝:0.3 cm
	3. 翻领止口、前后育克、袖衩边:0.1 cm+0.6 cm
	4. 前中:1 cm 袖口:2 cm 下摆:2.5 cm

缝制工艺说明	1. 前片:前身单牙袋左右各一只,袋口规格为 1 cm 宽、13 cm 长,袋口四周缉 0.2 cm 止口明线,袋布四周缝合后拷克,下端夹入下摆。前中装隐齿拉链,拉链内侧露齿 1.2 cm,拉链上于大身缉止口线于内挂面上,拉链距下边 2.5 cm,距领圈为 0.25 cm,挂面上于大身内侧拷克后折 0.8 cm 缉止口,下端与大身暗缝
	2. 领:翻领止口缉 0.1 cm+0.6 cm 明线,翻领面和领座里领缝合后烫分开缝,缝两侧缉 0.2 cm 明线,翻领里和领座面缝合后,缝头向领座倒,缉止口明线 0.2 cm 于领座上。领子绱于大身后,前领为分开缝搭针固定,后领圈缝头向领子倒,缉止口明线 0.2 cm 于领座上
	3. 上袖:袖圆筒绱于大身,袖缝头和袖子倒,袖口贴边与袖口暗缝后袖口边缉 2 cm 明线,后袖缝处袖口开衩,衩长 8 cm 净,衩边缉 0.1 cm+0.6 cm 明线
	4. 洗标对折钉于左侧缝下边向上 20 cm 处向下钉,靠后身倒,商标对折钉于洗标向上 0.5 cm 处
	5. 垫肩支出袖窿线 1 cm,从肩点起前后 2~3 cm 手工固定于袖窿缝上,垫肩顶打 1 cm 长线索固定于肩缝上
	6. 套结:袖口开衩止口处套结左右各一只,套结大为 1.2 cm

整烫要求	1. 产品每个部位必须整烫平整
	2. 所有缝子及压线部位不可起皱
	3. 表面无极光,不可有烫斗印
	4. 衣服整烫后必须放置 12 小时后才可进胶袋

面料品种:牛仔布

色　　号	颜　　色	门　　幅	单　　耗	总　　耗
11B	蓝　色	1.50 m	2.40 m	3 600 m
4C	黑　色	1.50 m	2.40 m	3 600 m

里料品种:电光棉(袋子布)

色　　号	颜　　色	门　　幅	单　　耗	总　　耗
30	蓝　色	1.20 m	0.60 m	900 m
19	黑　色	1.20 m	0.60 m	900 m

辅料明细表

序　　号	品　　名	规　　格	单　　耗	总　　耗
1	防伸衬	0.7F—300	0.95 m	黑:2 850 m
		1.0F—300	0.25 m	黑:750 m
		1.5ST	0.3 m	黑:900 m
2	吊带	4 cm	1 根	黑:3 000 根
3	拉链	52 cm	1 根	黑:1 500 根　蓝:3 000 根
4	垫肩	DVM—5	1 组	黑:3 000 组
5	商标	Favorite	1 枚	3 000 枚
6	洗标		1 枚	3 000 枚
7	吊牌	Favorite	1 枚	3 000 枚

13.2　英文工艺单的阅读

我国服装加工行业制单中,有相当部分是外来加工单(如来自美国、加拿大及欧洲一些国家等)。在制单中常有服装专业英语词汇,或整份皆以英文填制。学会阅读和翻译英文工艺单、掌握一些服装专业英语词汇很有必要。

＊＊＊＊＊Apparel Co.,Ltd(＊＊＊＊＊制衣有限公司)

TO:样品组、纸版组　　　　　　生产工艺单　　　　　　文件编号:＊＊＊

Buyer(客户):＊＊＊＊＊＊	Style No.(款号):＊＊＊＊＊＊	Style Name(款式名称):连衣裙	Quantity(数量):＊＊＊
Manufacturing No(本厂编号):	Gmt Delivery(出厂日期):＊＊＊	Merchandiser(业务员):＊＊＊	Brand(品牌):＊＊＊

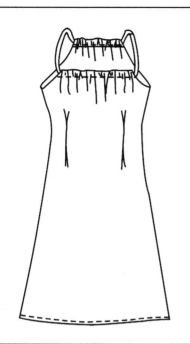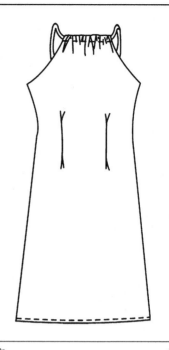

规格尺寸表

单位:in

部 位 \ 尺 码	6	8	档 差	尺寸量法
Neck width front 前领宽	11.375	11.5	0.125	Edge to edge 边至边(放松量)
Neck width back 后领宽	9.375	9.5	0.125	Edge to edge 边至边(放松量)
Chest 胸 围	19.25	19.75	0.5	1″ below armhole outside edge to edge 夹下1″,外边至边
Waist Position 腰 位	8.75	9	0.25	From HPS Top 从后肩高点往下
Waist 腰 围	17	17.5	0.5	Outside edge to edge 外边至边
Seat position 臀围线	16.75	17	0.25	From HPS Top 从后肩高点往下量
Seat 臀 围	20.25	20.75	0.5	Outside edge to edge 外边至边
Bottom sweep 裙 摆	23	23.5	0.5	Edge to edge,straight across 边至边直量
Front Armhole 前袖窿弧长	9	9.25	0.25	Follow curve along edge 沿弯曲度

Back Armhole 后袖窿弧长	5.5	5.75	0.25	Follow curve along edge 沿弯曲度
Back length 后中长	32.625	33	0.375	From back neck middle point 从后颈中点量
Zipper length 拉链长	13	13		From opening 开口计
Front darts L * W 前省长 * 宽	5 * 3/8	5 * 3/8		From waist 腰围处量
Front darts from front waist 前省距前中腰	3 1/4	3 3/8	1/8	From waist 腰围处量
Back darts L * W 后省长 * 宽	5 * 3/8	5 * 3/8		From waist 腰围处量
Back darts from back waist 后省距后中腰	3 5/8	3 3/4	1/8	From waist 腰围处量
Straps length 带　长	11 3/8	11 3/8		Finishing 完成
Neck width front 前领宽	7 7/8	8	1/8	Finishing 完成
Neck width back 后领宽	7 7/8	8	1/8	Finishing 完成

面 里 衬 料	Fabric 面　布	Silk Dbl Side Crepe 真丝双绉	thread 线	Sewing 车缝	80/3
	Lining 里　布	Silk Habotai 真丝电力纺	thread 线	Overlock 拷边	80/3
	Interlining 衬　布	* * *		topstitch 明线	80/3

裁剪 Cutting	1. Fabric front side and back side：according to fabric sample 面料正反面：依布板
	2. Cutting direction：same direction per piece 裁向要求：一件一方向
	3. Writing number：according normal 写号要求：依正常
	4. Notch depth：1/8″ 剪口深度：1/8″
	5. Cutting pieces tolerance：1/8″ 裁片大小公差：1/8″

生产工艺要求	粘衬 Fusing interlining		1. 3/8″ bias cut Interlining pieces in armhole 袖窿部位采用 3/8″斜纹衬条
			2. 1/2″ straight cut Interlining pieces in zipper end 拉链尾部位采用 1/2″直纹衬条
	缝份 Seam allowance		1. Neck、Sideseam:1/2″ 领、侧缝:1/2″
			2. Armhole:3/8″ 袖窿:3/8″
			3. Bottom:1/2″ 下摆:1/2″
	车缝 Sewing	面 Fabric	1. Front Neck:1/2″ turn back, clean finished. 3/8″ single needle topstitched creates a channel for neck/shoulder straps 前领:1/2″翻折,做光,压 3/8″单明线
			2. Straps:1/4″ self fabric bias binding clean finished 肩带:1/4″本身布斜裁,做光,穿于前领与后领内缝中
			3. Back Neck:1/2″ turnback, clean finished. 3/8″ single needle topstitched creates channel for neck/shoulder straps 后领:1/2″翻折,做光,压 3/8″单明线
			4. armhole:clean, turn back 袖窿:做光,翻折
			5. Sideseam:Overlocked,press open 侧缝:三线拷边,烫分开
			6. Front Darts:5″ L×3/8″ deep pos. 3 3/4″ from CF @ waist. Top of dart opens as a tuck 前省:长 5″,宽 3/8″,离前中腰 3 3/4″。止口倒向前中,省的顶部开叉像缝褶(烫成)
			7. Back Darts:5″ L×1/2″ deep pos. 3 3/4 from CB @ wist. Top of dart opens as a tuck 后省:长 5″,宽 1/2″,离后中腰 3 3/4″。止口倒向后中,省的顶部开叉像缝褶(烫成)
			8. Zipper:13″ L Invisible zip closuew @ left sideseam sandwiched between shell and lining Hook and eye @ top of zip 拉链:13″长隐形拉链,装于侧缝,(长度跟足尺寸表)链顶钉一副裙钩
			9. Bottom:1/4″ Single needle topstitch rolled hem 下摆:卷边压 1/4″单明线

		1. Sideseam：Seam allowance press to back，fix edge 侧缝：倒向后背，修边
		2. Front Darts：5″ L×3/8″ deep pos. 3 3/4″ from CF @ waist. Top of dart opens as a tuck 前省：长5″，宽3/8″，离前中腰3 3/4″。止口倒向前中，省的顶部开叉像缝褶
	里 Lining	3. Back Darts：5″ L×1/2″ deep pos. 3 3/4 from CB @ wist. Top of dart opens as a tuck 后省：长5″，宽1/2″，离后中腰3 3/4″。止口倒向后中，省的顶部开叉像缝褶
		4. Bottom：Single needle topstitch rolled hem 下摆：卷边压单明线
		5. Lining extends to 1/2″ above inside finised hem edge. 1″ Chain stitch fix fabric and lining in bottom 面里下摆相距：1/2″，面里下摆处用1″线链固定
		6. Clean finishes neckline/armhole 领圈、袖窿做光
手工 Handing		1″ Chain stitch fix fabric and lining in bottom 面里下摆处用1″线链固定
整烫 Ironing		Can't have iron—shine and dart 不可有激光、死痕

Part Ⅰ—Labelling & Packaging (consistent per brand)

表Ⅰ:标和包装材料:(每个品牌一致)

Item(项目)	Specification Appointed Supplier/Item #(指定商)	Unit cost(单价)		Minimum(起定量) Order Qty 定数量) Y/N Stock(是否库存)
		Local (人民币付)	HKD/USD (外币付)	
Label(标)				
Main＊（主标）				
Size＊(尺码标)				
Care(洗标)				
Content（成分标）				
PO(PO标)				
Shade sticker(色差标)				
	Sub—total cost/gmt:			
	（支成本总计/件）	0	0	
Packaging（包装）				
Main tag(主挂牌)				

Feature tag(特殊说明牌)			
Fabric tag（面布挂牌）			
Price sticker（价钱贴纸）			
Size sticker(尺码贴纸)			
Content sticker（成分贴纸）			
Other(其他)＊＊ orange polybag			
Polybag/gmt（胶袋/件）			
Tissue paper（拷贝纸）			
Clip(胶夹)			
Hanger(衣架)			
Carton(纸箱)			
Misc(杂)＊＊＊			

Sub－total cost/gmt：（支成本总计/件）
Part Ⅰ Total Cost/gmt 表1部分总成本/件

Remarks：(备注)

1. ＊For lable－adjustable per brand request.

＊标－可根据品牌要求调整。

2. ＊＊For packing－refers to Red sticker，Taiwan importer sticker，Korean content sticker etc which are adjustable per brand.

＊＊包装－红色贴纸、台湾进口贴纸及韩国成份贴纸等。可根据品牌进行调整。

3. ＊＊＊For miscellaneous packing material applicable across styles. These includes adhesive tapes，carton stripe，paper board，big polybag etc. These to be elaborated as needed.

＊＊＊各款混合包装，包括胶带、纸盒、纸板、大胶带等。可根据需要制作。

Part Ⅱ－Attachments Purchase by Trim Controller

表Ⅱ:辅料购买

Items(项目)	Specification（规格）	Unit cost(单价)		Consumption（单耗）	Cost/Gmt(成本/件)	
		Local（人民币付）	HKD/USD（外币付）		（人民币付）	（外币付）
Thread＊（线）	803#		2.17/5 000 m			
Elastic/grosgrain＊＊（松紧带）						

Ribbon （织带）					
Tapes * （滚条）					
Zipper * （拉链）	2＃ INVISIBL －E（YKK） 12＃		0.5	1pc	0.5
Shoulder pad(肩棉)					
Button （纽扣）					
Buckle （暗扣）					
Eyelet （金属扣）					
1/2″ 止口带					
Part Ⅱ Total Cost/gmt： 表Ⅱ部分总成本/件					0.54
Remarks(备注)： 1. ＊ To be extended per style for more than 1 kind of thread，zip or tapes. ＊代表一款用多种线、拉链或带等。 2. ＊＊Similar itens varies/adjustable per style. ＊＊代表每款用类似的材料。					

Part Ⅲ－Attachments Purchase by Fabric Controller (items need to be cut by fty)

表Ⅲ:辅料购买(需裁剪的)

Items(项目)	Specification （规格）	Unit cost(单价)		Consumption （单耗）	Cost/gmt(成本/件)	
		Local （人民币付）	HKD/USD （外币付）		（人民币付）	（外币付）
Interlining （衬布）	4412＃					
Lining （里布）	TY－255544″		1.85/Y	1.083		3.336
Pocketing （口袋布）						

Polyfill （填充物）						
Lace/Com （饰带）						
Piping （滚条）						
PartⅢ Total Cost/gmt： 表 3 部分总成本/件						3.336

Part Ⅳ－Quotation Breakdown：

表Ⅳ:报价明细　　　　　　　　　　　　　　　　　　　　　US $

A. Suzhou ＊＊＊	
B. Trim Total(Sum of PartⅠ,Ⅱ,Ⅲ list above) 表Ⅰ,Ⅱ,Ⅲ累计总辅料	3
C. Fabric Cost(Yd Cost ＊ YY) 面布成本 ＊YY　yy＝1.848	7.207
D. Quota Cost(of any) 配额成本	
E. Garment dyed fee 衣服染色费用	

Part Ⅳ－Quotation/gmt to Buyer：　　　　　　　FOB/FOBQ

表Ⅳ:每件衣服的报价：

FAB＝TY－4034　100％silk　　US $ 39/Y

13.3　服装各部位述语的英文翻译

13.3.1　上衣（见图 13－2、图 13－3）

① 领座　stand collar

② 领吊祥　hanging loop

③ 领面　top collar

④ 肩线　shoulder line

⑤ 袖山　sleeve top

⑥ 领嘴　lapel point（notch）

⑦ 假眼　mock button hole

⑧ 袖窿　armhole

⑨ 胸袋　breast pocket

⑩ 扣眼　button hole

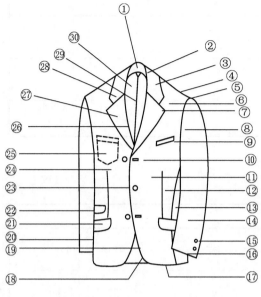

图 13－2

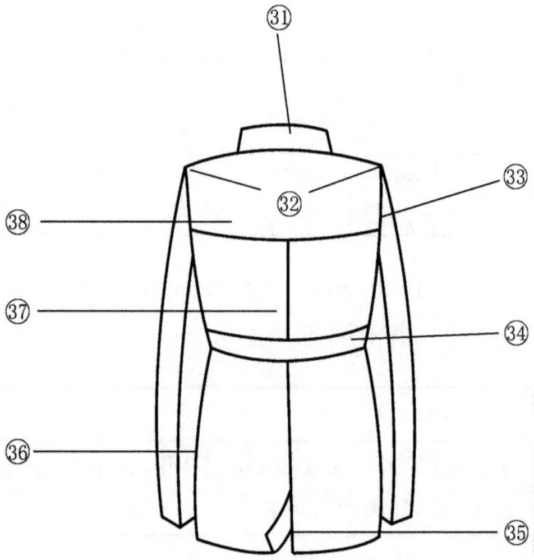

图 13－3

⑪ 门襟　top fly（left front）

⑫ 前胸省　front dart

⑬ 腋省　underarm dart

⑭ 大袖　top sleeve

⑮ 袖扣　sleeve button

⑯ 袖口　sleeve opening

⑰ 底边　hem

⑱ 止口圆角　front edge

⑲ 门襟止口　front edge

⑳ 小袖　under sleeve

㉑ 袋盖　flap

㉒ 零钱袋　change pocket

㉓ 前扣　front button

㉔ 里襟　under fly（right front）

㉕ 里袋　inside breast pocket

㉖ 驳口　fold line for lapel

㉗ 驳头　lapel

㉘ 串口　gorge line

㉙ 后片里中缝　lining centre back pleat

㉚ 后片里　back lining

㉛ 领面　top collar

㉜ 总肩　across back shoulders

㉝ 后袖窿　back armhole

㉞ 半腰带　half back belt

㉟ 背衩　vent

㊱ 摆缝　side seam

㊲ 背缝　centre back seam

㊳ 后过肩　back yoke

13.3.2 裤(见图 13-4、图 13-5)

① 腰头　waistband

② 腰头纽　waistband button

③ 里襟尖嘴　button tab

④ 腰头里　waistband lining

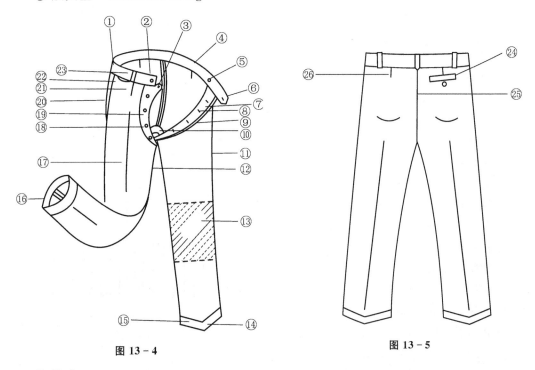

图 13-4

图 13-5

⑤ 裤头纽　bearer button

⑥ 腰头宝剑头　extended tab

⑦ 门襟　left fly

⑧ 扣眼　fly buttonhole

⑨ 裤门襟　front fly

⑩ 裤裆垫布　crutch lining

⑪ 外侧缝　side seam

⑫ 下裆缝　inside seam

⑬ 膝盖绸　reinforcement for knees

⑭ 脚口　leg opening

⑮ 卷脚　turn-up cuff

⑯ 贴脚条　heel stay

⑰ 裤中线　crease line

⑱ 纽扣　fly button

⑲ 里襟　right fly

⑳ 侧斜袋　slant side pocket

㉑ 裤裥　waist pleat

㉒ 表袋　watch pocket

㉓ 裤带袢　belt loop

㉔ 后袋　hip pocket

㉕ 后裆缝　seat seam

㉖ 后裥　back pleat

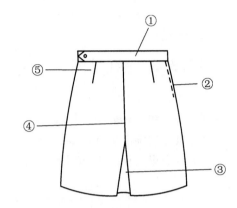

13.3.3　裙（见图 13 - 6）

① 裙腰头　waistband

② 侧拉链口　side opening

③ 暗裥　inverted seam

④ 中缝　centre seam

⑤ 裙腰褶　waist dart

⑥ 裙腰褶　waist dart

⑦ 侧开口　side opening

⑧ 前拼腰　front yoke

⑨ 裙褶　pleats

⑩ 褶脚　hem

⑪ 裙摆缝　side seam

⑫ 斜袋　slant welt pocket

⑬ 腰带袢　belt loop

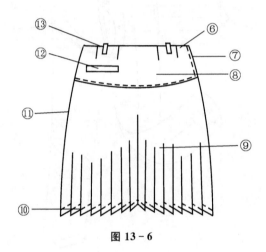

图 13 - 6

13.3.4　背心（见图 13 - 7、图 13 - 8）

① 衬里　lining

② 肩缝　shoulder seam

③ 袖圈　armhole

④ 胸袋　breast welt pocket

⑤ 门襟　top fly, left front

⑥ 扣眼　button hole

⑦ 边衩　side vent

⑧ 尖角　front point

⑨ 衬布　interlining

⑩ 里襟贴 right facing

⑪ 纽扣 button

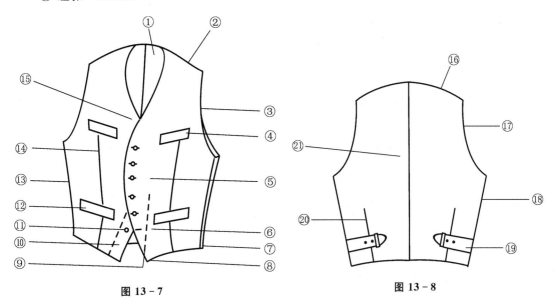

图 13 - 7

图 13 - 8

⑫ 腰袋 waist welt pocket

⑬ 摆缝 side seam

⑭ 胸褶 breast dart

⑮ 里襟 under fly,right front

⑯ 肩缝 shoulder seam

⑰ 袖圈 armhole

⑱ 摆缝 side seam

⑲ 活动腰祥 adjustable waist tab

⑳ 后褶 back dart

㉑ 背中缝 centre back seam

13.3.5 领子(见图 13 - 9)

① 燕子领(翼领) wing collar

② 青果领(围巾领) shawl collar

③ 意大利领 Italian collar

④ 交叉围巾领 cross shawl collar

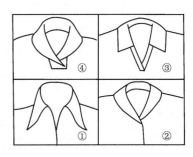

图 13 - 9

附录　服装号型

男子服装号型各系列控制部位数值

5.4/5.2 Y 号型系列控制部位数值表

单位:cm

部位	数值													
身　高	155		160		165		170		175		180		185	
颈椎点高	133.0		137.0		141.0		145.0		149.0		153.0		157.0	
坐姿颈椎点高	60.5		62.5		64.5		66.5		68.5		70.5		72.5	
全臂长	51.0		52.5		54.0		55.5		57.0		58.5		60.0	
腰围高	94.0		97.0		100.0		103.0		106.0		109.0		112.0	
胸　围	76		80		84		88		92		96		100	
颈　围	33.4		34.4		35.4		36.4		37.4		38.4		39.4	
总肩宽	40.4		41.6		42.8		44.0		45.2		46.4		47.6	
腰　围	56	58	60	62	64	66	68	70	72	74	76	78	80	82
臀　围	78.8	80.4	82.0	83.6	85.2	86.8	88.4	90.0	91.6	93.2	94.8	96.4	98.0	99.6

5.4/5.2 A 号型系列控制部位数值表

单位:cm

部位	数值															
身　高	155		160		165		170		175		180		185			
颈椎点高	133.0		137.0		141.0		145.0		149.0		153.0		157.0			
坐姿颈椎点高	60.5		62.5		64.5		66.5		68.5		70.5		72.5			
全臂长	51.0		52.5		54.0		55.5		57.0		58.5		60.0			
腰围高	93.5		96.5		99.5		102.5		105.5		108.5		111.5			
胸　围	72		76		80		84		88		92		96		100	
颈　围	32.8		33.8		34.8		35.8		36.8		37.8		38.8		39.8	
总肩宽	38.8		40.0		41.2		42.4		43.6		44.8		46.0		47.2	
腰　围	56	58	60	62	64	66	68	70	72	74	76	78	80	82	84	86	88
臀　围	76	77	79	80	82	84	85	87	88	90	92	93	95	96	98	99	101

5.4/5.2B 号型系列控制部位数值表　　　　　　　　　単位:cm

B																			
部　位	数　值																		
身　高	155		160		165		170		175		180		185						
颈椎点高	133.5		137.5		141.5		145.5		149.5		153.5		157.5						
坐姿颈椎点高	61		63.0		65.0		67.0		69.0		71.0		73						
全臂长	51.0		52.5		54.0		55.5		57.0		58.5		60.0						
腰围高	93.0		96.0		99.0		102.0		105.0		108.0		111.0						
胸　围	72	76	80	84	88	92	96	100	104	108									
颈　围	33.2	34.2	35.2	36.2	37.20	38.2	39.2	40.2	41.2	42.2									
总肩宽	38.4	39.6	40.8	42.0	43.2	44.4	45.6	46.8	48.0	49.2									
腰　围	62	64	66	68	70	72	74	76	78	80	82	84	86	88	90	92	94	96	98	100
臀　围	80	81	82	83	85	87	88	89	91	92	94	95	96	98	99	101	102	103	105	106

5.4/5.2C 号型系列控制部位数值表　　　　　　　　　単位:cm

C																			
部　位	数　值																		
身　高	155		160		165		170		175		180		185						
颈椎点高	133.5		138.0		142.0		146.0		150.0		154.0		158.0						
坐姿颈椎点高	61.5		63.5		65.5		67.5		69.5		71.5		73.5						
全臂长	51.0		52.5		54.0		55.5		57.0		58.5		60.0						
腰围高	93.0		96.0		99.0		102.0		105.0		108.0		111.0						
胸　围	76	80	84	88	92	96	100	104	108	112									
颈　围	34.6	35.6	36.6	37.6	38.6	39.6	40.6	41.6	42.6	43.6									
总肩宽	39.2	40.4	41.6	42.8	44.0	45.2	46.4	47.6	48.8	50.0									
腰　围	70	72	74	76	78	80	82	84	86	88	90	92	94	96	98	100	102	104	106	108
臀　围	82	83	84	86	87	89	90	91	93	94	96	97	98	100	101	103	104	105	107	108

女子服装号型各系列控制部位数值

5.4/5.2 Y 号型系列控制部位数值表　　　　　　单位:cm

Y														
部　　位	数　　值													
身　　高	145		150		155		160		165		170		175	
颈椎点高	124.0		128.0		132.0		136.0		140.0		144.0		148.0	
坐姿颈椎点高	56.5		58.5		60.5		62.5		64.5		66.5		68.5	
全 臂 长	46.0		47.5		49.0		50.5		52.0		53.5		55.0	
腰 围 高	89.0		92.0		95.0		98.0		101.0		104.0		107.0	
胸　　围	72		76		80		84		88		92		96	
颈　　围	31.0		31.8		32.6		33.4		34.2		35.0		35.8	
总 肩 宽	37.0		38.0		39.0		40.0		41.0		42.0		43.0	
腰　　围	50	52	54	56	58	60	62	64	66	68	70	72	74	76
臀　　围	77.4	79.2	81.0	82.8	84.6	86.4	88.2	90.0	91.8	93.6	95.4	97.2	99.0	101

5.4/5.2 A 号型系列控制部位数值表　　　　　　单位:cm

A															
部　　位	数　　值														
身　　高	145		150		155		160		165		170		175		
颈椎点高	124.0		128.0		132.0		136.0		140.0		144.0		148.0		
坐姿颈椎点高	56.5		58.5		60.5		62.5		64.5		66.5		68.5		
全 臂 长	46.0		47.5		49.0		50.5		52.0		53.5		55.0		
腰 围 高	89.0		92.0		95.0		98.0		101.0		104.0		107.0		
胸　　围	72		76		80		84		88		92		96		
颈　　围	31.2		32.0		32.8		33.6		34.4		35.2		36.0		
总 肩 宽	36.4		37.4		38.4		39.4		40.4		41.4		42.4		
腰　　围	54	56	58	60	62	64	66	68	70	72	74	76	78	80	84
臀　　围	77	79	81	83	85	86	88	90	92	94	95	97	99	101	103

Table B title: **5.4/5.2B 号型系列控制部位数值表** 单位:cm

B																					
部 位	数 值																				
身 高	145		150		155		160		165			170		175							
颈椎点高	124.5		128.5		132.5		136.5		140.5			144.5		148.5							
坐姿颈椎点高	57.0		59.0		61.0		63.0		65.0			67.0		69.0							
全臂长	46.0		47.5		49.0		50.0		52.0			53.0		55.0							
腰围高	89.0		92.0		95.0		98.0		101.0			104.0		107.0							
胸 围	68		72	76		80	84		88		92	96		100		104					
颈 围	30.6	31.4	32.2	33.0	33.8	34.6	35.4	36.2	37.0	37.8											
总肩宽	34.8	35.8	36.8	37.8	38.8	39.8	40.8	41.8	42.8	43.8											
腰 围	56	58	60	62	64	66	68	70	72	74	76	78	80	82	84	86	88	90	92	94	
臀 围	78	80	82	83	85	86	88	90	91	93	94	96	98	99	101	102	104	106	107	109	

Table C title: **5.4/5.2C 号型系列控制部位数值表** 单位:cm

C																							
部 位	数 值																						
身 高	145		150		155		160		165		170		175										
颈椎点高	124.5		128.5		132.5		136.5		140.5		144.5		148.5										
坐姿颈椎点高	56.5		58.5		60.5		62.5		64.5		66.5		68.5										
全臂长	46.0		47.5		49.0		50.5		52.0		53.5		55.0										
腰围高	89.0		92.0		95.0		98.0		101.0		104.0		107.0										
胸 围	68		72		76		80		84		88		92		96		100		104		108	
颈 围	30.8		31.6		32.4		33.2		34.0		34.8		35.6		36.4		37.2		38		39	
总肩宽	34.2		35.2		36.2		37.2		38.2		39.2		40.2		41.2		42.2		43.2		44.2	
腰 围	60	62	64	66	68	70	72	74	76	78	80	82	84	86	88	90	92	94	96	98	100	102
臀 围	78	80	82	83	85	86	88	90	91	93	94	96	98	99	101	102	104	106	107	109	110	112

日本儿童服装号型各系列控制部位数值

单位:cm

大概月龄:1　6　12　18　24　36　　大概年龄:3　4　5　6

三组"少女/少年"分别对应身高 90、100、110（及对应年龄）

序号	部位	分类	1	6	12	18	少女	少年	少女	少年	少女	少年
1	身高		50	60	70	80	90		100		110	
2	颈根围			23	24	25	26		28		29	
3	颈围	少年										
4	胸围	乳幼儿	33	42	45	48	50		54			
							48		52		56	
5	腹围	乳幼儿		40	42	45	47		50		51	
6	腰围						45		48			52
7	臀围				41	44	52		58		61	
8	总肩宽				17	20	24		27		29	
9	背长				16	18	22	23	24	25	26	28
10	袖长						28		31		35	
11	上臂围				18	21	16		17		18	17
12	腕围				10	11	11		11		12	
13	掌围				11	12	14		15		14	
14	大腿根围				25	26	30	29	32	31	33	34
15	上裆						(15)		17	16	18	16
16	下裆				17	22	32		38		43	
17	腰高					39	52		59	58	66	64
18	膝高					17	22		25		28	
19	头围			33	41	45	49		50		51	

三组以上"少女/少年"分别对应身高 120、130、140、150、160

序号	部位	分类	少女	少年	少女	少年	少女	少年	少女	少年	少女	少年
1	身高		120		130		140		150		160	
2	颈根围		30		32	33	33	35	35	37	37	39
3	颈围	少年					30		32		33	
4	胸围	乳幼儿										
			60		64		68		74		80	
5	腹围	乳幼儿										
6	腰围		52		55		57		58		62	
7	臀围		63	62	68	67	73	71	83	87	88	83
8	总肩宽		30		32		35		37		40	41
419	背长		28	30	30	32	32	34	34	37	37	42
10	袖长		38		41	42	45	46	48	49	52	52
11	上臂围		19	18	20		21		23		25	
12	腕围		12	13	13	13	14	14	14	15	15	16

大概月龄											
大概年龄			7	8	9	10	11		12		13	
序 号	部 位		少女	少年	少女	少年	少女	少年	少女	少年	少女	少年
13	掌 围		15	15	16	16	17	17	18	18	18	19
14	大腿根围		37	36	40	49	43	41	48	44	51	48
15	上 裆		19	17	20	18	22	20	24	2	25	23
16	下 裆		49		54		59		63		68	
17	腰 高		73	71	80	78	87	85	94	92	100	98
18	膝 高		31		34		37		40		42	43
19	头 围		51		52		53		54		55	

参考文献

1 蒋锡根著.服装结构设计.上海:上海科学技术出版社,1996

2 张孝宠著.服装打板技术全编.上海:上海文化出版社,2001

3 徐雅琴,马跃进编著.服装制图与样板制作.北京:中国纺织出版社,2004

4 (日)文化服装学院编.文化服装讲座(新版)基础篇.北京:中国轻工业出版社,1998

5 (日)文化服装学院编.文化服装讲座(新版)童装礼服篇.北京:中国轻工业出版社,1998

6 (日)登丽美服装学院编.登丽美时装造型工艺设计(婴幼儿童装).上海:东华大学出版社,2003

7 (日)登丽美服装学院编.登丽美时装造型工艺设计(套装).上海:东华大学出版社,2003

8 (日)文化服装学院编.女衬衫连衣裙.上海:东华大学出版社,2004

9 孙颀编著.服装制图.北京:纺织工业出版社,1993

10 刘美华编著.服装缝制十日通.北京:中国纺织出版社,1999

11 王建萍,樊红军,王红著.裙裤装电脑打板原理.上海:中国纺织大学出版社,1999

12 姚再生编著.服装制作工艺——成衣篇.北京:中国纺织出版社,2003

13 李青等编著.服装制图与样板制作.北京:中国纺织出版社,2002

14 蒋锡根著.服装疑难问题解答150问.上海:上海科学技术出版社,1996

15 全国职业高中服装类专业教材编写组编.服装结构制图.北京:高等教育出版社,1996

16 刘瑞璞编著.男装纸样设计原理与技巧.北京:中国纺织出版社,1999

17 刘瑞璞,刘维和编著.服装结构设计原理与技巧.北京:中国纺织出版社,1999

18 戴鸿编著.服装号型标准及其应用.北京:中国纺织出版社,1997

19 (日)杉山等著.男西服技术手册.北京:中国纺织出版社,2002

20 邢宝安主编.中国衬衫内衣大全.北京:中国纺织出版社,2000

21 鲍卫君,陈荣富著.女上衣裁剪实用手册.上海:东华大学出版社,2000

22 包昌法编绘.服装量裁烫技艺图解手册.北京:中国纺织出版社,1997

23 谢良编著.原型法服装设计与裁剪.福州:福建科学技术出版社,1996

24 王海亮,周邦桢编.服装制图与推板技术.北京:纺织工业出版社,1996

25 王建萍等著.女上装电脑打板原理.上海:东华大学出版社,2001

26 钱忠编著.创意成衣打板.北京:中国纺织出版社,2001

27 冯翼,冯以玫编著.服装生产管理与质量控制.北京:中国纺织出版社,2000

后　　记

　　本书在编写过程中针对服装专业培养人才的需要,力求理论联系实际,注重实用,与同类书比较,本书融制图与缝制工艺于一体,每种类型的服装都配有典型服装的缝制工艺及制板、排料,方便读者学习。本书案例采用最新款式,紧跟时代潮流,每种类别的款式都经过精心挑选,各具代表性。本书还增加了服装生产工艺单的编制,强调实际运用,符合培养技术应用型人才的目标。

　　全书各章节的编写分工如下:第1章、第2章、第5章、第8章、第12章、第13章由南通纺织职业技术学院彭立云编写;第3章、第9章由南通纺织职业技术学院王军编写;第4章、第7章由南通纺织职业技术学院周忠美编写;第6章由南通纺织职业技术学院陈冬梅编写;第10章由威海职业技术学院徐春景编写;第11章由金陵科技学院张华编写,参加该书编写工作的还有李臻颖、于晓燕,全书由彭立云统稿。

　　在编写过程中,参考和借鉴了国内外众多专家和学者的著述或研究成果,在此表示衷心的感谢! 本书的出版,还应感谢南通纺织职业技术学院各级领导的关心和支持!

　　服装结构制图与工艺的理论和实践内容十分丰富,而且发展十分迅速,本教材未能尽收其中,而且必定存在取舍不当之处,加之时间仓促、编者水平有限,书中难免存在错误和疏漏,恳请广大读者批评指正。请将反馈意见发至 plycn@nttec.edu.cn.。

编　者

2005.6